Ravikumar Kurup
Parameswara Achutha Kurup

# Mikrobiologia metaboliczna, wirusologia i retrowirologia

Ravikumar Kurup
Parameswara Achutha Kurup

# Mikrobiologia metaboliczna, wirusologia i retrowirologia

## Medycyna metaboliczna

**Wydawnictwo Bezkresy Wiedzy**

**Imprint**
Any brand names and product names mentioned in this book are subject to trademark, brand or patent protection and are trademarks or registered trademarks of their respective holders. The use of brand names, product names, common names, trade names, product descriptions etc. even without a particular marking in this work is in no way to be construed to mean that such names may be regarded as unrestricted in respect of trademark and brand protection legislation and could thus be used by anyone.

Cover image: www.ingimage.com

This book is a translation from the original published under ISBN 978-620-2-51574-0.

Publisher:
Wydawnictwo Bezkresy Wiedzy
is a trademark of
Dodo Books Indian Ocean Ltd., member of the OmniScriptum S.R.L Publishing group
str. A.Russo 15, of. 61, Chisinau-2068, Republic of Moldova Europe
Printed at: see last page
**ISBN: 978-620-0-81559-0**

# MEDYCYNA METABOLICZNA - MIKROBIOLOGIA METABOLICZNA, WIRUSOLOGIA I RETROWIROLOGIA

**RAVIKUMAR Kurup A. i Parameswara Achutha Kurup**
Centrum Badań nad Zaburzeniami Metabolicznymi,
TC 4/1525, Gouri Sadan, Kattu Road
Na północ od Cliff House, Kowdiar PO
Trivandrum, Kerala, Indie
Email: ravikurup13@yahoo.in

# ROZDZIAŁ 1

## MIKROBIOLOGIA METABOLICZNA, WIRUSOLOGIA I RETROWIROLOGIA - LUDZKIE POCHODZENIE WIRUSÓW I POJAWIAJĄCE SIĘ EPIDEMIE - GENOMIKA SYMBIOTYCZNA - KONIEC MEDYCYNY I ZIEMI - BŁONNIK POKARMOWY, LEKI DLA LUDZI, SUPERBAKTERIE, POJAWIAJĄCE SIĘ WIRUSY, FENOTYP CHOROBY, ZMIANY KLIMATYCZNE I ARCHAIKI ENDOSYMBIOTYCZNE

Teoria dziedziczności nabytych cech została po raz pierwszy przedstawiona przez Lamarcka. Takie pomysły przedstawili wcześniej Hipokrates, Arystoteles, Galen i Roger Bacon. Odrzuciła ona darwinowską teorię selekcji naturalnej i konkurencji prowadzącą do przetrwania najsilniejszych. Zaproponowała naturalną współpracę w przeciwieństwie do selekcji naturalnej. Późniejsze prace w genomice pokazały dowody na dziedziczenie nabytych cech w oparciu o dziedziczenie epigenetyczne transgeneracyjne, wyciszanie genów i ich ekspresję przez metylację i demetylację, hipermutację somatyczną i dziedziczenie hologenomu, w skład którego wchodzi genom z symbiotycznym mikrobiomem. Endosymbiotyczne archaiki wydzielają wiroidy RNA. Archeologiczne wiroidy RNA są przekształcane w wiroidy DNA przez endogenną odwrotną transkryptazę HERV i integrowane z genomem przez HERV integrase. Archealna endosymbioza może wystąpić w wyniku globalnego ocieplenia, które prowadzi do zwiększonego wzrostu kolonii i endosymbiozy. Archealna endosymbioza może wystąpić w wyniku niedoboru błonnika pokarmowego. Niedobór błonnika pokarmowego prowadzi do zwiększonego wzrostu jelita grubego, przerwania bariery mucynowej i przedostawania się do organizmu przez barierę jelitowo-krwiową, co prowadzi do endosymbiozy. Stres może prowadzić do zwiększonego uwalniania katecholaminy, zaburzenia bariery jelitowo-krwiowej, zmiany mikroflory jelitowej prowadzącej do zwiększonego wzrostu jelita grubego i archaicznej endosymbiozy. Ekspozycja na pola EMF o niskim poziomie i Internet może prowadzić do zwiększonego wzrostu endosymbiotycznego. W ten sposób stres środowiskowy i psychologiczny oraz interakcja z otoczeniem może modulować wzrost kolonii i endosymbiozę. Archaea będą wydzielać wiroidy RNA, które mogą zostać przekształcone w wiroidy DNA i zostać zintegrowane z genomem funkcjonującym jako przeskakujące geny modulujące ekspresję genów. Wiroidy RNA i ich wzorce DNA integrują się z genomem w wyniku stresu środowiskowego, co prowadzi do elastyczności i dynamiki genomowej, które mogą być dziedziczone. Ekspozycja na stres środowiskowy może zmienić funkcję genomu zmieniając ciało w odpowiedzi na stres i zmiany genomowe, które są nabyte jest dziedziczna. Tak więc archeologiczna endosymbioza i symbiotyczna genomika jest sposobem na zmianę struktury genomowej, która może być dziedziczona w odpowiedzi na stres środowiskowy i psychologiczny. Wpisuje się to w neolamarcką koncepcję dziedziczności nabytych cech. Genomika symbiotyczna stanowi podstawę do generowania nowych, pojawiających się wirusów i superbakterii.

Błonnik pokarmowy jest najważniejszym czynnikiem modulującym biologię i specjację człowieka. Błonnik pokarmowy i leki dla ludzi - antybiotyki i nieantybiotyki - mogą modulować florę jelitową, powodując wzrost kolonii i endosymbiozę powodującą zmiany klimatyczne, ewolucję superbakterii i pojawiających się wirusów oraz tworząc fenotyp choroby. Dieta wysokobłonnikowa jest trawiona przez florę jelita grubego, co prowadzi do wytwarzania krótkołańcuchowych kwasów tłuszczowych i hamuje rozwój endosymbiotyków i kolonii. Prowadzi to do sapienizacji homo tego gatunku. Dieta o niskiej zawartości błonnika z przyrostem białka i tłuszczu prowadzi do stymulacji wzrostu endosymbiotycznego i kolonii. Prowadzi to do neandertalizacji gatunku. W ten sposób dieta o niskiej zawartości błonnika zmienia mikrobiom jelita grubego w jelicie grubym, co prowadzi do większego wzrostu archeologicznego. Archaeae rozwijają ochronny mechanizm odporności na antybiotyki i dominują w mikroflorze jelita grubego. Archaea jelita grubego poprzez selekcję naturalną i wymianę DNA/genów z innymi organizmami jelita grubego i endosymbiotycznymi przenoszą geny odporności na antybiotyki do innej flory jelita grubego. Stanowi to podstawę do powstawania superbugsów opornych na wszystkie antybiotyki. Te same mechanizmy zachodzą, gdy populacje są leczone antybiotykami i innymi lekami, takimi jak antyhypertensywa, anty-psychotyki i środki przeciwbólowe. Zabijają one florę bakteryjną jelita grubego, a archaiczne archaiki ekstremofilne dominują nad mikrobiomem jelita grubego z nabytymi mechanizmami ochronnymi na oporność antybiotykową. Te archeologiczne geny oporności na antybiotyki są przenoszone poprzez wymianę genów i plazmidowego DNA z pozostałościami drobnoustrojów z okrężnicy i endosymbiotyków generujących superbugs. W ten sposób antybiotyk i inne leki nieantybiotykowe sprzyjają wzrostowi kolonii i endosymbiozie, powodując neandertalizację gatunku i powstawanie superbugs, które zabijają gatunek homo sapien. Archaiki jelita grubego generują również wiroidy RNA, które są przekształcane na wiroidy DNA przez nabłonek jelita grubego HERV odwrotną transkryptazą i integrują się z genomem jelita grubego. Wiroidy RNA i DNA hybrydyzują się z populacją wiroidową i bakteryjną mikrobiomu jelita grubego oraz wirobomowego DNA i RNA jelita grubego, prowadząc do powstania nowych, pojawiających się wirusów. Wiroidy RNA i DNA oraz bakterie jelitowe mogą również hybrydyzować się z ludzkimi sekwencjami genomowymi dla odporności, regulacji metabolicznej, czynników wzrostu, wzrostu komórek, śmierci komórek, neuroprzekaźników i sekwencji HERV kolonialnej komórki nabłonkowej. Hybrydyzacja archeologicznych wirusów RNA z ludzkimi genomowymi sekwencjami HERV może generować retrowirusy. Prowadzi to do generowania nowych bakterii, RNA i wirusów DNA modulujących śmierć komórek, wzrost komórek, proliferację komórek, metabolizm, funkcje endokrynologiczne i zachowania produkujące autoimmunologiczną, schizofrenię, autyzm, cukrzycę nowotworową, chorobę wieńcową, chorobę naczyń mózgowych i neurodegenerację. W ten sposób generowanie superbakterii i pojawiających się wirusów jest promowane przez dietę o niskiej zawartości błonnika. Dieta o niskiej zawartości błonnika pokarmowego prowadzi do rozwoju kolonii i endosymbiotyków, co prowadzi do neandertalizacji gatunku i powstawania superbakterii i pojawiających się wirusów, na które neandertalizowany gatunek jest odporny w wyniku endogennego wydzielania digoksyny. Neandertalczyk wygenerował nadtlenki i pojawiające się wirusy, które zabijają gatunki homo sapien wrażliwe na nadtlenki i pojawiające się wirusy i nie mają na nie odporności. Tak więc nowoczesne uzbrojenie w antybiotyki, antypsychotyki, środki przeciwbólowe, hipertensywne i przeciwcukrzycowe promuje rozwój kolonii i endosymbiotyków, neandertalizację gatunków i wywoływanie chorób cywilizacyjnych. Tak więc leki stosowane w leczeniu zakażeń i chorób ludzkich mają tendencję do wytwarzania super-bugs, powstających infekcji wirusowych i chorób cywilizacyjnych - raka, choroby autoimmunologicznej, zespołu metabolicznego X, neurodegeneracji, schizofrenii i autyzmu. W ten sposób zbrojownia leku z antybiotykami i nieantybiotykami stosowanymi w leczeniu zakażeń i chorób ludzkich zwiększa wzrost kolonii i endosymbiotyków, neandertalizuje gatunek, generuje super-bugs i prowadzi do zwiększonej zachorowalności na choroby cywilizacyjne. Mikrobakterie i wirusy jelitowe modulowane przez spożycie błonnika pokarmowego, wysokobiałkowe diety wysokotłuszczowe, antybiotyki i leki nieantybiotykowe, takie jak anty-psychotyki, leki przeciwwstrząsowe, przeciwbólowe, prowadzą do zmian w biogeografii jelitowej i wiroidowej, prowadząc do powstawania super-bugs i superwirusów. Archaea jelitowe są wysoce oporne na konwencjonalne antybiotyki i leki nieantybiotykowe i rozmnażają się, gdy powszechnie stosuje się antybiotyki i leki nieantybiotykowe, takie jak antynadciśnieniowe, psychotyczne i przeciwbólowe. Rozwijają się one z opornością na antybiotyki i leki nieantybiotykowe i są przenoszone na inne bakterie i wirusy jelitowe i kolonialne wytwarzające superbugi i superwirusy eksterminujące populację homo sapien. Wzrost i dominacja bakterii z jelita grubego i endosymbiotyków prowadzi do wytworzenia gatunku homo neanderthalis, który jest odporny na superbugs i superwirusy i przeżywa, ale ulega wpływom chorób cywilizacyjnych, takich jak rak, autoimmunizacja, zespół metaboliczny, schizofrenia, autyzm i neurodegeneracja. Homo neoneandertalis generowane w ten sposób przez kolonię i endosymbiotyczny wzrost archeologiczny może wyginąć w powolnym okresie czasu. Homo neanderthalis ze swoją endosymbiozą ekstremofilną jest odporna i odporna, może przetrwać globalne ocieplenie i ekstremalne zmiany klimatu, jak również przetrwać ekstremalne warunki beztlenowe innych planet i układów galaktycznych. Pobór błonnika pokarmowego hamuje rozwój archeologiczny, a populacje o niskim poborze błonnika są odporne na choroby cywilizacyjne, takie jak zespół metaboliczny, rak, choroby autoimmunologiczne i schizofrenia. Ludzkie archaiki metanogenne są wysoce odporne na rutynowe antybiotyki i leki nieantybiotykowe, a spożycie tych leków zabija mikrobiom kolonialny prowadzący do rozwoju archeologicznego i endosymbiozy oraz neandertalizacji w celu wytworzenia odpornego gatunku homo galacticus zdolnego do przetrwania w ekstremalnych klimatach Ziemi i innych planet. Ludzkie leki i antybiotyki indukowały modulację mikrobiomu jelitowego o zwiększonym wzroście kolonii i endosymbiotyku, przyczyniając się również do globalnego ocieplenia poprzez mechanizm metanogenezy archeologicznej. Powszechne stosowanie antybiotyków i leków bezantybiotykowych przyczynia się do wzrostu kolonii i endosymbiotyków, zmian klimatycznych i jeszcze większego wzrostu archeologicznego. Ten archeologiczny rozwój kolonii ludzkich i endosymbiotyków wynikający ze stresu, pól internetowych, niskiego poziomu EMF, niskiego spożycia błonnika pokarmowego, stosowania antybiotyków i leków nieantybiotykowych, powodujących metanogenezę, jest główną przyczyną globalnego ocieplenia. Powszechne stosowanie antybiotyków i leków bezantybiotykowych zabija mikroflorę jelita grubego i zastępuje ją archaiczną opornością na antybiotyki i leki bezantybiotykowe. Niskie spożycie błonnika pokarmowego sprzyja wzrostowi archaicznej i endosymbiotycznej mikroflory jelita grubego. Stres powoduje wzrost ilości katecholaminy indukowanej przez kolonię i endosymbiotyk oraz naruszenie bariery jelitowo-krwiowej. Powszechne wykorzystanie Internetu i niski poziom pól elektromagnetycznych w telefonach komórkowych sprzyja wzrostowi endosymbiotycznemu. Tak więc endosymbiotyczny i kolonialny wzrost archeologiczny oraz metanogeneza powodująca globalne ocieplenie jest endogennym wydarzeniem biologicznym człowieka, którego głównym elementem wyzwalającym ten proces jest aktywność biologiczna człowieka. Powszechne stosowanie antybiotyków i leków nieantybiotykowych leczy infekcje wirusowe i bakteryjne, a także choroby cywilizacyjne, takie jak rak, schizofrenia, zaburzenia nastroju, depresja, autyzm, choroba autoimmunologiczna i neurodegeneracja sprzyjają rozwojowi archetypów kolonialnych i endosymbiotycznych, które neandertalizują gatunki prowadzące do dalszej transformacji systemu ludzkiego, prowadząc do indukcji chorób cywilizacyjnych, takich jak rak, zespół metaboliczny X, neurodegeneracja, autoimmunizacja i choroby naczyń. Tak więc antybiotyki i nieantybiotyki stosowane w leczeniu zakażeń i chorób ogólnoustrojowych powodują powstawanie kolonii i endosymbiotyków, które prowadzą do powstawania superbugsów, superwirusów, pandemii i epidemii chorób cywilizacyjnych, za pośrednictwem których dochodzi do powstawania kolonii i endosymbiotyków. Medycyna ludzka, jak wiemy, znalazła się w ślepym zaułku. Skończyła się era antybiotyków i nieantybiotyków. Ziemia ludzka w takiej postaci, jaką znamy, przechodzi również katastrofalne zmiany klimatyczne, prowadzące do wyginięcia gatunku ludzkiego i warunków dla ludzkich siedlisk na ziemi. Zakończyła się nowoczesna medycyna, o której wiemy, i ziemia, o której wiemy. Główną przyczyną zmian klimatycznych i ich katastrofalnych powikłań jest po części tylko zniszczenie lasów tropikalnych Amazonii i deszczowych. Wylesianie mikroflory jelitowej powstałe w ciągu miliardów lat ewolucji człowieka jest główną przyczyną zmian klimatycznych i możliwego końca Ziemi, o którym wiemy i gatunku ludzkiego, o którym wiemy. Skończyła się rewolucyjna medycyna i złota ziemia z jej warunkami mieszkalnymi. Wzrost spożycia błonnika pokarmowego do 40 g/dzień może zahamować rozwój kolonii i endosymbiozę, przerywając powstawanie superbakterii, pojawiających się wirusów i zmian klimatycznych. Zwiększenie spożycia błonnika pokarmowego w populacjach może zapobiec zmianom klimatycznym i mikrobiologicznym w jelitach, które zagrażają życiu ludzi i planety. Błonnik pokarmowy można uznać za eliksir życia i endosymbiotyczny archaiczny kamień filozoficzny.

Endosymbiotyczne archaiczne archaiki aktynowców jako powstałe z wczesnych organizmów izoprenoidalnych na drodze abiogenezy. Omówiono aktynoidalny archaiczny model ewolucji prokariotycznej, wirusowej, eukariotycznej, naczelnej i ludzkiej za pośrednictwem aktynowców. [1-4]. Archaika aktynowców związana jest z patogenezą schizofrenii, nowotworów, zespołu metabolicznego X, choroby autoimmunologicznej i zwyrodnienia neuronów2. Archaiki aktynowców mają szlak mewalonianowy i katabolizm cholesterolowy5-7. Davies zaproponował koncepcję biosfery cieni organizmów z alternatywną biochemią obecną w samej ziemi8. Opisano zależną od aktynowców biosferę cieni archaicznych i wiroidów w wyżej wymienionych stanach chorobowych6. Postuluje się, że aktynowce metalowe w piaskach plażowych odgrywają rolę w abiogenezie6. Do abiogenezy przyczyniłyby się minerały aktynowców, takie jak rutyl, monazyt i illmenit w wyniku metabolizmu powierzchniowego9. Przedstawiono hipotezę o cholesterolu jako pierwotnej prebiotycznej cząsteczce syntetyzowanej na powierzchniach aktynowców z wszystkimi innymi biomolekułami z niego powstającymi oraz o samoodtwarzającym się lipidowym organizmie cholesterolu jako wstępnej formie życia. Aktynowce i wiroidy wyewoluowałyby z pierwotnego organizmu izoprenoidalnego. Postuluje się pochodzenie wirusów, prokariotów, eukariotów, naczelnych i ludzi z pierwotnych izoprenoidalnych organizmów pochodzących z archaicznych archaidów aktynowców.

## Materiały i metody

Na badanie uzyskano świadomą zgodę osób badanych oraz zgodę komisji etycznej. Badaniami objęto następujące grupy: - włóknienie śródmięśniowe, choroba Alzheimera, stwardnienie rozsiane, chłoniak nieziarniczy, zespół metaboliczny X z zakrzepicą naczyń mózgowych i chorobą wieńcową, schizofrenia, autyzm, zaburzenia napadowe, choroba Creutzfeldta Jakoba oraz zespół nabytego niedoboru odporności. W każdej grupie znajdowało się 10 pacjentów, a każdy z nich miał dopasowaną do wieku i płci zdrową kontrolę wybraną losowo z populacji ogólnej. Próbki krwi pobierano w stanie postu przed rozpoczęciem leczenia. Zastosowano osocze z krwi heparynizowanej na czczo, a protokół doświadczalny był następujący: - (I) osocze+fosforan buforowany solą fizjologiczną, (II) taki sam jak substrat I+cholesterolowy, (III) taki sam jak II+rutyl 0,1 mg/ml, oraz (IV) taki sam jak II+profloksacyna i doksycyklina, każda w stężeniu 1 mg/ml. Podłoże cholesterolowe zostało przygotowane w sposób opisany przez Richmond10. Pozostałości wycofywano w czasie zerowym bezpośrednio po zmieszaniu i po inkubacji w temperaturze 37 $^{oC}$ przez 1 godzinę. Przeprowadzono następujące oznaczenia: - cytochrom F420, wolne RNA, wolne DNA, kwas muramowy, wielopierścieniowe węglowodory aromatyczne, nadtlenek wodoru, serotonina, pirogronian, amoniak, glutaminian, cytochrom C, heksokinaza, syntaza ATP, reduktaza HMG CoA, digoksyna i kwasy żółciowe11-14. Cytoksymetrię F420 oszacowano mącznikowo (długość fali wzbudzenia 420 nm i długość fali emisji 520 nm). Wielopierścieniowe węglowodory aromatyczne oceniano poprzez pomiar nadtlenku wodoru uwalnianego za pomocą odczynnika glukozowego. Analiza statystyczna została przeprowadzona przez ANOVA.

## Wyniki

Sprawdzono następujące parametry: - cytochrom F420, wolne RNA, wolne DNA, kwas muramowy, wielopierścieniowe węglowodory aromatyczne, nadtlenek wodoru, serotonina, pirogronian, amoniak, glutaminian, cytochrom C, heksokinaza, syntaza ATP, reduktaza HMG CoA, digoksyna i kwasy żółciowe. W osoczu osób z grupy kontrolnej stwierdzono podwyższony poziom wyżej wymienionych parametrów po inkubacji przez 1 godzinę i dodaniu substratu cholesterolowego, co spowodowało dalszy znaczący wzrost tych parametrów. W osoczu chorych uzyskano podobne wyniki, ale zakres wzrostu był większy. Dodatek antybiotyków do osocza kontrolnego powodował spadek wszystkich parametrów, natomiast dodatek rutylu zwiększał ich poziom. Dodatek antybiotyków do osocza pacjenta spowodował spadek wszystkich parametrów, podczas gdy dodatek rutylu zwiększył ich poziom, ale zakres zmian był większy w osoczu pacjenta w porównaniu z grupą kontrolną. Wyniki są wyrażone w tabelach 1-7 jako procentowa zmiana parametrów po 1 godzinie inkubacji w porównaniu do wartości w czasie zerowym.

**Tabela 1. Wpływ rutylu i antybiotyków na cytochrom F420 i kwas muramowy**

| Grupa | **CYT F420 %** (Zwiększyć za pomocą Rutylu) | | **CYT F420 %** (Zmniejszyć za pomocą Doxy+Cipro) | | **Kwas muramiczny zmiana %** (Zwiększyć za pomocą Rutylu) | | **Kwas muramiczny zmiana %** (Zmniejszyć za pomocą Doxy+Cipro) | |
|---|---|---|---|---|---|---|---|---|
| | **Mean** | **± SD** | **Mean** | **± SD** | **Mean** | **± SD** | **Mean** | **± SD** |
| Normalny | 4.48 | 0.15 | 18.24 | 0.66 | 4.45 | 0.14 | 18.25 | 0.72 |
| Schizo | 23.24 | 2.01 | 58.72 | 7.08 | 23.01 | 1.69 | 59.49 | 4.30 |
| Zajęcie | 23.46 | 1.87 | 59.27 | 8.86 | 22.67 | 2.29 | 57.69 | 5.29 |
| AD | 23.12 | 2.00 | 56.90 | 6.94 | 23.26 | 1.53 | 60.91 | 7.59 |
| MS | 22.12 | 1.81 | 61.33 | 9.82 | 22.83 | 1.78 | 59.84 | 7.62 |
| NHL | 22.79 | 2.13 | 55.90 | 7.29 | 22.84 | 1.42 | 66.07 | 3.78 |
| DM | 22.59 | 1.86 | 57.05 | 8.45 | 23.40 | 1.55 | 65.77 | 5.27 |
| AIDS | 22.29 | 1.66 | 59.02 | 7.50 | 23.23 | 1.97 | 65.89 | 5.05 |
| CJD | 22.06 | 1.61 | 57.81 | 6.04 | 23.46 | 1.91 | 61.56 | 4.61 |
| Autyzm | 21.68 | 1.90 | 57.93 | 9.64 | 22.61 | 1.42 | 64.48 | 6.90 |
| EMF | 22.70 | 1.87 | 60.46 | 8.06 | 23.73 | 1.38 | 65.20 | 6.20 |
| Wartość F | 306.749 | | 130.054 | | 391.318 | | 257.996 | |
| Wartość P | < 0.001 | | < 0.001 | | < 0.001 | | < 0.001 | |

**Tabela 2. Wpływ rutylu i antybiotyków na wolne RNA i DNA**

| Grupa | **DNA % zmiana** (Zwiększyć za pomocą Rutylu) | | **DNA % zmiana** (Zmniejszyć za pomocą Doxy+Cipro) | | **RNA % zmiana** (Zwiększyć za pomocą Rutylu) | | **RNA % zmiana** (Zmniejszyć za pomocą Doxy+Cipro) | |
|---|---|---|---|---|---|---|---|---|
| | **Mean** | **± SD** | **Mean** | **± SD** | **Mean** | **± SD** | **Mean** | **± SD** |
| Normalny | 4.37 | 0.15 | 18.39 | 0.38 | 4.37 | 0.13 | 18.38 | 0.48 |
| Schizo | 23.28 | 1.70 | 61.41 | 3.36 | 23.59 | 1.83 | 65.69 | 3.94 |
| Zajęcie | 23.40 | 1.51 | 63.68 | 4.66 | 23.08 | 1.87 | 65.09 | 3.48 |
| AD | 23.52 | 1.65 | 64.15 | 4.60 | 23.29 | 1.92 | 65.39 | 3.95 |
| MS | 22.62 | 1.38 | 63.82 | 5.53 | 23.29 | 1.98 | 67.46 | 3.96 |
| NHL | 22.42 | 1.99 | 61.14 | 3.47 | 23.78 | 1.20 | 66.90 | 4.10 |
| DM | 23.01 | 1.67 | 65.35 | 3.56 | 23.33 | 1.86 | 66.46 | 3.65 |
| AIDS | 22.56 | 2.46 | 62.70 | 4.53 | 23.32 | 1.74 | 65.67 | 4.16 |
| CJD | 23.30 | 1.42 | 65.07 | 4.95 | 23.11 | 1.52 | 66.68 | 3.97 |
| Autyzm | 22.12 | 2.44 | 63.69 | 5.14 | 23.33 | 1.35 | 66.83 | 3.27 |
| EMF | 22.29 | 2.05 | 58.70 | 7.34 | 22.29 | 2.05 | 67.03 | 5.97 |
| Wartość F | 337.577 | | 356.621 | | 427.828 | | 654.453 | |
| Wartość P | < 0.001 | | < 0.001 | | < 0.001 | | < 0.001 | |

**Tabela 3. Wpływ rutylu i antybiotyków na reduktazę HMG CoA i syntezę ATP**

| Grupa | HMG CoA R zmiana % (Zwiększyć za pomocą Rutylu) | | HMG CoA R zmiana % (Zmniejszyć za pomocą Doxy+Cipro) | | Syntaza ATP % (Zwiększyć za pomocą Rutylu) | | Syntaza ATP % (Zmniejszyć za pomocą Doxy+Cipro) | |
|---|---|---|---|---|---|---|---|---|
| | Mean | ± SD | Mean | ± SD | Mean | ± SD | Mean | ± SD |
| Normalny | 4.30 | 0.20 | 18.35 | 0.35 | 4.40 | 0.11 | 18.78 | 0.11 |
| Schizo | 22.91 | 1.92 | 61.63 | 6.79 | 23.67 | 1.42 | 67.39 | 3.13 |
| Zajęcie | 23.09 | 1.69 | 61.62 | 8.69 | 23.09 | 1.90 | 66.15 | 4.09 |
| AD | 23.43 | 1.68 | 61.68 | 8.32 | 23.58 | 2.08 | 66.21 | 3.69 |
| MS | 23.14 | 1.85 | 59.76 | 4.82 | 23.52 | 1.76 | 67.05 | 3.00 |
| NHL | 22.28 | 1.76 | 61.88 | 6.21 | 24.01 | 1.17 | 66.66 | 3.84 |
| DM | 23.06 | 1.65 | 62.25 | 6.24 | 23.72 | 1.73 | 66.25 | 3.69 |
| AIDS | 22.86 | 2.58 | 66.53 | 5.59 | 23.15 | 1.62 | 66.48 | 4.17 |
| CJD | 22.38 | 2.38 | 60.65 | 5.27 | 23.00 | 1.64 | 66.67 | 4.21 |
| Autyzm | 22.72 | 1.89 | 64.51 | 5.73 | 22.60 | 1.64 | 66.86 | 4.21 |
| EMF | 22.92 | 1.48 | 61.91 | 7.56 | 23.37 | 1.31 | 63.97 | 3.62 |
| Wartość F | 319.332 | | 199.553 | | 449.503 | | 673.081 | |
| Wartość P | < 0.001 | | < 0.001 | | < 0.001 | | < 0.001 | |

**Tabela 4. Wpływ rutylu i antybiotyków na digoksynę i kwasy żółciowe**

| Grupa | Digoksyna (ng/ml) (Zwiększyć za pomocą Rutylu) | | Digoksyna (ng/ml) (Zmniejszyć za pomocą Doxy+Cipro) | | Kwasy żółciowe % zmiana (Zwiększyć za pomocą Rutylu) | | Kwasy żółciowe % zmiana (Zmniejszyć za pomocą Doxy+Cipro) | |
|---|---|---|---|---|---|---|---|---|
| | Mean | ± SD | Mean | ± SD | Mean | ± SD | Mean | ± SD |
| Normalny | 0.11 | 0.00 | 0.054 | 0.003 | 4.29 | 0.18 | 18.15 | 0.58 |
| Schizo | 0.55 | 0.06 | 0.219 | 0.043 | 23.20 | 1.87 | 57.04 | 4.27 |
| Zajęcie | 0.51 | 0.05 | 0.199 | 0.027 | 22.61 | 2.22 | 66.62 | 4.99 |
| AD | 0.55 | 0.03 | 0.192 | 0.040 | 22.12 | 2.19 | 62.86 | 6.28 |
| MS | 0.52 | 0.03 | 0.214 | 0.032 | 21.95 | 2.11 | 65.46 | 5.79 |
| NHL | 0.54 | 0.04 | 0.210 | 0.042 | 22.98 | 2.19 | 64.96 | 5.64 |
| DM | 0.47 | 0.04 | 0.202 | 0.025 | 22.87 | 2.58 | 64.51 | 5.93 |
| AIDS | 0.56 | 0.05 | 0.220 | 0.052 | 22.29 | 1.47 | 64.35 | 5.58 |
| CJD | 0.53 | 0.06 | 0.212 | 0.045 | 23.30 | 1.88 | 62.49 | 7.26 |
| Autyzm | 0.53 | 0.08 | 0.205 | 0.041 | 22.21 | 2.04 | 63.84 | 6.16 |
| EMF | 0.51 | 0.05 | 0.213 | 0.033 | 23.41 | 1.41 | 58.70 | 7.34 |
| Wartość F | 135.116 | | 71.706 | | 290.441 | | 203.651 | |
| Wartość P | < 0.001 | | < 0.001 | | < 0.001 | | < 0.001 | |

**Tabela 5. Wpływ rutylu i antybiotyków na pyruwat i heksokinazę**

| Grupa | **Pirwat % zmiana** (Zwiększyć za pomocą Rutylu) | | **Pirwat % zmiana** (Zmniejszyć za pomocą Doxy+Cipro) | | **Heksokinaza zmiana %** (Zwiększyć za pomocą Rutylu) | | **Heksokinaza zmiana %** (Zmniejszyć za pomocą Doxy+Cipro) | |
|---|---|---|---|---|---|---|---|---|
| | **Mean** | **± SD** | **Mean** | **± SD** | **Mean** | **± SD** | **Mean** | **± SD** |
| Normalny | 4.34 | 0.21 | 18.43 | 0.82 | 4.21 | 0.16 | 18.56 | 0.76 |
| Schizo | 20.99 | 1.46 | 61.23 | 9.73 | 23.01 | 2.61 | 65.87 | 5.27 |
| Zajęcie | 20.94 | 1.54 | 62.76 | 8.52 | 23.33 | 1.79 | 62.50 | 5.56 |
| AD | 22.63 | 0.88 | 56.40 | 8.59 | 22.96 | 2.12 | 65.11 | 5.91 |
| MS | 21.59 | 1.23 | 60.28 | 9.22 | 22.81 | 1.91 | 63.47 | 5.81 |
| NHL | 21.19 | 1.61 | 58.57 | 7.47 | 22.53 | 2.41 | 64.29 | 5.44 |
| DM | 20.67 | 1.38 | 58.75 | 8.12 | 23.23 | 1.88 | 65.11 | 5.14 |
| AIDS | 21.21 | 2.36 | 58.73 | 8.10 | 21.11 | 2.25 | 64.20 | 5.38 |
| CJD | 21.07 | 1.79 | 63.90 | 7.13 | 22.47 | 2.17 | 65.97 | 4.62 |
| Autyzm | 21.91 | 1.71 | 58.45 | 6.66 | 22.88 | 1.87 | 65.45 | 5.08 |
| EMF | 22.29 | 2.05 | 62.37 | 5.05 | 21.66 | 1.94 | 67.03 | 5.97 |
| Wartość F | 321.255 | | 115.242 | | 292.065 | | 317.966 | |
| Wartość P | < 0.001 | | < 0.001 | | < 0.001 | | < 0.001 | |

**Tabela 6. Wpływ rutylu i antybiotyków na nadtlenek wodoru oraz kwas delta amino lewulinowy**

| Grupa | **H2O2 %** (Zwiększyć za pomocą Rutylu) | | **H2O2 %** (Zmniejszyć za pomocą Doxy+Cipro) | | **ALA %** (Zwiększyć za pomocą Rutylu) | | **ALA %** (Zmniejszyć za pomocą Doxy+Cipro) | |
|---|---|---|---|---|---|---|---|---|
| | **Mean** | **± SD** | **Mean** | **± SD** | **Mean** | **± SD** | **Mean** | **± SD** |
| Normalny | 4.43 | 0.19 | 18.13 | 0.63 | 4.40 | 0.10 | 18.48 | 0.39 |
| Schizo | 22.50 | 1.66 | 60.21 | 7.42 | 22.52 | 1.90 | 66.39 | 4.20 |
| Zajęcie | 23.81 | 1.19 | 61.08 | 7.38 | 22.83 | 1.90 | 67.23 | 3.45 |
| AD | 22.65 | 2.48 | 60.19 | 6.98 | 23.67 | 1.68 | 66.50 | 3.58 |
| MS | 21.14 | 1.20 | 60.53 | 4.70 | 22.38 | 1.79 | 67.10 | 3.82 |
| NHL | 23.35 | 1.76 | 59.17 | 3.33 | 23.34 | 1.75 | 66.80 | 3.43 |
| DM | 23.27 | 1.53 | 58.91 | 6.09 | 22.87 | 1.84 | 66.31 | 3.68 |
| AIDS | 23.32 | 1.71 | 63.15 | 7.62 | 23.45 | 1.79 | 66.32 | 3.63 |
| CJD | 22.86 | 1.91 | 63.66 | 6.88 | 23.17 | 1.88 | 68.53 | 2.65 |
| Autyzm | 23.52 | 1.49 | 63.24 | 7.36 | 23.20 | 1.57 | 66.65 | 4.26 |
| EMF | 23.29 | 1.67 | 60.52 | 5.38 | 22.29 | 2.05 | 61.91 | 7.56 |
| Wartość F | 380.721 | | 171.228 | | 372.716 | | 556.411 | |
| Wartość P | < 0.001 | | < 0.001 | | < 0.001 | | < 0.001 | |

**Tabela 7. Wpływ rutylu i antybiotyków na WWA i serotoninę**

| Grupa | PAH % (Zwiększyć za pomocą Rutylu) | | PAH % (Zmniejszyć za pomocą Doxy+Cipro) | | 5 HT % zmiana (Zwiększyć za pomocą Rutylu) | | 5 HT % zmiana (Zmniejszyć za pomocą Doxy+Cipro) | |
|---|---|---|---|---|---|---|---|---|
| | Mean | ± SD | Mean | ± SD | Mean | ± SD | Mean | ± SD |
| Normaln y | 4.41 | 0.15 | 18.63 | 0.12 | 4.34 | 0.15 | 18.24 | 0.37 |
| Schizo | 21.88 | 1.19 | 66.28 | 3.60 | 23.02 | 1.65 | 67.61 | 2.77 |
| Zajęcie | 22.29 | 1.33 | 65.38 | 3.62 | 22.13 | 2.14 | 66.26 | 3.93 |
| AD | 23.66 | 1.67 | 65.97 | 3.36 | 23.09 | 1.81 | 65.86 | 4.27 |
| MS | 22.92 | 2.14 | 67.54 | 3.65 | 21.93 | 2.29 | 63.70 | 5.63 |
| NHL | 23.81 | 1.90 | 66.95 | 3.67 | 23.12 | 1.71 | 65.12 | 5.58 |
| DM | 24.10 | 1.61 | 65.78 | 4.43 | 22.73 | 2.46 | 65.87 | 4.35 |
| AIDS | 23.43 | 1.57 | 66.30 | 3.57 | 22.98 | 1.50 | 65.13 | 4.87 |
| CJD | 23.70 | 1.75 | 68.06 | 3.52 | 23.81 | 1.49 | 64.89 | 6.01 |
| Autyzm | 22.76 | 2.20 | 67.63 | 3.52 | 22.79 | 2.20 | 64.26 | 6.02 |
| EMF | 22.28 | 1.52 | 64.05 | 2.79 | 22.82 | 1.56 | 64.61 | 4.95 |
| Wartość F | 403.394 | | 680.284 | | 348.867 | | 364.999 | |
| Wartość P | < 0.001 | | < 0.001 | | < 0.001 | | < 0.001 | |

**Dyskusja**

Nastąpił wzrost cytochromu F420 wskazujący na wzrost archeologiczny. Archaeea mogą syntezować i wykorzystywać cholesterol jako źródło węgla i energii15,[16]. Archeologiczne pochodzenie aktywności enzymu zostało wskazane przez antybiotykową supresję. Badanie wskazuje na obecność w układzie archaiki opartej na aktynowcach z alternatywnymi enzymami opartymi na aktynowcach lub metalloenzymach, na co wskazuje wzrost aktywności enzymu wywołany rutylem17. Stwierdzono również wzrost aktywności reduktazy HMG CoA, co wskazuje na zwiększoną syntezę cholesterolu na drodze mewalonianu. Zwiększono aktywność archeologicznej dehydrogenazy beta-hydroksylosteroidowej wskazującej na syntezę digoksyny oraz aktywność archeologicznej hydroksylazy cholesterolowej wskazującej na syntezę kwasu żółciowego7. Zwiększono aktywność oksydazy cholesterolowej, co doprowadziło do wytworzenia pirogronianu i nadtlenku wodoru16. Pirogronian przekształcany jest w glutaminian i amoniak za pomocą szlaku bocznicowego GABA. Wykryto również archeologiczną aromatyzację cholesterolu generującego WWA, serotoninę i dopaminę18. Zwiększono aktywność glikolitycznej heksokinazy i zewnątrzkomórkowej syntazy ATP. Archaiki mogą ulegać mineralizacji magnetytowej i węglanu wapnia i mogą występować jako zwapnione nanoformy19.

Aktynowce metali dostarczają energii radiolitycznej, katalizują tworzenie oligomerów i dostarczają jonów koordynujących dla metalloenzymów, które są ważne w abiogenezie6. Metabolizm powierzchniowy aktynowców metalicznych generuje octan, który może zostać przekształcony w acetyl CoA, a następnie w cholesterol, który funkcjonuje jako pierwotna cząsteczka prebiotyku, organizując się w samoreplikujące się układy nadcząsteczkowe, organizm lipidowy8[,9,20]. Cholesterol w wyniku radiolizy przez aktynowce tworzyłby WWA wytwarzające WWA organizm aromatyczny8. W wyniku radiolizy cholesterolu powstawałyby pirogronian, który przekształcałby się w aminokwasy, cukry, nukleotydy, porfiryny, kwasy tłuszczowe i kwasy TCA. Powierzchnie anastazowe i rutylowe mogą wytwarzać polimeryzację aminokwasów, pozostałości izoprenylu, WWA i nukleotydów, aby wygenerować początkowy organizm lipidowy, organizm WWA, priony i wiroidy RNA, które byłyby symbiontowane w celu wygenerowania archeologicznej protocelki. Archaeae wyewoluowały w bakterie gram-ujemne i gram-dodatnie o szlaku mewalonatowym, który miał przewagę ewolucyjną. Symbioza archaea z organizmem gram-ujemnym wygenerowała komórkę eukariotyczną21. Dane te potwierdzają utrzymywanie się aktynowców i cholesterolu w biosferze cieni, co rzuca światło na aktynowców i cholesterolu jako pierwszej cząsteczce prebiotycznej.

Nastąpił wzrost wolnych RNA wskazujących na samoreplikujące się wiroidy RNA i wolne DNA wskazujące na generację wiroidowych nici DNA komplementarnych przez aktywność archeologicznej odwrotnej transkryptazy. Aktynowce modulują składanie RNA i katalizują jego rybozymalne działanie. Digoksyna może przecinać i wklejać nitki wiroidalne poprzez modulację splotu RNA generując różnorodność wiroidalną RNA. Wiroidy są ewolucyjnie wydostającymi się z archaicznej grupy I intronami, które mają właściwości retrotranspozycyjne i samosplinujące. Pirogronian arktyczny może wytwarzać inhibicję deacetylazy histonowej, co prowadzi do odwrotnej transkryptazy endogennej retrowirusowej (HERV) i ekspresji integracyjnej. Może to integrować wiroidalne uzupełniające DNA RNA do niekodującego regionu eukariotycznego niekodującego DNA przy użyciu HERV integrase, jak opisano dla wirusów borna i ebola21. Wydłużenie niekodującego DNA następuje poprzez zintegrowanie wiroidalnego DNA uzupełniającego RNA z integracją przebiegającą w sposób ciągły. Genom archaea może również zostać zintegrowany z ludzkim genomem za pomocą integrase, jak opisano dla trypanosomów. Zintegrowane wiroidy i archaiki mogą przechodzić transmisję pionową i mogą istnieć jako pasożyty genomowe. Zwiększa to długość i zmienia gramatykę niekodującego regionu produkującego memy lub pamięć nabytych postaci. Uzupełniające DNA wiroidów może funkcjonować jako przeskakujące geny produkujące dynamiczny genom. [22-24]

Obecność kwasu muramowego, reduktazy HMG CoA i aktywności oksydazy cholesterolowej zahamowanej przez antybiotyki wskazuje na obecność bakterii o szlaku mewalonatowym. Bakterie o szlaku mewalonianowym to paciorkowce, gronkowce, aktynomiocyty, listeria, koksiella i borrelia. Bakterie i archaiki o szlaku mewalonatowym i katabolizmie cholesterolowym miały przewagę ewolucyjną i stanowią organizm kladowy izoprenoidalny. Archaiki wyewoluowały w mewalonianowy szlak gram-dodatni i gram-ujemny izoprenoidalny organizm kladowy poprzez poziomy transfer genów wiroidalnych i wirusowych. Izoprenoidalne kladowe prokarioty rozwijają się w inne grupy prokariotów poprzez horyzontalny transfer genów wiroidalnych i wirusowych, a także eukariotyczny horyzontalny transfer genów, tworząc specjację bakteryjną25-27.

Wiroidy RNA i jego DNA uzupełniające rozwinęły się w cholesterol otoczony RNA i wirusy DNA, takie jak opryszczka, retrowirus, wirus grypy, wirus borny, wirus cytomegalo i wirus epsteina barra poprzez rekombinację z genami eukariotycznymi i ludzkimi, co doprowadziło do specjacji wirusowej. Gatunki bakteryjne i wirusowe są chorobliwie zdefiniowane i rozmyte, a wszystkie tworzą jedną wspólną pulę genetyczną z częstym horyzontalnym transferem i rekombinacją genów.

Tak więc wielokomórkowy i jednokomórkowy eukarionet z jego genami służy do specjacji prokariotycznej i wirusowej. Eukarionot wielokomórkowy rozwinął się tak, że ich endosymbiotyczne kolonie mogły lepiej przetrwać i żerować. Eukarionty wielokomórkowe są jak biofilmy bakteryjne. Archaiki i bakterie o szlaku mewalonatowym wykorzystują pozakomórkowe wiroidy RNA i wiroidy DNA do wykrywania kworum i w tworzeniu symbiotycznych biofilmów, takich jak struktury, które rozwijają się w wielokomórkowe eukarionty. Endosymbiotyczne archaiki i bakterie ze szlakiem mewalonianu nadal wykorzystują wiroidy RNA i wiroidy DNA do regulacji wielokomórkowego eukariontu. [28-31]

Zanieczyszczenie jest głównym czynnikiem stymulującym innowacje ewolucyjne. Zanieczyszczenie jest wywoływane przez prymitywne nanoarchaea i mewalonianowe bakterie drogi syntezy WWA i metanu prowadzące do stresu redoks. Stres redoksowy prowadzi do hamowania ATPazy potasowo-sodowej, wewnętrznego ruchu cholesterolu błony komórkowej, wadliwego wykrywania SREBP, zwiększonej syntezy cholesterolu i wzrostu bakterii szlaku nanoarchaealno-mewalonianowego. Stres związany z redoksem prowadzi do namnażania się wiroidów i archaicznych. Stres redoksowy może również prowadzić do odwrotnej transkryptazy HERV i integracyjnej ekspresji. Niekodujące DNA jest tworzone z połączenia RNA wiroidalnego DNA uzupełniającego i archaicznego z integracją przebiegającą jako wydarzenie ciągłe. Archaeal pox jak wirus dsDNA tworzy ewolucyjnie jądro. Zintegrowane sekwencje bakterii z drogi wiroidalnej, archaicznej i mewalonianu mogą przechodzić transmisję pionową i mogą występować jako pasożyty genomowe. Genomowe zintegrowane archaiki, bakterie szlaku mewalonianów i wiroidy tworzą genomową rezerwę bakterii i wirusów, które mogą rekombinować się z ludzkimi i eukariotycznymi genami tworząc specjację bakteryjną i wirusową. Zmiana długości i gramatyki regionu niekodującego wytwarza specjację eukariotyczną i indywidualność. Integracja nanoarchaei, mewalonianów, prokariotów i wiroidów w genomie eukariotycznym i ludzkim wytwarza chimerę, która może rozmnażać się produkując biofilm jak wielokomórkowe struktury mające mieszane cechy archeologiczne, wiroidalne, prokariotyczne i eukariotyczne, który jest regresją od wielokomórkowej tkanki eukariotycznej. Powoduje to powstanie nowego fenotypu neuronalnego, metabolicznego, immunologicznego i tkankowego prowadzącego do choroby człowieka. [30-32]

Zanieczyszczenie stanowiłoby główny czynnik w spekulacjach eukariotycznych i ewolucji naczelnych/ hominidów. Zmiana długości i gramatyki obszaru niekodującego powoduje specjację eukariotyczną i indywidualność. Jest to wzrost niekodującego regionu i sekwencje HERV genomu, który doprowadził do ewolucji naczelnego i ludzkiego mózgu i jego towarzyszącej właściwości świadomej i kwantowej percepcji. To jest niekodujący region genomu z jego archealne, RNA wiroidalne uzupełniające DNA i sekwencje HERV, który sprawia, że dla ludzkich cech mózgu hominidów. Zmiany w długości niekodującego regionu mogą prowadzić do zaburzeń świadomości, takich jak schizofrenia. Schizofrenia specyficzne ludzkie endogenne retrowirusy i zmiany w długości i gramatyki niekodującego regionu został opisany w schizofrenii. [33,34]

Opisano zależną od aktynowców biosferę cieni archaicznych i wiroidów w wyżej wymienionych stanach chorobowych. Postuluje się, że aktynowce metalowe w piaskach plażowych odgrywają rolę w abiogenezie. Cholesterol jest pierwotną prebiotyczną cząsteczką syntetyzowaną na powierzchniach aktynowców z wszystkimi innymi biomolekułami, które z niego powstają. Samoodtwarzający się organizm lipidowy cholesterolu może być pierwotną formą życia. Abiogeneza oparta na cholesterolu jest bardziej prawdopodobną opcją ewolucyjną i z niej wyewoluowałyby aktynoidalne archaiki i wiroidy. Omówiono pochodzenie wirusów, prokariotów, eukariotów, naczelnych i ludzi z początkowych izoprenoidalnych archaicznych organizmów pochodzących z aktynowców.

**Referencje**


1. Valiathan M.S., Somers, K., Kartha, C.C. (1993). *Endomyocardial Fibrosis*. Delhi: Oxford University Press.
2. Kurup R., Kurup, P.A. (2009). *Hypothalamic Digoxin, Cerebral Dominance and Brain Function in Health and Diseases*. Nowy Jork: Nova Science Publishers.
3. Hanold D., Randies, J.W. (1991). Coconut cadang-cadang disease and its viroid agent, *Plant Disease,* 75, 330-335.
4. Edwin B.T., Mohankumaran, C. (2007). Kerala wilczyca phytoplasma: Phylogenetic analysis and identification of a vector, *Proutista moesta, Physiological and Molecular Plant Pathology,* 71(1-3), 41-47.
5. Eckburg P.B., Lepp, P.W., Relman, D.A. (2003). Archaea and their potential role in human disease, *Infect Immun,* 71, 591-596.
6. Adam Z. (2007). Actinides and Life's Origins, *Astrobiology,* 7, 6-10.
7. Schoner W. (2002). Endogenous cardiac glycosides, a new class of steroid hormones, *Eur J Biochem,* 269, 2440-2448.
8. Davies P.C.W., Benner, S.A., Cleland, C.E., Lineweaver, C.H., McKay, C.P., Wolfe-Simon, F. (2009). Podpisy Shadow Biosphere, *Astrobiology,* 10, 241-249.
9. Wächtershäuser G. (1988). Przed enzymami i szablonami: teoria metabolizmu powierzchniowego, *Microbiol Rev,* 52(4), 452-84.
10. Richmond W. (1973). Preparation and properties of a cholesterol oxidase from nocardia species and its application to the enzymatic assay of total cholesterol in serum, *Clin Chem,* 19, 1350-1356.
11. Snell E.D., Snell, C.T. (1961). *Colorimetric Methods of Analysis.* Vol. 3A. Nowy Jork: Van NoStrand.
12. Glick D. (1971). *Metody analizy biochemicznej.* Vol. 5. Nowy Jork: Interscience Publishers.
13. Colowick, Kaplan, N.O. (1955). *Metody w enzymologii.* Tom 2. Nowy Jork: Prasa akademicka.
14. Maarten A.H., Marie-Jose, M., Cornelia, G., van Helden-Meewsen, Fritz, E., Marten, P.H. (1995). Detection of muramic acid in human spleen, *Infection and Immunity,* 63(5), 1652 - 1657.
15. Smit A., Mushegian, A. (2000). Biosynteza izoprenoidów poprzez mewalonian w Archaea: the lost pathway, *Genome Res,* 10(10), 1468-84.

16. Van der Geize R., Yam, K., Heuser, T., Wilbrink, M.H., Hara, H., Anderton, M.C. (2007). A gene cluster encoding cholesterol catabolism in a soil actinomycete provides insight into Mycobacterium tuberculosis survival in macrophages, *Proc Natl Acad Sci USA,* 104(6), 1947-52.

17. Francis A.J. (1998). Biotransformacja uranu i innych aktynowców w odpadach radioaktywnych, *Journal of Alloys and Compounds,* 271(273), 78-84.

18. Probian C., Wülfing, A., Harder, J. (2003). Anaerobic mineralization of quaternary carbon atoms: Isolation of denitrifying bacteria on pivalic acid (2,2-Dimethylpropionic acid), *Applied and Environmental Microbiology,* 69(3), 1866-1870.

19. Vainshtein M., Suzina, N., Kudryashova, E., Ariskina, E. (2002). New Magnet-Sensitive Structures in Bacterial and Archaeal Cells, *Biol Cell,* 94(1), 29-35.

20. Russell M.J., Martin, W. (2004). The rocky roots of the acetyl-CoA Pathway, *Trends in Biochemical Sciences,* 29, 7.

21. Margulis L. (1996). Archaeal-eubacterial mergers in the origin of Eukarya: phylogenetic classification of life, *Proc Natl Acad Sci USA,* 93, 1071-1076.

22. Tsagris E.M., de Alba, A.E., Gozmanova, M., Kalantidis, K. (2008). Viroids, *Cell Microbiol,* 10, 2168.

23. Horie M., Honda, T., Suzuki, Y., Kobayashi, Y., Daito, T., Oshida, T. (2010). Endogenous non-retroviral RNA virus elements in mammalian genomes, *Nature,* 463, 84-87.

24. Hecht M., Nitz, N., Araujo, P., Sousa, A., Rosa, A., Gomes, D. (2010). Geny z pasożyta Chagasa mogą być przenoszone na ludzi i przekazywane dzieciom. Dziedziczenie DNA przeniesionego z amerykańskich trypanosomów na ludzkich żywicieli, *PLoS ONE,* 5, 2-10.

25. Flam F. (1994). Wskazówki dotyczące języka w śmieciowym DNA, *Science,* 266, 1320.

26. Horbach S., Sahm, H., Welle, R. (1993). Biosynteza izoprenoidów w bakteriach: dwie różne drogi? *FEMS Microbiol Lett,* 111, 135-140.

27. Gupta R.S. (1998). Protein phylogenetics and signature sequences: a reappraisal of evolutionary relationship among archaebacteria, eubacteria, and eukaryotes, *Microbiol Mol Biol Rev,* 62, 1435-1491.

28. Hanage W., Fraser, C., Spratt, B. (2005). Fuzzy species among recombinogenic bacteria, *BMC Biology,* 3, 6-10.

29. Whitchurch C.B., Tolker-Nielsen, T., Ragas, P.C., Mattick, J.S. (2002). DNA pozakomórkowe wymagane do tworzenia biofilmu bakteryjnego. *Science,* 295(5559), 1487.

30. Webb J.S., Givskov, M., Kjelleberg, S. (2003). Bacterial biofilms: prokaryotic adventures in multicellularity, *Curr Opin Microbiol,* 6(6), 578-85.

31. Chen Y., Cai, T., Wang, H., Li, Z., Loreaux, E., Lingrel, J.B. (2009). Regulation of intracellular cholesterol distribution by Na/K-ATPase, *J Biol Chem,* 284(22), 14881-90.

32. Poole A.M. (2006). Czy II grupa proliferacji intronowej na endosymbiontycznym archaeonie stworzyła eukarionty? *Biol Direct,* 1, 36-40.

33. Villarreal L.P. (2006). How viruses shape the tree of life, *Future Virology,* 1(5), 587-595.

34. Lockwood M. (1989). Umysł, *Mózg i Quantum*. Oksford: B. Blackwell.

## ROZDZIAŁ 2

# MIKROBIOLOGIA METABOLICZNA, WIRUSOLOGIA I RETROWIROLOGIA - POCHODZENIE ODPORNOŚCI RETROWIRUSOWEJ I POWSTAJĄCYCH PANDEMII WIRUSOWYCH - PRZEKRACZANIE BARIERY GATUNKOWEJ I NOWYCH WIRUSÓW

### Wprowadzenie

Badania z naszego laboratorium wykazały, że globalne ocieplenie i niski poziom zanieczyszczenia EMF powoduje wzrost endosymbiotycznego wzrostu archeologicznego. Archaiki mogą wytwarzać metanogenezę z wodoru i dwutlenku węgla, jak również z octanu. Metanogeneza ludzkiego ciała może spowodować większe globalne ocieplenie. Metan ma krótkotrwałe działanie, ale jego potencjał globalnego ocieplenia jest 29 razy większy niż dwutlenku węgla. Tak więc ludzki endosymbiotyczny zarastanie archeologiczne jest główną przyczyną globalnego ocieplenia. Globalne ocieplenie jest początkowo wywoływane przez dwutlenek węgla i zanieczyszczenia EMF wytwarzane przez homo sapien industrializacji. Jest ono przenoszone przez ludzkie endosymbiotyczne zarastanie i metanogenezę. Archaiki mogą powodować konwersję komórek macierzystych i neandertalizację gatunku ludzkiego. Archaea katabolizuje cholesterol generując digoksynę, która może modulować edycję RNA i niedobór magnezu, powodując hamowanie odwróconej transkryptazy. Archaiczny katabolizm cholesterolu może zubożyć tratwy błonowe komórki CD4 cholesterolu, uniemożliwiając przedostanie się retrowirusa do komórki. Archaea mogą wytwarzać trwałą aktywację immunologiczną wytwarzając odporność na infekcje wirusowe i bakteryjne. Archealny katabolizm cholesterolu wyczerpuje cholesterol tkankowy produkując niedobór witaminy D i aktywację immunologiczną. W ten sposób archeologiczne zarastanie skutkuje opornością wsteczną i wytwarzaniem fenotypu neandertalskiego. Endosymbiotyczne archaiki mogą wydzielać wirusy takie jak RNA i cząsteczki DNA. Endosymbiotyczne archaiki mogą indukować uwalnianie białek hamujących oksydacyjną fosforylację mitochondrialną i generować ROS. Endosymbiotyczny archaiczny magnetyt może generować niski poziom EMF. Niski poziom EMF i ROS są genotoksyczne i wytwarzają pęknięcia w gorących punktach chromosomu. Może również wywoływać pęknięcia w gorących punktach chromosomu zamieszkiwanych przez retro-wirusowe i nieretrowirusowe elementy wytwarzające ich ekspresję. Wydzielane przez archeologów wiroidy DNA i RNA mogą rekombinować się z wyrażonymi retro-wirusowymi, nieretrowirusowymi elementami i innymi segmentami genomowymi ludzkiego chromosomu wytwarzającymi nowe wirusy RNA i DNA.

W ten sposób neandertalizowani ludzie mogą służyć jako źródło nowych wirusów RNA i DNA, jak również zmutowanych retrowirusów. Endosymbiotyczne archaiki przekształcają komórki neandertalczyków w komórki macierzyste. Komórki macierzyste są odporne na atak immunologiczny. Komórki macierzyste mogą służyć jako rezerwuar dla tych nowych wirusów RNA i DNA. Komórki macierzyste i archaiczne mogą również służyć jako rezerwuar dla wirusów i bakterii należących do innych roślin i zwierząt. To pomaga generować gatunkową barierę skok w zauważalny w niedawnych pojawiających się infekcjach wirusowych i bakteryjnych. Tak więc endosymbiotyczny wzrost archeologiczny produkuje neandertalizowaną wersję homo sapiens, które są retroviral odporne i odporne na inne infekcje wirusowe i bakteryjne wynikające z aktywacji immunologicznej i edycji RNA wywołanej digoksyną. Endosymbiotyczna, archeologiczna wersja homo sapiens z przerostem neandertalicznym generuje nowe zmutowane wirusy RNA i DNA oraz retrowirusy, będąc jednocześnie na nie odporną, jak w przypadku gatunku nietoperza. Homo sapiens nie posiadają neandertalskich mechanizmów aktywacji immunologicznej, ponieważ ich ładunek archeologiczny jest niewielki. Służą jako pasza dla infekcji wywołanych przez neandertalskie wirusy i bakterie i cierpią na ewentualne wyginięcie. [1-17]

Homo neandertalczyk z generowanym przez niego archeologicznym RNA i wirusami DNA jest przekształcany na fenotyp Warburga i generuje swoją energię poprzez glikolizę. Glikoliza populacji limfocytów i komórek odpornościowych służy wirusom, w tym metabolizmowi retrowirusowemu. Do syntezy cukrów pentozowych do biosyntezy DNA i RNA aktywowany jest również szlak fosforanu pentosu, który rozgałęzia się od szlaku glikolitycznego do szlaku glikolizy. Metabolizm komórkowy jest również ukierunkowany na glutaminolizę. Glutamina pod wpływem działania glutaminazy jest przekształcana w glutaminian i amon. Amoniak jest utleniany i wykorzystywany w energetyce archeologicznej. Glutaminian jest przekształcany w alfa ketoglutaran, a następnie fumaran, jabłczan, oksalooctan i cytrynian w sposób sekwencyjny w cyklu TCA. Mleczan w wyniku działania dekarboksylazy jabłczanowej i dehydrogenazy mleczanowej jest przekształcany w pirogronian i mleczan. Ten szlak anaplerotyczny jest wykorzystywany do generowania energii y cyklu TCA w archeologicznej populacji limfocytów zaludnionych wirusami. Dehydrogenaza pirogronianowa jest hamowana, a nagromadzony pirogronian jest przekształcany w glutaminian i glutaminę. Synteza kwasów tłuszczowych i lipidów jest również regulowana w zaludnionych komórkach immunologicznych wirusa do tworzenia kopert wirusowych. Homo neanderthalis generuje wirusy RNA, w tym retrowirusy i wirusy DNA z endosymbiotycznych archetypów wydzielanych przez wiroidy RNA. Homo neanderthalis jest rezerwuarem dla tych endogennie generowanych wirusów i osiąga równowagę z wirusami. Homo neanderthalis służy jako nośnik dla wirusów i może przetrwać i rozwijać się w ich obecności. Wirusy homo neanderthalis generowane przez retrovirusy, wirusy RNA i wirusy DNA mogą zainfekować homo sapiens. Homo sapiens mają niski poziom archaicznej endosymbiozy i nie mogą generować nowych wirusów RNA, retrowirusów i wirusów DNA. Homo sapiens z drugiej strony są zarażane przez wirusy wydzielane przez homo neandertalczyków, które zabijają dużą część populacji homo sapiens. Homo neanderthalis przyjmuje wysokotłuszczową, wysokobiałkową dietę paleo, która pomaga w utrzymaniu metabolizmu endosymbiotycznych wirusów generowanych przez archeologów. W pracy badano status archeologiczny u pacjentów z nawracającymi infekcjami wirusowymi i zakażeniami wstecznymi. Badano również generowanie wiroidów RNA i DNA z archaiki.

## Materiały i metody

Próbki krwi pobierano z normalnej populacji, fenotypu neandertalskiego, zakażenia retrowirusowego i nawracających infekcji wirusowych. W każdej grupie znajdowało się 10 pacjentów, a każdy z nich miał dopasowaną do wieku i płci zdrową kontrolę wybraną losowo z populacji ogólnej. Próbki krwi pobierano w stanie spoczynku przed rozpoczęciem leczenia. Zastosowano osocze z krwi heparynizowanej na czczo, a protokół doświadczalny był następujący: - (I) osocze+fosforan buforowany solą fizjologiczną, (II) taki sam jak substrat I+cholesterolowy, (III) taki sam jak II+cerium 0,1 mg/ml, oraz (IV) taki sam jak II+profloksacyna i doksycyklina, każda w stężeniu 1 mg/ml. Podłoże cholesterolowe zostało przygotowane w sposób opisany przez Richmond. Pozostałości wycofywano w czasie zerowym bezpośrednio po zmieszaniu i po inkubacji w temperaturze 37 $^{oC}$ przez 1 godzinę. Przeprowadzono następujące oznaczenia: - cytochrom F420, wolne RNA i wolne DNA. Cytochrom F420 oceniano mącznikowo (długość fali wzbudzenia 420 nm i długość fali emisji 520 nm).

## Wyniki

Osocze o fenotypie neandertalskim wykazywało zwiększony poziom wyżej wymienionych parametrów po inkubacji przez 1 godzinę i dodaniu substratu cholesterolowego powodowało dalszy znaczący wzrost tych parametrów. Osocze chorych retrowirusowych i tych z nawracającymi infekcjami wirusowymi wykazywało podobne wyniki, ale stopień wzrostu był nieistotny. Dodatek antybiotyków do osocza kontrolnego powodował spadek wszystkich parametrów, natomiast dodatek ceru zwiększał ich poziom. Dodatek antybiotyków do osocza pacjenta powodował spadek wszystkich parametrów, podczas gdy dodatek ceru zwiększał ich poziom, ale zakres zmian był większy w surowicach o fenotypie neandertalskim w porównaniu z pacjentami z infekcją wsteczną i nawracającymi zakażeniami wirusowymi. Wyniki są wyrażone w tabelach 1-2 jako procentowa zmiana parametrów po 1 godzinie inkubacji w porównaniu z wartościami w czasie zerowym.

**Tabela 1. Wpływ ceru i antybiotyków na cytochrom F420**

| **Grupa** | **CYT F420 %** (Zwiększyć za pomocą Ceru) | | **CYT F420 %** (Zmniejszyć za pomocą Doxy+Cipro) | |
|---|---|---|---|---|
| | **Mean** | **± SD** | **Mean** | **± SD** |
| Retrowirusowe i częste infekcje wirusowe | 4.48 | 0.15 | 18.24 | 0.66 |
| Fenotyp neandertalczyka | 23.46 | 1.87 | 59.27 | 8.86 |
| Wartość F | 306.749 | | 130.054 | |
| Wartość P | < 0.001 | | < 0.001 | |

**Tabela 2. Wpływ ceru i antybiotyków na wolne RNA i DNA**

| **Grupa** | **DNA % zmiana** (Zwiększyć za pomocą Ceru) | | **DNA % zmiana** (Zmniejszyć za pomocą Doxy+Cipro) | | **RNA % zmiana** (Zwiększyć za pomocą Ceru) | | **RNA % zmiana** (Zmniejszyć za pomocą Doxy+Cipro) | |
|---|---|---|---|---|---|---|---|---|
| | **Mean** | **± SD** | **Mean** | **± SD** | **Mean** | **± SD** | **Mean** | **± SD** |
| Retrowirusowe i częste infekcje wirusowe | 4.37 | 0.15 | 18.39 | 0.38 | 4.37 | 0.13 | 18.38 | 0.48 |
| Fenotyp neandertalczyka | 23.40 | 1.51 | 63.68 | 4.66 | 23.08 | 1.87 | 65.09 | 3.48 |
| Wartość F | 337.577 | | 356.621 | | 427.828 | | 654.453 | |
| Wartość P | < 0.001 | | < 0.001 | | < 0.001 | | < 0.001 | |

## Dyskusja

W wyniku symbiozy archeologicznej dochodzi do katabolizmu cholesterolowego i syntezy digoksyny. Digoksyna ma działanie podobne do APOBEC, co powoduje edycję RNA. Mutuje ona wirusa HIV, hamując jego replikację. Digoksyna jest błonowym inhibitorem ATPazy potasowo-sodowej. Wytwarza wewnątrzkomórkowo niedobór magnezu. Magnez może hamować aktywność odwrotnej transkryptazy, hamując replikację wirusa HIV. Archaiki endosymbiotyczne mogą indukować syntezę porfiryn. Porfiryna może łączyć się z inaktywującym ją wirusem HIV. Endosymbiotyczne archaiki wytwarzają katabolizm cholesterolowy i wykorzystują cholesterol jako źródło energii. Powoduje to modulację tratw błonowych receptora CD4, co skutkuje opornością retrowirusową. Archaiczny katabolizm cholesterolowy powoduje zubożenie cholesterolu i niedobór witaminy D. To powoduje aktywację immunologiczną. Endosymbiotyczny wzrost archeologiczny jako taki wytwarza trwałą aktywację immunologiczną skutkującą odpornością na infekcje wirusowe. Zostało to wykazane u bakterii takich jak Mycobacterium leprae. Geny odpornościowe są zawsze włączone na hamowanie retrowirusowego i innego rodzaju replikacji wirusowej. W wyniku endosymbiotycznego wzrostu archeologicznego następuje zwrot w kierunku rozprzęgania się białek przenoszących ludzkie komórki somatyczne do fenotypu Warburga i typu komórek macierzystych. Komórki macierzyste posiadają energię uzyskaną z glikolizy, a nie z fosforylacji oksydacyjnej mitochondriów. Komórki macierzyste są odporne na zakażenie retrowirusowe i inne zakażenia wirusowe. Tak więc endosymbiotyczny wzrost archeologiczny może hamować replikację HIV i wytwarzać odporność na HIV. [1-17]

Endosymbiotyczny wzrost archeologiczny powoduje neandertalizację gatunku ludzkiego. Homo neandertalis może służyć jako rezerwuar dla infekcji wirusowych, będąc jednocześnie na nią odpornym. Homo neanderthalis posiada fenotyp komórek macierzystych, które mogą służyć jako rezerwuar dla infekcji bakteryjnych i wirusowych. Zostało to wykazane w przypadku mycobacterium tuberculosis, która indukuje transformację komórek macierzystych i przeżywa w obrębie komórki macierzystej odpornej na atak immunologiczny. Ten mechanizm ochronny nie jest dostępny dla gatunków homo sapien i mają one tendencję do ulegania infekcjom wirusowym wynikającym z rezerwuaru homo neanderthalis. [1-17]

Homo neandertalis indukuje indukcję rozprzęgania białek wytwarzających mitochondrialne inhibitory fosforylacji oksydacyjnej i dominującą energię glikolityczną. Powoduje to konwersję do fenotypu komórek macierzystych. Wysoka szybkość metabolizmu powoduje reakcję gorączkową, która włącza układ odpornościowy powodując trwałą aktywację immunologiczną. Wysokie temperatury uszkadzają również komórkę, tworząc system wysokowydajnej naprawy DNA. Skutkuje to trwałą odpornością na infekcje wirusowe w wyniku ciągłej aktywacji immunologicznej oraz wysokowydajną naprawą DNA. Zwiększony wzrost archeologiczny w homo neandertalis powoduje rozprzężenie białek i konwersję komórek macierzystych, co czyni go również odpornym na infekcje wirusowe. To produkuje system rezerwuaru wirusowego w homo neanderthalis jak nietoperze, który służy jako rezerwuar dla wirusa wścieklizny, wirusa ebola i wirusa SARS. Nietoperze mają również archeologiczne endosymbionty. Archeologiczne endosymbionty zostały zademonstrowane na stosie guano nietoperzy. [1-17]

Archeologiczny magnetyt wytwarza podwyższony poziom niskoenergetycznych pól elektromagnetycznych w homo neandertalis, powodując niestabilność genomową. Ludzki genom zawiera sekwencje wirusowe, takie jak wirus ebola, wirus retro i wirus borna. Dzięki archealnemu magnetytowi indukującemu niski poziom EMF pośredniczący w niestabilności genomowej, elementy wirusowe w ludzkim genomie ulegają ekspresji. Archealny magnetyt indukowany przez EMF niskiego poziomu, jak również archaika sama wytwarzają trwałą, ciągłą aktywację immunologiczną, co zapewnia ochronę przed infekcjami wirusowymi. W ten sposób w homo neandertalis dochodzi do ekspresji elementów wirusowych w genomie funkcjonujących jako pasożyty genomowe, a homo neandertalis służy jako rezerwuar wirusów podobnych do tych występujących u nietoperzy, które są również częścią królestwa naczelnych. Archaika w homo neanderthalis wydziela wiroidy DNA i RNA, które mogą się samodzielnie replikować na szablonach porfirynowych. Wirusopodobne cząsteczki i pozakomórkowe DNA są produkowane przez hipertermofilne archaiki - termokokale. Wiroidy RNA można uzyskać konwersji do DNA przez HERV odwrotnej transkryptazy i uzyskać zintegrowane z genomu neandertalskiego przez integrase. Wiroidy DNA wydzielane przez archaiki mogą również zostać zintegrowane z ludzkim genomem przez integrase. W ten sposób archeologiczne RNA i wiroidy DNA, które są bardzo zróżnicowane, stają się zintegrowane z ludzkim genomem przez integrase i HERV odwrotnej transkryptazy. [1-17]

Niestabilność genomowa genomu neandertalskiego wynikająca z niskiego poziomu EMF generowanego przez archeologiczny magnetyt, jak również archeologiczne porfiryny interkalujące z ludzkim DNA mogą powodować ekspresję elementów wirusowych ludzkiego genomu. Poliribonukleotydy RNA z sekwencji chromosomu 22q11.2 ALU zostały wykazane w surowicy pacjentów z zespołem wojny w Zatoce Perskiej i szpiczakiem mnogim. Ekspozycja na substancje genotoksyczne i niski poziom EMF powoduje aktywację retrotransposonowych elementów ALU, co prowadzi do powstania unikalnych segmentów RNA w surowicy. Poliribonukleotydy RNA mają pokrywę proteolipidową, która jest odporna na trawienie przez enzymy. Białko skokowe wirusa SARS wyraża się w wyniku skomplikowanej reorganizacji genetycznej segmentów chromosomu 7 w wyniku katastrofalnej ekspozycji środowiskowej na

EMF. Ludzie i zwierzęta narażeni na działanie broni jądrowej lub chemicznej lub ciągłego promieniowania EMF o niskim poziomie promieniowania wytwarzają nowe geny regulacyjne, które są następnie transkrybowane jako niewirusowe mikroorganizmy RNA pokryte błonami proteolipidowymi. Niski poziom EMF i czynników genotoksycznych prowadzi do rearanżacji genów sekwencji ALU z generowaniem polirybonukleotydów RNA pokrytych pęcherzykami proteolipidowymi. Wirus SARS ma być spowodowany złożonym przetasowaniem gorących punktów chromosomu 7.[1-17.]

Archaea powoduje oddzielenie mitochondrialnej fosforylacji oksydacyjnej komórek somatycznych. Archaiczny magnetyt wytwarza ekspresję niskiego poziomu EMF. Reaktywne formy tlenu produkowane przez rozprzężenie mitochondrialnej fosforylacji oksydacyjnej i niski poziom EMF wytwarzany przez archeologiczny magnetyt są genotoksyczne i wytwarzają złożone rearanżacje genomu neandertalskiego, pękanie gorących punktów w chromosomie, które są niezwykle kruche, produkując ekspresję polirybonukleotydów RNA, które mogą zostać przekształcone w polirybonukleotydy DNA przez enzym HERV odwróconej transkryptazy. Polirybonukleotydy RNA i DNA pakowane w pęcherzyki proteolipidowe mogą naśladować wirusy RNA i DNA. Junk DNA ludzi składa się z sekwencji HERV i nieretrowirusowych wirusów RNA jak ebola i wirusy borna. Są one pasożytami genomowymi. Komórka neandertalska zwiększyła produkcję ROS w wyniku rozprzężenia wywołanego przez archeal. Archealne pole magnetyczne indukowane przez EMF, jak również archaiczne pole magnetyczne indukowane przez archaiczne ROS są genotoksyczne. Narażenie na ROS i niski poziom EMF może spowodować ponowne rozproszenie śmieciowego DNA produkującego nowy rodzaj wirusów RNA, które mogą zostać wyrażone. Wirusowe i nieretrowirusowe elementy ludzkiego genomu, jak również ludzkie sekwencje genomowe same w sobie, które są wyrażone, mogą rekombinować z archeologicznym DNA i wiroidami RNA, wytwarzając nowe zmutowane, niebezpieczne wirusy zarówno typu RNA, jak i DNA w homo neandertalis. Homo neanderthalis mają niesprzężoną fosforylację oksydacyjną i więcej produkcji ROS. ROS służy jako posłańcy modulujący replikację wirusów. Tak więc istnieje genomowa niestabilność indukująca ekspresję elementów wirusowych w genomie neandertalczyka, arktyczna ekspresja wiroidów DNA i RNA, rekombinacja DNA i RNA arktycznych wiroidów z neandertalskimi genomowymi elementami wirusowymi, które są wyrażone i ROS indukuje namnażanie zmutowanego wirusa. [1-17]

Sami homo neandertalczycy są odporni na te wirusy i służą jako rezerwuar dla nich jak ich brat naczelny nietoperz. Homo sapiens mają mniej endosymbiotyczną symbiozę archeologiczną i nie mają indukcji białek rozpraszających, co prowadzi do utrzymania ich dojrzałych komórek somatycznych jako takich. Komórka homo sapiens ma dominujący mitochondrialny oksydacyjny metabolizm fosforylacyjny generujący mniej ROS. Komórki homo sapiens są immunosupresyjne. Komórki homo sapiens nie są trwale uodpornione na aktywację immunologiczną, wytwarzając odporność wirusową. Nie mają fenotypu komórek macierzystych. Nie mają dominującego, archeologicznego katabolizmu cholesterolowego modulującego receptory wirusowe. Homo sapiens nie mają syntezy digoksyny hamującej edycję RNA i replikację wirusową. Homo sapiens są kaczkami siedzącymi na infekcje wirusowe generowane przez homo neandertalis, które je infekują i zabijają. Homo neanderthalis, która wygenerowała wirusy, są przede wszystkim odporne na infekcje wirusowe. Gatunek homo sapien ulega eksterminacji z powodu infekcji wirusowej generowanej przez homo neanderthalis. Gatunek homo neanderthalis wykorzystuje infekcję wirusową jako mechanizm eliminujący homo sapiens i wytwarzający dominację gatunkową. [1-17]

Homo neandertalczyk ma archaiki jako endosymbionty. Archaiki zachowują się jak komórki macierzyste i mogą indukować konwersję komórek somatycznych na komórki macierzyste. Komórki macierzyste i archaiczne mogą służyć jako rezerwuary innych gatunków wirusów i bakterii, takich jak wirusy i bakterie roślinne i zwierzęce. Roślinne i zwierzęce wirusy i bakterie mogą prosperować w somatycznych komórkach macierzystych i archeologicznych komórkach gdy uciekają odpornościowego wykrywania. System tkankowy Neandertalczyków można porównać do kolonii lub sieci komórek łukowych/jądrowych, które służą jako rezerwuar dla innych gatunków bakterii i wirusów zwierzęcych i roślinnych, a także jako centrum generujące nowe wirusy RNA i DNA. Wirusy RNA i DNA są tworzone w wyniku rekombinacji między wyrażonymi genetycznie przekształconymi bitami ludzkiego chromosomu i wirusów, takich jak cząsteczki DNA i RNA wydzielane przez archaiki. To toruje drogę do generowania nieograniczonej liczby nowych wirusów RNA i DNA, jak również stwarza warunki dla wirusów i bakterii do przekraczania bariery gatunkowej. Dowodem na to jest wirus SARS, wirus nipah i wirus hendry krzyżujący się z gatunkami. Stwierdzono, że wirus glonów zaraża ludzkie mózgi, powodując zaburzenia funkcji poznawczych. The generation of new RNA and DNA viruses and the creation of a stem cell/archaeal reservoir for other species bacteria and viruses, the Neanderthal resistance to infections by viruses and bacteria and the

Neanderthals serving as a reservoir for infection results in widespread pandemic in the homo sapien population in Africa and their eventual wipeout. [1-17]

## Referencje


1. Weaver TD, Hublin JJ. Neandertal Birth Canal Shape and the Evolution of Human Childbirth. *Proc. Natl. Acad. Sci. USA* 2009; 106:8151-8156.
2. Kurup RA, Kurup PA. Endosymbiotic Actinidic Archaeal Mediated Warburg Phenotype Mediates Human Disease State. *Advances in Natural Science* 2012; 5(1):81-84.
3. Morgan E. The Neanderthal theory of autism, Asperger and ADHD; 2007, www.rdos.net/eng/asperger.htm.
4. Graves P. New Models and Metaphors for the Neanderthal Debate. *Current Anthropology* 1991; 32(5): 513-541.
5. Sawyer GJ, Maley B. Neanderthal zrekonstruowany. *The Anatomical Record Part B: The New Anatomist* 2005; 283B(1):23-31.
6. Bastir M, O'Higgins P, Rosas A. Facial Ontogeny in Neanderthals and Modern Humans. *Proc. Biol. Sci.* 2007; 274:1125-1132.
7. Neubauer S, Gunz P, Hublin JJ. Endocranial Shape Changes during Growth in Chimpanzees and Humans: Analiza morfometryczna Unique and Shared Aspects. *J. Hum. Evol.* 2010; 59:555-566.
8. Courchesne E, Pierce K. Brain Overgrowth in Autism during a Critical Time in Development: Implikacje dla rozwoju Neuronu Piramidalnego i Interneuronu i łączności. *Int. J. Dev. Neurosci.* 2005; 23:153–170.
9. Green RE, Krause J, Briggs AW, Maricic T, Stenzel U, Kircher M, Patterson N, Li H, Zhai W, *et al.* A Draft Sequence of the Neandertal Genome. *Science* 2010; 328:710-722.
10. Mithen SJ. *The Singing Neanderthals: The Origins of Music, Language, Mind and Body*; 2005, ISBN 0-297-64317-7.
11. Bruner E, Manzi G, Arsuaga JL. Encephalization and Allometric Trajectories in the Genus Homo: Dowody z linii neandertalskiej i nowoczesnej. *Proc. Natl. Acad. Sci.* USA 2003; 100:15335-15340.
12. Gooch S. *The Dream Culture of the Neanderthals: Strażnicy Starożytnej Mądrości.* Inner Traditions, Wildwood House, Londyn; 2006.
13. Gooch S. *The Neanderthal Legacy: Obudzenie naszych genetycznych i kulturowych korzeni.* Inner Traditions, Wildwood House, Londyn; 2008.
14. Kurtén B. *Den Svarta Tigern*, ALBA Publishing, Stockholm, Sweden; 1978.
15. Spikins P. Autyzm, Integracja "Różnicy" i Pochodzenie Nowoczesnego Zachowania Człowieka. *Cambridge Archaeological Journal* 2009; 19(2):179-201.
16. Eswaran V, Harpending H, Rogers AR. Genomika odrzuca wyłącznie afrykańskie pochodzenie człowieka. *Journal of Human Evolution* 2005; 49(1):1-18.
17. Ramachandran V.S. The Reith wykłada, BBC Londyn. 2012.

## ROZDZIAŁ 3

# MIKROBIOLOGIA METABOLICZNA, WIRUSOLOGIA I RETROWIROLOGIA - HYBRYDY NEANDERTALCZYKÓW: ENDOSYMBIOZA AKTYNOWCÓW Z ARCHAICZNĄ ENDOSYMBIOZĄ AKTYNOWCÓW ZA POŚREDNICTWEM ZMIAN KLIMATU GENERUJE NEANDERTALOWE HYBRYDY I ZMIANĘ FENOTYPU CIAŁA UMYSŁU

### Wprowadzenie

Archaiki aktynowców związane są z globalnym ociepleniem i chorobami człowieka, zwłaszcza chorobami autoimmunologicznymi, neurodegeneracją, zaburzeniami neuropsychiatrycznymi, nowotworami i zespołem metabolicznym X. Wzrost endosymbiotycznych archaikach aktynowców w związku ze zmianami klimatycznymi i globalnym ociepleniem prowadzi do neandertalizacji układu umysł-ciało człowieka. Antropometria i metabolonomia neandertalczyków została opisana w chorobach autoimmunologicznych, neurodegeneracji, zaburzeniach neuropsychiatrycznych, nowotworach i zespole metabolicznym X, a zwłaszcza fenotypie Warburga i hiperdigoksinemii. Digoksyna produkowana przez archeologiczny katabolizm cholesterolowy powoduje neandertalizację. Zanik kory przedczołowej i hiperplazja móżdżku są związane z chorobą autoimmunologiczną, neurodegeneracją, zaburzeniami neuropsychiatrycznymi, nowotworami i zespołem metabolicznym X w tym komunikacie. Prowadzi to do dysautonomii z nadpobudliwością współczulną i neuropatią parasympatyczną w tych zaburzeniach. Aktynidowa dominacja archeologiczna w móżdżku prowadzi do zmian w funkcji mózgu. [1-16] Dane zostały opisane w niniejszej pracy.

### Materiały i metody

Do badań wybrano piętnaście przypadków, z których każdy dotyczył chorób autoimmunologicznych, neurodegeneracji, zaburzeń neuropsychiatrycznych, nowotworów, zespołu metabolicznego X i uzależnień od Internetu. Każdy przypadek charakteryzował się kontrolą dopasowaną do wieku i płci. W badaniach oceniano antropometryczne i fenotypowe pomiary neandertalczyków, które obejmowały wystające grzbiety nadoczodołowe, czaszkę doliczochłonną, małą żuchwę, widoczną twarz środkową i nos, krótkie kończyny górne i dolne, widoczny tułów, niski stosunek palca wskazującego do pierścienia palcowego oraz jasną cerę. W każdym przypadku wykonano testy funkcji autonomicznej w celu oceny układu współczulnego i przywspółczulnego. Wykonano tomografię komputerową głowy w celu objętościowej oceny kory przedczołowej i móżdżku. Aktywność cytochromu F420 oceniano za pomocą pomiaru spektrofotometrycznego.

**Wyniki**

Wszystkie badane grupy przypadków miały wyższy odsetek pomiarów antropometrycznych i fenotypowych neandertalczyków. W całej badanej populacji pacjentów stwierdzono niski wskaźnik palca wskazujący na wysoki poziom testosteronu. We wszystkich badanych grupach obserwowano również zanik kory przedczołowej i przerost móżdżku. Podobnie we wszystkich badanych grupach przypadków występowała dysautonomia z nadmierną aktywnością współczulną i neuropatią przywspółczulną. W całej badanej grupie przypadków stwierdzono cytochrom F420, u którego stwierdzono występowanie endosymbiotycznego przerostu archeologicznego.

**Tabela 1. Fenotyp neandertalczyka i choroba układowa**

| **Choroba** | **Cyt F420** | **Fenotyp neandertalczyka** | **Niski wskaźnik proporcji między palcami wskazującymi a pierścieniami** |
|---|---|---|---|
| Schizofrenia | 69% | 75% | 65% |
| Autyzm | 80% | 75% | 72% |
| choroba Alzheimera | 89% | 65% | 75% |
| Choroba Parkinsona | 70% | 71% | 80% |
| Chłoniak nieziarniczy (Non-Hodgkin's lymphoma) | 72% | 60% | 69% |
| Szpiczak mnogi | 70% | 68% | 74% |
| Cukrzyca typu mellitus z udarem mózgu i CAD | 65% | 72% | 72% |
| SLE/Lupus | 75% | 85% | 74% |
| Stwardnienie rozsiane (sclerosis multiplex) | 80% | 75% | 75% |
| Użytkownicy Internetu | 65% | 72% | 69% |

**Tabela 2. Fenotyp neandertalczyka i dysfunkcja mózgu**

| Choroba | Dysautonomia | Atrofia kory przedczołowej | Hipertrofia gwiazdozbiorów (Cerebellar hypertrophy) |
|---|---|---|---|
| Schizofrenia | 65% | 60% | 70% |
| Autyzm | 72% | 69% | 72% |
| choroba Alzheimera | 60% | 72% | 60% |
| Choroba Parkinsona | 62% | 71% | 68% |
| Chłoniak nieziarniczy (Non-Hodgkin's lymphoma) | 79% | 65% | 75% |
| Szpiczak mnogi | 69% | 72% | 80% |
| Cukrzyca typu mellitus z udarem mózgu i CAD | 64% | 84% | 69% |
| SLE/Lupus | 75% | 73% | 72% |
| Stwardnienie rozsiane (sclerosis multiplex) | 69% | 74% | 76% |
| Użytkownicy Internetu | 74% | 84% | 82% |

**Dyskusja**

Metabolizm neandertalczyków przyczynia się do patogenezy tych zaburzeń. We wszystkich badanych grupach przypadków występowały cechy fenotypu neandertalskiego, a także niskie wskaźniki palca wskazujące na podwyższone stężenie testosteronu. Neandertalizacja układu umysł-ciało występuje w wyniku zwiększonego wzrostu archai aktynowców w wyniku globalnego ocieplenia. Neandertalizacja umysłu prowadzi do dominacji móżdżku i zaniku kory przedczołowej. Prowadzi to do dysautonomii z neuropatią parasympatyczną i nadpobudliwością współczulną.

Globalne ocieplenie i epoka lodowcowa powodują zwiększony wzrost ekstremofile. Prowadzi to do zwiększonego wzrostu endosymbiozy aktynowców u ludzi. Istnieje proliferacja archeologiczna w jelicie, który wchodzi do móżdżku i pnia mózgu przez odwrócony aksonalny transport przez pochwę. Móżdżek i pień mózgu można uznać za kolonię archeologiczną. Archaeae są katabolizujące pod względem cholesterolu i wykorzystują cholesterol jako źródło węgla i energii. Archaiki aktynowców aktywują receptor HIF alfa wywołujący fenotyp Warburga, co prowadzi do zwiększonej glikolizy z generacją glicyny, a także tłumienia dehydrogenazy pirogronianowej. Nagromadzony pirogronian wchodzi do bocznicy GABA generując sukcynyl CoA i glicynę. Archeologiczny katabolizm cholesterolu powoduje utlenianie pierścieni i wytwarzanie pirogronianu, który również wchodzi w skład GABA shunt, wytwarzając glicynę i sukcynyl CoA. Prowadzi to do zwiększonej syntezy porfiryn. W procesie hamowania ATPazy potasowo-sodowej indukowanej digoksyną porfiryny dipolarne wytwarzają układ fononowy z pompą, w wyniku czego powstaje kondensat Bose-Einsteina w modelu Frohlicha i ilościowe postrzeganie niskiego poziomu EMF. Niski poziom zanieczyszczenia EMF jest powszechny w przypadku korzystania z Internetu. Postrzeganie niskiego poziomu EMF prowadzi do neandertalizacji mózgu z zanikiem kory przedczołowej i hiperplazją móżdżku. Archaika, która dociera do móżdżku z jelita przez nerw błędny, rozmnaża się i sprawia, że móżdżek dominuje z powodu tłumienia i zanikania kory przedczołowej. Prowadzi to do rozpowszechnienia się cech autystycznych i schizofrenicznych w populacji. Archaika aktynowców indukuje fenotyp Warburga z nasiloną glikolizą, hamowaniem PDH i tłumieniem mitochondriów. Powoduje to neandertalizację układu umysł-ciało. Archaiki aktynowcowe wydzielają wiroidy RNA, które blokują ekspresję HERV przez interferencję RNA. Tłumienie HERV przyczynia się do zahamowania rozwoju kory przedczołowej u neandertalczyków i dominacji móżdżku. Archealna digoksyna wytwarza inhibicję ATPazy potasowo-sodowej i zubożenie magnezu, co powoduje zahamowanie odwrotnej transkryptazy i zmniejszenie generacji HERV. HERV przyczyniają się do dynamiki genomu i są niezbędne do rozwoju kory przedczołowej. Tłumienie HERV przyczynia się do rozwoju oporności retrowirusowej u neandertalczyków. Aktynoidalna archaea katabolizuje cholesterol, prowadząc do jego zubożenia. Zmniejszenie stężenia cholesterolu prowadzi również do słabej łączności synaptycznej i zmniejszenia rozwoju kory przedczołowej. Nie jest to zmiana genetyczna, ale forma symbiotycznej zmiany z endosymbiotycznym aktynoidalnym wzrostem archaicznym w organizmie i mózgu.

Korzystanie z Internetu i niski poziom zanieczyszczenia pól elektromagnetycznych jest powszechny w tym stuleciu. Powoduje to wzrost percepcji EMF niski poziom przez mózg przez digoksyna-porfiryna za pośrednictwem systemu pompowanego fononowego stworzył Bose-Einstein kondensaty przyczyniające się do zanik kory przedczołowej i dominacja móżdżku. Dominacja cerebellarna prowadzi do schizofrenii i autyzmu. W obecnej społeczności panuje epidemia autyzmu i schizofrenii. Porfiryna za pośrednictwem pozazmysłowej percepcji może przyczynić się do komunikacji między neandertalczykami. Neandertalczycy nie posiadali języka i używali pozazmysłowej percepcji jako formy komunikacji grupowej. Ze względu na dominującą pozazmysłową percepcję kwantową, Neandertalczycy nie posiadali indywidualnej tożsamości, a jedynie tożsamość grupową.

Dominacja cerebellarna skutkuje kreatywnością wynikającą z percepcji kwantowej i percepcji grupowej. Cechy neandertalczyków przyczyniają się do innowacyjności i kreatywności. Dominacja cerebelarna prowadzi do rozwoju języka symbolicznego. Neandertalczycy wykorzystywali taniec i muzykę jako formę komunikacji. Malarstwo jako forma komunikacji było również powszechne u neandertalczyków. Zachowanie neandertalczyków było robotyczne. Zachowanie robotyczne jest charakterystyczne dla dominacji móżdżku. Zachowanie robotyczne, symboliczne i rytualne jest wspólne z dominacją móżdżku i widoczne jest w cechach autystycznych. Dominacja móżdżku u neandertalczyków prowadzi do inteligencji intuicyjnej i hipnotycznej jakości komunikacji. Zwiększona pozazmysłowa percepcja kwantowa prowadzi do większej komunii z naturą i jest formą eko-duchowości. Rosnące wykorzystanie tańca i muzyki jako formy komunikacji i eko-duchowości jest powszechne we współczesnym stuleciu wraz ze wzrostem zachorowalności na autyzm. Zubożenie cholesterolu prowadzi do niedoboru kwasu żółciowego i powstawania małych grup społecznych u neandertalczyków. Kwas żółciowy wiąże się z receptorami węchowymi i przyczynia się do tworzenia tożsamości grupowej. Może to również przyczyniać się do generowania cech autystycznych u neandertalczyków.

Populacja neandertalczyków była w przeważającej mierze autystyczna i schizofreniczna. Współczesna populacja jest hybrydą homo sapiens i homo neanderthalis. Przyczynia się to do 10 do 20 procent dominujących hybryd, które mają tendencję do schizofreników i autystyków i przyczynia się do kreatywności cywilizacji. Neandertalczycy mają tendencję do bycia innowacyjnymi i chaotycznymi. Są kreatywni w sztuce, literaturze, tańcu, duchowości i nauce. Osiemdziesiąt procent mniej dominujących hybryd jest stabilnych i przyczynia się do stabilizującego wpływu prowadzącego do rozwoju cywilizacyjnego. Homo sapiens byli stabilni i nietwórczy przez długi okres swojego istnienia. W społeczności homo sapiens około 10 000 lat temu nastąpił wybuch kreatywności z generacją muzyki, tańca, malarstwa, ornamentów, stworzeniem koncepcji Boga i współczującego zachowania grupy. Skorelowane to było z pokoleniem neandertalskich hybryd, gdy euroazjatycki neandertalczyk kojarzył się z homo sapiens afrykańskimi kobietami. Pozazmysłowa/kwantowa percepcja spowodowana przez porfiryny dipolarne i digoksynę indukowała zahamowanie ATPazy potasowej sodowej, a generowany system pompowanych fononów pośredniczył w percepcji kwantowej, co doprowadziło do zjawiska globalizacji i poczucia, że świat jest globalną wioską. Archeologiczny katabolizm cholesterolowy prowadzi do zwiększonej syntezy digoksyny. Digoksyna promuje transport tryptofanu nad tyrozyną. Niedobór tyrozyny prowadzi do niedoboru dopaminy i niedoboru morfiny. Prowadzi to do zespołu niedoboru morfiny u neandertalczyków. Przyczynia się to do powstawania cech uzależnienia i kreatywności. Zwiększony poziom tryptofanów powoduje wzrost alkaloidów, takich jak LSD, przyczyniając się do ekstazy i duchowości neandertalczyków. Uzależniające, ADHD i autystyczne cechy są związane ze stanem niedoboru morfiny. Dieta ketogeniczna spożywana przez mięso jedzące Neandertalczyków prowadzi do zwiększonej generacji kwasu hydroksymasłowego, który produkuje ecstasy i dysocjacyjny rodzaj znieczulenia przyczyniając się do psychologii neandertalskiej. Niedobór dopaminy prowadzi do zmniejszenia syntezy melaniny i uczciwości populacji. Było to odpowiedzialne za uczciwy kolor neandertalczyków.

Neandertalczycy byli w zasadzie zjadaczami mięsa stosującymi dietę ketogeniczną. Kwas acetooctowy jest przekształcany w acetyl CoA, który wchodzi w cykl TCA. Kiedy hybrydy neandertalczyków spożywają dietę glukogenną w związku z rozprzestrzenianiem się osiadłych cywilizacji, wytwarzają pirogronian dzięki tłumieniu PDH u neandertalczyków. Zwiększony wzrost archeologiczny aktywuje receptor opłat i indukuje HIF alfa, co prowadzi do zwiększonej glikolizy, tłumienia PDH i dysfunkcji mitochondriów - fenotypu Warburga. Pirogronian wchodzi w drogę bocznikową GABA produkując glutaminian, amoniak i porfirynę, co prowadzi do neuropatologii autyzmu i schizofrenii. Neandertalczycy spożywający dietę ketogeniczną wytwarzają więcej GABA - neurotransmitera hamującego, dzięki czemu neandertalczycy są potulnie spokojni. Mniejsza jest produkcja glutaminianu, który jest dominującym neuroprzekaźnikiem pobudzającym w korze przedczołowej i ścieżkach świadomości. Prowadzi to do dominacji funkcji móżdżku. Hybrydy neandertalczyków mają dominację móżdżku i mniej świadomych zachowań. Cerebellum jest odpowiedzialny za intuicyjne, nieświadome zachowanie, jak również kreatywność i duchowość. Móżdżek jest miejscem postrzegania pozazmysłowego, aktów magicznych i hipnozy. Dominujący homo sapiens miał dominację kory przedczołowej nad móżdżkiem, co skutkowało większą ilością świadomych zachowań.

Neandertalczycy spożywający dietę glukogenną wytwarzają zwiększoną glikolizę w układzie hamowania PDH. W ten sposób powstaje fenotyp Warburga. Występuje zwiększona glikoliza limfocytarna produkująca choroby autoimmunologiczne i aktywację immunologiczną. Zwiększony poziom GAPD powoduje śmierć komórek jądrowych i neurodegenerację. Przewaga glikolizy i hamowanie funkcji mitochondriów prowadzi do glikemii i zespołu metabolicznego X. Wzrost heksokinazy porów mitochondrialnych PT prowadzi do proliferacji komórek i onkogenezy. Półprodukt glikolityczny 3-fosfogliceran jest przekształcany w glicynę, co powoduje pobudzenie NMDA przyczyniające się do schizofrenii i autyzmu. W schizofrenii i autyzmie obserwuje się dominację cerebellarną.

Hiperplazja móżdżku powoduje nadpobudliwość współczulną i neuropatię przywspółczulną. Przyczynia się to do proliferacji komórek i onkogenezy. W wyniku neuropatii pochwy dochodzi do aktywacji immunologicznej i choroby autoimmunologicznej. Neuropatia pochwy i nadpobudliwość współczulna może przyczynić się do glikogenolizy i lipolizy, co prowadzi do zespołu metabolicznego X. Dominacja cerebelarna i mózgowe zaburzenia poznawcze mogą przyczynić się do schizofrenii i autyzmu. Zwiększona synteza porfiryn wynikająca z sukcynylu CoA generowanego przez GABA shunt i glicyny generowanej przez glikolizę przyczynia się do zwiększenia pozazmysłowej percepcji ważnej w schizofrenii i autyzmie. Nadpobudliwość współczulna i neuropatia przywspółczulna mogą przyczyniać się do neurodegeneracji.

Archeologiczny katabolizm cholesterolowy generuje digoksynę, która powoduje zahamowanie ATPazy potasowo-sodowej i wzrost poziomu wapnia wewnątrzkomórkowego oraz spadek poziomu magnezu wewnątrzkomórkowego. Wzrost wapnia wewnątrzkomórkowego powoduje aktywację onkogenną i aktywację NFKB, co prowadzi do rozwoju nowotworów i chorób autoimmunologicznych. Wzrost wapnia wewnątrzkomórkowego otwiera mitochondrialny por PT, powodując śmierć komórek i neurodegenerację. Wzrost wapnia wewnątrzkomórkowego może modulować uwalnianie neurotransmiterów z pęcherzyków presynaptycznych. To może modulować neurotransmisję. Wzbogacenie magnezu wywołane digoksyną może usunąć blok magnezu na receptorze NMDA, powodując jego eksitotoksyczność. Digoksyna może modulować szlak glutamatergiczny wzgórzowo-korowo-oczne i świadomości, co prowadzi do schizofrenii i autyzmu. Zubożenie magnezu wywołane digoksyną może hamować aktywność odwrotnej transkryptazy, a generacja HERV modulująca dynamikę genomu. Indukowane digoksyną wewnątrzkomórkowe nagromadzenie wapnia i zubożenie magnezu może modulować neuroprzekaźnik i receptory endokrynologiczne zależne od białek G i kinazy białkowej. Może to prowadzić do indukowanej digoksyną integracji neuro-immuno-endokrynnej. Digoksyna funkcjonuje jako główny hormon neandertalski.

Archaiki aktynowców mają działanie katabolizujące cholesterol i prowadzą do niskich poziomów testosteronu i estrogenów. Prowadzi to do cech aseksualnych i niskich wskaźników rozrodu populacji neandertalczyków. Neandertalczycy spożywają dietę o niskiej zawartości błonnika i niskiej zawartości lignanu. Archaiki aktynowców posiadają enzymy katabolizujące cholesterol, które generują więcej testosteronu niż estrogenów. Przyczynia się to do niedoboru estrogenów i nadmiernej aktywności testosteronu. Populacja neandertalczyków to hipermale z jednoczesną dominacją prawej półkuli i dominacją móżdżku. Testosteron hamuje funkcję lewej półkuli. Wysoki poziom testosteronu u neandertalczyków przyczynia się do powiększenia mózgu. Zarówno u neandertalczyków, jak i u samic wyższy poziom testosteronu przyczynił się do zwiększenia równości płci i neutralności płci. Istniała tożsamość grupowa i grupowe macierzyństwo bez różnic między rolami zarówno mężczyzn, jak i kobiet. Prowadziło to również do matrilinowości. Wyższy poziom testosteronu zarówno u mężczyzn, jak i u kobiet prowadził do naprzemiennych typów seksualności i zachowań aberracyjnych. Homo sapiens jedzą dietę o wysokiej zawartości błonnika z niskim cholesterolem i wysoką zawartością ligniny, co przyczynia się do dominacji estrogenów, dominacji lewoskóry i hipoplazji móżdżku. Homo sapiens miał wyższe wskaźniki reprodukcyjne i wyprzedził populację neandertalczyków, co doprowadziło do jej wyginięcia. Populacja homo sapiens była konserwatywna, z prawidłowymi cechami płciowymi, wartościami rodzinnymi i patriarchalnym typem zachowania. Rola kobiet w populacji homo sapien była niższa niż mężczyzn. Rosnące pokolenie neandertalskich mieszańców na skutek zmian klimatycznych, zapośredniczonych przez archeologiczne zarastanie, prowadzi do równouprawnienia płci i równouprawnienia mężczyzn i kobiet w tym wieku.

Katabolizm cholesterolowy prowadzi do obniżenia poziomu cholesterolu i niedoboru kwasu żółciowego. Kwasy żółciowe wiążą się z VDR i są immunomodulujące. Niedobór kwasów żółciowych prowadzi do aktywacji immunologicznej i choroby autoimmunologicznej. Kwasy żółciowe wiążą się z FXR, LXR i PXR modulując metabolizm lipidów i węglowodanów. Prowadzi to do zespołu metabolicznego X w obecności niedoboru kwasów żółciowych. Kwasy żółciowe uwalniają fosforylację oksydacyjną, a ich niedobór prowadzi do otyłości zespołu metabolicznego X. Kwasy żółciowe wiążą się z receptorami zapachowymi i są ważne w tożsamości grupowej. Niedobór kwasów żółciowych prowadzi do powstawania małych grup społecznych u neandertalczyków i powstawania autyzmu. Niedobór cholesterolu prowadzi również do niedoboru witaminy D. Witamina D wiąże się z VDR i produkuje immunomodulację. Niedobór witaminy D prowadzi do aktywacji immunologicznej i chorób autoimmunologicznych. Niedobór witaminy D może również prowadzić do powstawania krzywicy i przyczyniać się do powstawania fenotypowych cech neandertalczyków. Niedobór witaminy D może przyczyniać się do rozwoju mózgu, prowadząc do makrocefalii. Niedobór witaminy D przyczynia się do oporności na insulinę i otyłości pniowej neandertalczyków. Niedobór witaminy D przyczynia się do sprawiedliwości skóry neandertalczyków jako fenotypowej adaptacji. Fenotypowe cechy neandertalczyków wynikają z niedoboru witaminy D i insulinooporności.

W ten sposób globalne ocieplenie i zwiększony endosymbiotyczny wzrost aktynowców prowadzi do katabolizmu cholesterolowego i wytworzenia fenotypu Warburga, co prowadzi do zwiększonej syntezy porfiryn, pozazmysłowej niskiej percepcji EMF, atrofii kory przedczołowej, insulinooporności i dominacji móżdżku. Prowadzi to do neandertalizacji organizmu i mózgu.

**Referencje**


1. Weaver TD, Hublin JJ. Neandertal Birth Canal Shape and the Evolution of Human Childbirth. *Proc. Natl. Acad. Sci. USA* 2009; 106:8151-8156.
2. Kurup RA, Kurup PA. Endosymbiotic Actinidic Archaeal Mediated Warburg Phenotype Mediates Human Disease State. *Advances in Natural Science* 2012; 5(1):81-84.
3. Morgan E. The Neanderthal theory of autism, Asperger and ADHD; 2007, www.rdos.net/eng/asperger.htm.
4. Graves P. New Models and Metaphors for the Neanderthal Debate. *Current Anthropology* 1991; 32(5): 513-541.
5. Sawyer GJ, Maley B. Neanderthal zrekonstruowany. *The Anatomical Record Part B: The New Anatomist* 2005; 283B(1):23-31.
6. Bastir M, O'Higgins P, Rosas A. Facial Ontogeny in Neanderthals and Modern Humans. *Proc. Biol. Sci.* 2007; 274:1125-1132.
7. Neubauer S, Gunz P, Hublin JJ. Endocranial Shape Changes during Growth in Chimpanzees and Humans: Analiza morfometryczna Unique and Shared Aspects. *J. Hum. Evol.* 2010; 59:555-566.
8. Courchesne E, Pierce K. Brain Overgrowth in Autism during a Critical Time in Development: Implikacje dla rozwoju Neuronu Piramidalnego i Interneuronu i łączności. *Int. J. Dev. Neurosci.* 2005; 23:153–170.
9. Green RE, Krause J, Briggs AW, Maricic T, Stenzel U, Kircher M, Patterson N, Li H, Zhai W, *et al.* A Draft Sequence of the Neandertal Genome. *Science* 2010; 328:710-722.
10. Mithen SJ. *The Singing Neanderthals: The Origins of Music, Language, Mind and Body*; 2005, ISBN 0-297-64317-7.
11. Bruner E, Manzi G, Arsuaga JL. Encephalization and Allometric Trajectories in the Genus Homo: Dowody z linii neandertalskiej i nowoczesnej. *Proc. Natl. Acad. Sci. USA* 2003; 100:15335-15340.

12. Gooch S. *The Dream Culture of the Neanderthals: Strażnicy Starożytnej Mądrości.* Inner Traditions, Wildwood House, Londyn; 2006.

13. Gooch S. *The Neanderthal Legacy: Obudzenie naszych genetycznych i kulturowych korzeni.* Inner Traditions, Wildwood House, Londyn; 2008.

14. Kurtén B. *Den Svarta Tigern*, ALBA Publishing, Stockholm, Sweden; 1978.

15. Spikins P. Autyzm, Integracja "Różnicy" i Pochodzenie Nowoczesnego Zachowania Człowieka. *Cambridge Archaeological Journal* 2009; 19(2):179-201.

16. Eswaran V, Harpending H, Rogers AR. Genomika odrzuca wyłącznie afrykańskie pochodzenie człowieka. *Journal of Human Evolution* 2005; 49(1):1-18.

## ROZDZIAŁ 4

# MIKROBIOLOGIA METABOLICZNA, WIRUSOLOGIA I RETROWIROLOGIA - ENDOSYMBIOTYCZNE WIROIDY RNA GENEROWANE PRZEZ ARCHEOLOGÓW MOGĄ REGULOWAĆ FUNKCJE KOMÓREK I PRZYCZYNIAĆ SIĘ DO STANU CHOROBOWEGO - ROLA W SPECJACJI WIRUSÓW

### Wprowadzenie

Zwłóknienie mięśnia sercowego (EMF) wraz z chorobą więdnięcia korzeni kokosa jest endemiczna dla Kerali z jej radioaktywnymi aktynowcami piasków plażowych. Aktynowce jak rutylu produkującego wewnątrzkomórkowego niedoboru magnezu z powodu rutylu-magnezu miejsc wymiany w błonie komórkowej została włączona do etiologii EMF1[,2]. Organizmy takie jak fitoplazmy i wiroidy również okazały się odgrywać rolę w etiologii tych chorób3[,4]. Wiroidy RNA mogą przyczyniać się do patogenezy schizofrenii, nowotworów, zespołu metabolicznego X, choroby autoimmunologicznej i zwyrodnienia neuronów2. Rozważano możliwość generowania wiroidów RNA przez prymitywne organizmy na bazie aktynowców, takie jak archaiki o szlaku mewalonatowym i katabolizm cholesterolowy5-8. Opisano zależną od aktynowców biosferę cienia archaicznych i wiroidów w wyżej wymienionych stanach chorobowych6. Omówiono rolę wiroidów RNA generowanych przez aktynowce w regulacji funkcji organizmu i patogenezy choroby człowieka.

### Materiały i metody

Na badanie uzyskano świadomą zgodę osób badanych oraz zgodę komisji etycznej. Badaniami objęto następujące grupy: - włóknienie śródmięśniowe, choroba Alzheimera, stwardnienie rozsiane, chłoniak nieziarniczy, zespół metaboliczny X z zakrzepicą naczyń mózgowych i chorobą wieńcową, schizofrenia, autyzm, zaburzenia napadowe, choroba Creutzfeldta Jakoba oraz zespół nabytego niedoboru odporności. W każdej grupie znajdowało się 10 pacjentów, a każdy z nich miał dopasowaną do wieku i płci zdrową kontrolę wybraną losowo z populacji ogólnej. Próbki krwi pobierano w stanie postu przed rozpoczęciem leczenia. Zastosowano osocze z krwi heparynizowanej na czczo, a protokół doświadczalny był następujący: - (I) osocze+fosforan buforowany solą fizjologiczną, (II) taki sam jak substrat I+cholesterolowy, (III) taki sam jak II+rutyl 0,1 mg/ml, oraz (IV) taki sam jak II+profloksacyna i doksycyklina, każda w stężeniu 1 mg/ml. Podłoże cholesterolowe zostało przygotowane w sposób opisany przez Richmond10. Pozostałości wycofywano w czasie zerowym bezpośrednio po zmieszaniu i po inkubacji w temperaturze 37 $^{oC}$ przez 1 godzinę. Przeprowadzono następujące oznaczenia: - cytochrom F420, wolne RNA i wolne DNA11-14. Cytochrom F420 oceniano mącznikowo (długość fali wzbudzenia 420 nm i długość fali emisji 520 nm). Analiza statystyczna została wykonana przez ANOVA.

**Wyniki**

Parametrami sprawdzonymi jak wskazano powyżej były: - cytochrom F420, wolne RNA i wolne DNA. W osoczu osób kontrolowanych stwierdzono zwiększony poziom powyższych parametrów po inkubacji przez 1 godzinę i dodaniu substratu cholesterolowego, co spowodowało dalszy znaczący wzrost tych parametrów. Osocze chorych wykazało podobne wyniki, ale zakres wzrostu był większy. Dodatek antybiotyków do osocza kontrolnego powodował spadek wszystkich parametrów, natomiast dodatek rutylu zwiększał ich poziom. Dodatek antybiotyków do osocza pacjenta spowodował spadek wszystkich parametrów, podczas gdy dodatek rutylu zwiększył ich poziom, ale zakres zmian był większy w osoczu pacjenta w porównaniu z grupą kontrolną. Wyniki są wyrażone w tabelach 1-2 jako procentowa zmiana parametrów po 1 godzinie inkubacji w porównaniu do wartości w czasie zerowym.

**Tabela 1. Wpływ rutylu i antybiotyków na cytochrom F420**

| Grupa | CYT F420 % (Zwiększyć za pomocą Rutylu) | | CYT F420 % (Zmniejszyć za pomocą Doxy+Cipro) | |
|---|---|---|---|---|
| | **Mean** | **± SD** | **Mean** | **± SD** |
| Normalny | 4.48 | 0.15 | 18.24 | 0.66 |
| Schizo | 23.24 | 2.01 | 58.72 | 7.08 |
| Zajęcie | 23.46 | 1.87 | 59.27 | 8.86 |
| AD | 23.12 | 2.00 | 56.90 | 6.94 |
| MS | 22.12 | 1.81 | 61.33 | 9.82 |
| NHL | 22.79 | 2.13 | 55.90 | 7.29 |
| DM | 22.59 | 1.86 | 57.05 | 8.45 |
| AIDS | 22.29 | 1.66 | 59.02 | 7.50 |
| CJD | 22.06 | 1.61 | 57.81 | 6.04 |
| Autyzm | 21.68 | 1.90 | 57.93 | 9.64 |
| EMF | 22.70 | 1.87 | 60.46 | 8.06 |
| Wartość F | 306.749 | | 130.054 | |
| Wartość P | < 0.001 | | < 0.001 | |

**Tabela 2. Wpływ rutylu i antybiotyków na wolne RNA i DNA**

| Grupa | DNA % zmiana (Zwiększyć za pomocą Rutylu) | | DNA % zmiana (Zmniejszyć za pomocą Doxy+Cipro) | | RNA % zmiana (Zwiększyć za pomocą Rutylu) | | RNA % zmiana (Zmniejszyć za pomocą Doxy+Cipro) | |
|---|---|---|---|---|---|---|---|---|
| | Mean | ± SD | Mean | ± SD | Mean | ± SD | Mean | ± SD |
| Normalny | 4.37 | 0.15 | 18.39 | 0.38 | 4.37 | 0.13 | 18.38 | 0.48 |
| Schizo | 23.28 | 1.70 | 61.41 | 3.36 | 23.59 | 1.83 | 65.69 | 3.94 |
| Zajęcie | 23.40 | 1.51 | 63.68 | 4.66 | 23.08 | 1.87 | 65.09 | 3.48 |
| AD | 23.52 | 1.65 | 64.15 | 4.60 | 23.29 | 1.92 | 65.39 | 3.95 |
| MS | 22.62 | 1.38 | 63.82 | 5.53 | 23.29 | 1.98 | 67.46 | 3.96 |
| NHL | 22.42 | 1.99 | 61.14 | 3.47 | 23.78 | 1.20 | 66.90 | 4.10 |
| DM | 23.01 | 1.67 | 65.35 | 3.56 | 23.33 | 1.86 | 66.46 | 3.65 |
| AIDS | 22.56 | 2.46 | 62.70 | 4.53 | 23.32 | 1.74 | 65.67 | 4.16 |
| CJD | 23.30 | 1.42 | 65.07 | 4.95 | 23.11 | 1.52 | 66.68 | 3.97 |
| Autyzm | 22.12 | 2.44 | 63.69 | 5.14 | 23.33 | 1.35 | 66.83 | 3.27 |
| EMF | 22.29 | 2.05 | 58.70 | 7.34 | 22.29 | 2.05 | 67.03 | 5.97 |
| Wartość F | 337.577 | | 356.621 | | 427.828 | | 654.453 | |
| Wartość P | < 0.001 | | < 0.001 | | < 0.001 | | < 0.001 | |

**Dyskusja**

Nastąpił wzrost cytochromu F420 wskazujący na wzrost archeologiczny. Archaeea mogą syntezować i wykorzystywać cholesterol jako źródło węgla i energii15[,16]. Archeologiczne pochodzenie aktywności enzymu zostało wskazane przez antybiotykową supresję. Badanie wskazuje na obecność w układzie archaiki opartej na aktynowcach z alternatywnymi enzymami opartymi na aktynowcach lub metalloenzymach, na co wskazuje wzrost aktywności enzymów wywołany rutylem17[,18]. Archaiki mogą być poddawane mineralizacji magnetytu i węglanu wapnia i mogą występować jako zwapnione nanoformy19.

Nastąpił wzrost wolnych RNA wskazujących na samoreplikujące się wiroidy RNA i wolne DNA wskazujące na generację wiroidowych nici DNA komplementarnych przez aktywność archeologicznej odwrotnej transkryptazy. Aktynowce modulują składanie RNA i katalizują jego rybozymalne działanie. Wiroidy są ewolucyjnie wydostającymi się z archeologicznej grupy I intronami, które mają właściwości retrotranspozycyjne i samozespalające20. Archaea wywołana aktywacją immunologiczną i stresem redoks może powodować hamowanie deacetylazy histonowej, co prowadzi do odwrotnej transkryptazy endogennej retrowirusowej (HERV) i ekspresji integracyjnej. To może zintegrować wiroidalne uzupełniające DNA RNA z niekodującym regionem eukariotycznego niekodującego DNA przy użyciu HERV integrase, jak opisano dla wirusów borna i ebola21. Wydłużenie niekodującego DNA następuje poprzez zintegrowanie wiroidalnego DNA uzupełniającego RNA z integracją przebiegającą w sposób ciągły. Genom archaea może również zostać zintegrowany z ludzkim genomem za pomocą integrase, jak opisano dla trypanosomów22. Zintegrowane wiroidy i archaiki mogą przechodzić transmisję pionową i mogą istnieć jako pasożyty genomowe21[,22]. Zwiększa to długość i zmienia gramatykę niekodującego regionu, wytwarzając memy lub pamięć nabytych postaci23. Uzupełniające DNA wiroidalne może funkcjonować jako przeskakujące geny produkujące dynamiczny genom ważny w przechowywaniu informacji synaptycznej, ekspresji genów HLA i ekspresji genów rozwojowych. Wiroidy RNA mogą regulować funkcję mRNA poprzez interferencję RNA20. Zjawiska interferencji RNA mogą modulować funkcje komórek T i B, insuliny sygnalizując metabolizm lipidów, wzrost i różnicowanie komórek, apoptozę, transmisję neuronów i ekspresję euchromatyny/heterochromatyny.

Wiroidy RNA i jego DNA uzupełniające rozwinęły się w cholesterol otoczony RNA i wirusy DNA, takie jak opryszczka, retrowirus, wirus grypy, wirus borny, wirus cytomegalo i wirus epsteina barra poprzez połączenie z genami archeologicznymi, eukariotycznymi i ludzkimi, co doprowadziło do specjacji wirusów. [24-26] Wiroidy RNA mogą również rekombinować się z endogennymi komensalnymi wirusami RNA i DNA, co prowadzi do specjacji. Gatunki wirusowe są słabo zdefiniowane i rozmyte, a wszystkie tworzą jedną wspólną pulę genetyczną z częstym horyzontalnym transferem i rekombinacją genów. W ten sposób wielo- i jednokomórkowy eukarionot z jego genami służy do specjacji wirusowej.

Eukarionty wielokomórkowe są jak biofilmy archeologiczne. Archaiki o ścieżce mewalonatowej wykorzystują pozakomórkowe wiroidy RNA do wykrywania kworum i w generowaniu symbiotycznych biofilmów przypominających struktury, które rozwijają się w wielokomórkowe eukarionty27[,28]. Endosymbiotyczne archaiki i bakterie o szlaku mewalonatowym nadal wykorzystują wiroidy RNA do regulacji wielokomórkowego eukariontu. Zanieczyszczenie jest wywoływane przez prymitywne nanoarchaea i mewalonianowe bakterie szlaku syntetyzowanego WWA i metanu prowadzące do stresu redoks. Stres redoksowy prowadzi do hamowania ATPazy potasowo-sodowej, wewnętrznego ruchu cholesterolu błony komórkowej, wadliwego wykrywania SREBP, zwiększonej syntezy cholesterolu i wzrostu bakterii szlaku nanoarchaealno-mewalonianowego29. Stres związany z redoksem prowadzi do namnażania się wiroidów i archaicznych. Stres redoksowy może również prowadzić do odwrotnej transkryptazy HERV i integracyjnej ekspresji. Niekodujące

DNA jest tworzone z połączenia RNA wiroidalnego DNA uzupełniającego i archaicznego z integracją przebiegającą jako wydarzenie ciągłe. Archaeal pox jak wirus dsDNA tworzy ewolucyjnie jądro. Zintegrowane sekwencje bakterii z drogi wiroidalnej, archaicznej i mewalonianu mogą przechodzić transmisję pionową i mogą występować jako pasożyty genomowe. Genomowe zintegrowane archaiki, bakterie szlaku mewalonianów i wiroidy tworzą genomową rezerwę bakterii i wirusów, które mogą rekombinować się z ludzkimi i eukariotycznymi genami tworząc specjację bakteryjną i wirusową. Zmiana długości i gramatyki regionu niekodującego wytwarza specjację eukariotyczną i indywidualność30. Integracja nanoarchaei, mewalonianów, prokariotów i wiroidów w genomie eukariotycznym i ludzkim wytwarza chimerę, która może rozmnażać się produkując biofilm jak wielokomórkowe struktury mające mieszane cechy archeologiczne, wiroidalne, prokariotyczne i eukariotyczne, który jest regresją od wielokomórkowej tkanki eukariotycznej. Powoduje to powstanie nowego fenotypu neuronalnego, metabolicznego, immunologicznego i tkankowego prowadzącego do choroby człowieka.

Archaiki i wiroidy mogą regulować układ nerwowy, w tym szlak wzgórzowo-korowo-okostnowy NMDA/GABA, pośredniczący w świadomym postrzeganiu2[,31]. Receptory NMDA/GABA mogą być modulowane przez interferencję RNA wywołaną przez wiroidy2. Wiroidy dipolarne w połączeniu z aktynowcami w ustawieniu indukowanego digoksyną hamowania sodowo-potasowej ATPazy potasowej mogą wytwarzać przepompowywany układ fononowy za pośrednictwem modelu Frohlicha w stanie nadprzewodnikowym indukującym kwantową percepcję z nanoarchaealową grawitacją wytwarzającą zaaranżowaną redukcję możliwości kwantowych do świata makroskopowego2,[31]. Wiroidy mogą regulować transmisję w płacie limbicznym za pomocą interferencji RNA z wiroidami, modulując receptory noradrenaliny, dopaminy, serotoniny i acetylocholiny18. Wyższy stopień integracji archaiki i wiroidów z genomem powoduje zwiększenie syntezy digoksyny produkującej dominację prawej półkuli i mniejszy stopień produkujący dominację lewej półkuli2. Interferencja wiroidowego RNA za pośrednictwem zmienionej monoaminy i transmisji NMDA przyczynia się do patogenezy schizofrenii i autyzmu. Wiroidy Archaea i RNA mogą wiązać receptor TLR indukujący NFKB wytwarzając aktywację immunologiczną i cytokinową TNF alfa wydzielanie2[,32]. Archaea i wiroidy indukują przewlekłą aktywację immunologiczną i generowanie superantygenów może prowadzić do choroby autoimmunologicznej. Archaea i wiroidy mogą indukować gospodarza AKT PI3K, AMPK, HIF alfa i NFKB wytwarzając fenotyp metaboliczny Warburga33. Zwiększona aktywność heksokinazy glikolowej, spadek

ATP we krwi, wyciek cytochromu C, wzrost pirogronianu surowicy i spadek acetylo CoA wskazuje na wytwarzanie fenotypu Warburga. Następuje indukcja glikolizy, hamowanie aktywności PDH i dysfunkcja mitochondriów, co prowadzi do niewydolności energetycznej i zespołu metabolicznego. Cytokiny generowane przez archaiki i wiroidy mogą prowadzić do indukowanej przez TNF alfa insulinooporności i zespołu metabolicznego X. Nagromadzony pirogronian wchodzi w drogę bocznikową GABA i jest przekształcany w cytrynian, który jest aktywowany przez lizę cytrynianową i przekształcany w acetylo CoA, wykorzystywany do syntezy cholesterolu33. Pirogronian może być przekształcony w glutaminian i amoniak, który jest utleniany przez archaiki dla potrzeb energetycznych. Podwyższony poziom cholesterolu w podłożu prowadzi do zwiększonego wzrostu archeologicznego i syntezy digoksyny prowadzącej do skierowania metabolizmu na ścieżkę mewalonianu34. Indukowana przez archaiki i wiroidy aktywacja monocytów oraz fenotyp Warburga zwiększona synteza cholesterolu prowadzi do aterogenezy. Ingerencja RNA indukowana przez wiroidy może modulować mRNA związane z funkcją receptora insulinowego i metabolizmem lipidów, przyczyniając się do rozwoju zespołu metabolicznego X. Heksokinaza porowa mitochondrialnego PT indukowana fenotypem Warburga może prowadzić do transformacji złośliwej. Ingerencja RNA indukowana przez wiroidy może modulować onkogeny wywołując transformację złośliwą. Zakłócenia RNA indukowane przez wiroidy mogą modulować mRNA związane ze szlakiem śmierci receptora, powodując apoptozę i degenerację neuronów. Wiroidy RNA mogą rekombinować się z sekwencjami HERV i zostać zamknięte w mikropuszkach przyczyniając się do stanu retrowiralnego. Konformacja białka prionowego jest modulowana przez wiązanie wiroidów RNA produkujących chorobę prionową.

W ten sposób aktynowe archaiki generowane przez wiroidy RNA mogą regulować funkcje komórek i wytwarzać integrację neuro-immuno-genetyczno-endokrynowo-metaboliczną. Wiroidy RNA i ich komplementarne DNA mogą służyć do celów specjacji wirusowej. Wiroidy RNA przyczyniają się również do patogenezy schizofrenii, nowotworów, zespołu metabolicznego X, choroby autoimmunologicznej i zwyrodnienia neuronów.

**Referencje**


1. Valiathan M.S., Somers, K., Kartha, C.C. (1993). *Endomyocardial Fibrosis.* Delhi: Oxford University Press.
2. Kurup R., Kurup, P.A. (2009). *Hypothalamic Digoxin, Cerebral Dominance and Brain Function in Health and Diseases.* Nowy Jork: Nova Science Publishers.

3. Hanold D., Randies, J.W. (1991). Coconut cadang-cadang disease and its viroid agent, *Plant Disease,* 75, 330-335.

4. Edwin B.T., Mohankumaran, C. (2007). Kerala wilczyca phytoplasma: Phylogenetic analysis and identification of a vector, *Proutista moesta, Physiological and Molecular Plant Pathology,* 71(1-3), 41-47.

5. Eckburg P.B., Lepp, P.W., Relman, D.A. (2003). Archaea and their potential role in human disease, *Infect Immun,* 71, 591-596.

6. Adam Z. (2007). Actinides and Life's Origins, *Astrobiology,* 7, 6-10.

7. Schoner W. (2002). Endogenous cardiac glycosides, a new class of steroid hormones, *Eur J Biochem,* 269, 2440-2448.

8. Davies P.C.W., Benner, S.A., Cleland, C.E., Lineweaver, C.H., McKay, C.P., Wolfe-Simon, F. (2009). Podpisy Shadow Biosphere, *Astrobiology,* 10, 241-249.

9. Wächtershäuser G. (1988). Przed enzymami i szablonami: teoria metabolizmu powierzchniowego, *Microbiol Rev,* 52(4), 452-84.

10. Richmond W. (1973). Preparation and properties of a cholesterol oxidase from nocardia species and its application to the enzymatic assay of total cholesterol in serum, *Clin Chem,* 19, 1350-1356.

11. Snell E.D., Snell, C.T. (1961). *Colorimetric Methods of Analysis.* Vol. 3A. Nowy Jork: Van NoStrand.

12. Glick D. (1971). *Metody analizy biochemicznej.* Vol. 5. Nowy Jork: Interscience Publishers.

13. Colowick, Kaplan, N.O. (1955). *Metody w enzymologii.* Tom 2. Nowy Jork: Prasa akademicka.

14. Maarten A.H., Marie-Jose, M., Cornelia, G., van Helden-Meewsen, Fritz, E., Marten, P.H. (1995). Detection of muramic acid in human spleen, *Infection and Immunity,* 63(5), 1652-1657.

15. Smit A., Mushegian, A. (2000). Biosynteza izoprenoidów poprzez mewalonian w Archaea: the lost pathway, *Genome Res,* 10(10), 1468-84.

16. Van der Geize R., Yam, K., Heuser, T., Wilbrink, M.H., Hara, H., Anderton, M.C. (2007). A gene cluster encoding cholesterol catabolism in a soil actinomycete provides insight into Mycobacterium tuberculosis survival in macrophages, *Proc Natl Acad Sci USA,* 104(6), 1947-52.

17. Francis A.J. (1998). Biotransformacja uranu i innych aktynowców w odpadach radioaktywnych, *Journal of Alloys and Compounds,* 271(273), 78-84.

18. Probian C., Wülfing, A., Harder, J. (2003). Anaerobic mineralization of quaternary carbon atoms: Isolation of denitrifying bacteria on pivalic acid (2,2-Dimethylpropionic acid), *Applied and Environmental Microbiology,* 69(3), 1866-1870.

19. Vainshtein M., Suzina, N., Kudryashova, E., Ariskina, E. (2002). New Magnet-Sensitive Structures in Bacterial and Archaeal Cells, *Biol Cell,* 94(1), 29-35.

20. Tsagris E.M., de Alba, A.E., Gozmanova, M., Kalantidis, K. (2008). Viroids, *Cell Microbiol,* 10, 2168.

21. Horie M., Honda, T., Suzuki, Y., Kobayashi, Y., Daito, T., Oshida, T. (2010). Endogenous non-retroviral RNA virus elements in mammalian genomes, *Nature,* 463, 84-87.

22. Hecht M., Nitz, N., Araujo, P., Sousa, A., Rosa, A., Gomes, D. (2010). Geny z pasożyta Chagasa mogą być przenoszone na ludzi i przekazywane dzieciom. Dziedziczenie DNA przeniesionego z amerykańskich trypanosomów na ludzkich żywicieli, *PLoS ONE,* 5, 2-10.

23. Flam F. (1994). Wskazówki dotyczące języka w śmieciowym DNA, *Science,* 266, 1320.

24. Horbach S., Sahm, H., Welle, R. (1993). Biosynteza izoprenoidów w bakteriach: dwie różne drogi? *FEMS Microbiol Lett,* 111, 135-140.

25. Gupta R.S. (1998). Protein phylogenetics and signature sequences: a reappraisal of evolutionary relationship among archaebacteria, eubacteria, and eukaryotes, *Microbiol Mol Biol Rev,* 62, 1435-1491.

26. Hanage W., Fraser, C., Spratt, B. (2005). Fuzzy species among recombinogenic bacteria, *BMC Biology,* 3, 6-10.

27. Whitchurch C.B., Tolker-Nielsen, T., Ragas, P.C., Mattick, J.S. (2002). DNA pozakomórkowe wymagane do tworzenia biofilmu bakteryjnego. *Science,* 295(5559), 1487.

28. Webb J.S., Givskov, M., Kjelleberg, S. (2003). Bacterial biofilms: prokaryotic adventures in multicellularity, *Curr Opin Microbiol,* 6(6), 578-85.

29. Chen Y., Cai, T., Wang, H., Li, Z., Loreaux, E., Lingrel, J.B. (2009). Regulation of intracellular cholesterol distribution by Na/K-ATPase, *J Biol Chem,* 284(22), 14881-90.

30. Poole A.M. (2006). Czy II grupa proliferacji intronowej na endosymbiontycznym archaeonie stworzyła eukarionty? *Biol Direct,* 1, 36-40.

31. Lockwood M. (1989). Umysł, *Mózg i Quantum.* Oksford: B. Blackwell.

32. Eberl M., Hintz, M., Reichenberg, A., Kollas, A., Wiesner, J., Jomaa, H. (2010). Microbial isoprenoid biosynthesis and human γδ T cell activation, *FEBS Letters,* 544(1), 4-10.

33. Wallace D.C. (2005). Mitochondria i rak: Warburg Addressed, *Cold Spring Harbor Symposia on Quantitative Biology,* 70, 363-374.

## ROZDZIAŁ 5

# MIKROBIOLOGIA METABOLICZNA, WIRUSOLOGIA I RETROWIROLOGIA - ENDOSYMBIOTYCZNE ARCHAIKI AKTYNOWCÓW I WIROIDÓW REGULUJĄ FUNKCJĘ ORGANÓW KOMÓRKOWYCH, WZROST KOMÓREK, RÓŻNICOWANIE I ŚMIERĆ KOMÓREK

### Wprowadzenie

W pracy przedstawiono hipotezę dotyczącą roli endosymbiotycznych archaicznych aktynowców i wiroidów w regulacji funkcji komórek, ich różnicowania, proliferacji i śmierci komórek. Zwłóknienie endomiokardialne (EMF) wraz z chorobą więdnięcia korzeni kokosa jest endemiczne dla Kerali z jej radioaktywnymi aktynowcami piasków plażowych. Aktynowce, takie jak rutyl produkujący wewnątrzkomórkowy niedobór magnezu z powodu miejsc wymiany rutylowo-magnezowej w błonie komórkowej została włączona do etiologii EMF[1,2]. Organizmy takie jak fitoplazmy i wiroidy również okazały się odgrywać rolę w etiologii tych chorób3-7. Archaiki aktynowców i wiroidów były związane z patogenezą nieziarniczego chłoniaka B-komórkowego, szpiczaka mnogiego i glejaka wielomórkowego OUN2. Częstość występowania nowotworów jest wysoka w obecności niskiego poziomu radioaktywności piasków mineralnych Kerala1. Archaiki aktynowców i wiroidów były również związane z patogenezą zwyrodnień neuronów, takich jak choroba Parkinsona, choroba Alzheimera, choroba Huntingtona i neuronowa choroba motoryczna. [2] Davies zaproponował koncepcję biosfery cieni organizmów z alternatywną biochemią obecną w samej ziemi8. W wyżej wymienionych stanach chorobowych opisano zależną od aktynowców biosferę cieni archaicznych i wiroidów regulujących cykl komórkowy6. Endosymbiotyczne aktynoidowe archaiki i wiroidy mogą regulować cykl komórkowy i funkcję organelli komórkowych.

### Materiały i metody

Uzyskano świadomą zgodę uczestników i zgodę komisji etycznej na przeprowadzenie badania. Do badania włączono następujące grupy: - Grupa A: Chłoniak limfatyczny B nieziarniczy, szpiczak mnogi i glejakowatość wieloogniskowa OUN. Grupa B:- Choroba Alzheimera, choroba Parkinsona, choroba Huntingtona i choroba neuronów ruchowych. W każdej grupie było 10 pacjentów, a każdy z nich miał dopasowaną do wieku i płci zdrową kontrolę wybraną losowo z ogólnej populacji. Próbki krwi pobierano w stanie poszczenia przed rozpoczęciem leczenia. Zastosowano osocze z krwi heparynizowanej na czczo, a protokół doświadczalny był następujący: - (I) osocze+fosforan buforowany solą fizjologiczną, (II) taki sam jak substrat I+cholesterolowy, (III) taki sam jak II+rutyl 0,1 mg/ml, oraz (IV) taki sam jak II+profloksacyna i doksycyklina, każda w stężeniu 1 mg/ml. Podłoże cholesterolowe zostało przygotowane w sposób opisany przez Richmond9. Pozostałości wycofywano w czasie zerowym bezpośrednio po zmieszaniu i po inkubacji w temperaturze 37 $^{oC}$ przez 1 godzinę. Przeprowadzono następujące oznaczenia: - cytochrom F420, wolne RNA, wolne DNA, kwas muramowy, wielopierścieniowe węglowodory aromatyczne, nadtlenek wodoru, serotonina, pirogronian, amoniak, glutaminian, cytochrom C, heksokinaza, syntaza ATP, reduktaza HMG CoA, digoksyna i kwasy żółciowe10-13. Cytoksymetrię F420 oceniano metodą mąskometryczną (długość fali wzbudzenia 420 nm i długość fali emisji 520 nm). Wielopierścieniowe węglowodory aromatyczne oceniano poprzez pomiar nadtlenku wodoru uwalnianego za pomocą odczynnika glukozowego. Analiza statystyczna została przeprowadzona przez ANOVA.

## Wyniki

Sprawdzono następujące parametry: - cytochrom F420, wolne RNA, wolne DNA, kwas muramowy, wielopierścieniowe węglowodory aromatyczne, nadtlenek wodoru, serotonina, pirogronian, amoniak, glutaminian, cytochrom C, heksokinaza, syntaza ATP, reduktaza HMG CoA, digoksyna i kwasy żółciowe. W osoczu osób z grupy kontrolnej stwierdzono podwyższony poziom wyżej wymienionych parametrów po inkubacji przez 1 godzinę i dodaniu substratu cholesterolowego, co spowodowało dalszy znaczący wzrost tych parametrów. W osoczu chorych uzyskano podobne wyniki, ale zakres wzrostu był większy. Dodatek antybiotyków do osocza kontrolnego powodował spadek wszystkich parametrów, natomiast dodatek rutylu zwiększał ich poziom. Dodatek antybiotyków do osocza pacjenta spowodował spadek wszystkich parametrów, podczas gdy dodatek rutylu zwiększył ich poziom, ale zakres zmian był większy w osoczu pacjenta w porównaniu z grupą kontrolną. Wyniki są wyrażone w tabelach 1-7 jako procentowa zmiana parametrów po 1 godzinie inkubacji w porównaniu do wartości w czasie zerowym.

**Tabela 1. Wpływ rutylu i antybiotyków na kwas muramowy i glutaminian sodu**

| Grupa | Kwas muramiczny % (Zwiększyć bez Doxy) | | Kwas muramiczny % (Spadek z Doxy) | | Glutaminian % (Zwiększyć bez Doxy) | | Glutaminian % (Spadek z Doxy) | |
|---|---|---|---|---|---|---|---|---|
| | **Mean** | **± SD** | **Mean** | **± SD** | **Mean** | **± SD** | **Mean** | **± SD** |
| Normalny | 4.41 | 0.15 | 18.63 | 0.12 | 4.34 | 0.15 | 18.24 | 0.37 |
| Myel | 22.87 | 1.84 | 66.31 | 3.68 | 23.01 | 1.67 | 65.35 | 3.56 |
| NHL | 23.81 | 1.90 | 66.95 | 3.67 | 23.12 | 1.71 | 65.12 | 5.58 |
| Glio | 22.63 | 1.63 | 67.24 | 3.42 | 22.51 | 1.85 | 63.56 | 5.29 |
| HD | 22.30 | 2.19 | 66.19 | 4.20 | 23.79 | 1.58 | 65.56 | 4.03 |
| AD | 23.09 | 1.81 | 65.86 | 4.27 | 23.66 | 1.67 | 65.97 | 3.36 |
| PD | 22.48 | 2.13 | 63.12 | 4.84 | 23.21 | 1.74 | 67.76 | 3.15 |
| MND | 21.94 | 2.03 | 64.29 | 5.35 | 23.89 | 1.69 | 65.09 | 3.89 |
| Starzenie się | 22.93 | 2.08 | 63.49 | 5.01 | 22.71 | 1.82 | 66.13 | 3.83 |
| Wartość F | 348.867 | | 364.999 | | 403.394 | | 680.284 | |
| Wartość P | < 0.001 | | < 0.001 | | < 0.001 | | < 0.001 | |

**Tabela 2. Wpływ rutylu i antybiotyków na wolne DNA i RNA**

| Grupa | DNA % zmiana (Zwiększyć za pomocą Rutylu) | | DNA % zmiana (Spadek z Doxy) | | RNA % zmiana (Zwiększyć za pomocą Rutylu) | | RNA % zmiana (Spadek z Doxy) | |
|---|---|---|---|---|---|---|---|---|
| | **Mean** | **± SD** | **Mean** | **± SD** | **Mean** | **± SD** | **Mean** | **± SD** |
| Normalny | 4.37 | 0.15 | 18.39 | 0.38 | 4.37 | 0.13 | 18.38 | 0.48 |
| Myel | 22.73 | 2.46 | 65.87 | 4.35 | 23.72 | 1.73 | 66.25 | 3.69 |
| NHL | 22.42 | 1.99 | 61.14 | 3.47 | 23.78 | 1.20 | 66.90 | 4.10 |
| Glio | 22.92 | 1.99 | 66.55 | 4.55 | 23.47 | 1.60 | 66.27 | 3.88 |
| HD | 22.48 | 2.13 | 63.12 | 4.84 | 23.86 | 1.86 | 65.93 | 3.95 |
| AD | 23.52 | 1.65 | 64.15 | 4.60 | 23.29 | 1.92 | 65.39 | 3.95 |
| PD | 22.30 | 2.19 | 66.19 | 4.20 | 23.16 | 1.60 | 64.21 | 3.43 |
| MND | 23.11 | 2.00 | 61.52 | 4.97 | 23.04 | 1.66 | 66.13 | 3.49 |
| Starzenie się | 19.73 | 2.27 | 65.49 | 7.28 | 19.73 | 2.27 | 62.70 | 3.24 |
| Wartość F | 337.577 | | 356.621 | | 427.828 | | 654.453 | |
| Wartość P | < 0.001 | | < 0.001 | | < 0.001 | | < 0.001 | |

**Tabela 3. Wpływ rutylu i antybiotyków na reduktazę HMG CoA i PAH**

| Grupa | **HMG CoA R zmiana %** (Zwiększyć za pomocą Rutylu) | | **HMG CoA R zmiana %** (Spadek z Doxy) | | **WWA % zmiana** (Zwiększyć za pomocą Rutylu) | | **WWA % zmiana** (Spadek z Doxy) | |
|---|---|---|---|---|---|---|---|---|
| | **Mean** | **+ SD** | **Mean** | **+ SD** | **Mean** | **+ SD** | **Mean** | **+ SD** |
| Normalny | 4.30 | 0.20 | 18.35 | 0.35 | 4.45 | 0.14 | 18.25 | 0.72 |
| Myel | 23.54 | 1.79 | 61.75 | 5.76 | 23.60 | 2.00 | 62.37 | 5.58 |
| NHL | 22.28 | 1.76 | 61.88 | 6.21 | 22.84 | 1.42 | 66.07 | 3.78 |
| Glio | 23.18 | 2.09 | 63.87 | 5.36 | 22.87 | 1.59 | 62.02 | 6.89 |
| HD | 22.86 | 1.78 | 61.03 | 6.13 | 23.37 | 1.42 | 61.01 | 5.91 |
| AD | 23.43 | 1.68 | 61.68 | 8.32 | 23.26 | 1.53 | 60.91 | 7.59 |
| PD | 22.12 | 2.27 | 60.98 | 8.29 | 23.63 | 1.75 | 62.23 | 5.43 |
| MND | 21.79 | 1.68 | 64.51 | 6.96 | 23.17 | 2.02 | 61.03 | 5.40 |
| Starzenie się | 22.94 | 2.59 | 59.19 | 7.18 | 22.66 | 1.96 | 65.88 | 5.01 |
| Wartość F | 319.332 | | 199.553 | | 391.318 | | 257.996 | |
| Wartość P | < 0.001 | | < 0.001 | | < 0.001 | | < 0.001 | |

**Tabela 4. Wpływ rutylu i antybiotyków na digoksynę i kwasy żółciowe**

| Grupa | **Digoksyna (ng/ml)** (Zwiększyć za pomocą Rutylu) | | **Digoksyna (ng/ml)** (Zmniejszyć za pomocą Doxy+Cipro) | | **Kwasy żółciowe % zmiana** (Zwiększyć za pomocą Rutylu) | | **Kwasy żółciowe % zmiana** (Spadek z Doxy) | |
|---|---|---|---|---|---|---|---|---|
| | **Mean** | **+ SD** | **Mean** | **+ SD** | **Mean** | **+ SD** | **Mean** | **+ SD** |
| Normalny | 0.11 | 0.00 | 0.054 | 0.003 | 4.29 | 0.18 | 18.15 | 0.58 |
| Myel | 0.50 | 0.03 | 0.208 | 0.039 | 22.05 | 1.69 | 62.73 | 7.31 |
| NHL | 0.54 | 0.04 | 0.210 | 0.042 | 22.98 | 2.19 | 64.96 | 5.64 |
| Glio | 0.50 | 0.05 | 0.195 | 0.026 | 23.31 | 2.05 | 61.67 | 4.54 |
| HD | 0.52 | 0.09 | 0.177 | 0.038 | 23.08 | 1.56 | 62.00 | 5.39 |
| AD | 0.55 | 0.03 | 0.192 | 0.040 | 22.12 | 2.19 | 62.86 | 6.28 |
| PD | 0.54 | 0.03 | 0.193 | 0.042 | 23.77 | 1.40 | 65.39 | 4.88 |
| MND | 0.53 | 0.06 | 0.229 | 0.051 | 23.53 | 1.78 | 61.61 | 6.77 |
| Starzenie się | 0.56 | 0.10 | 0.238 | 0.049 | 24.58 | 1.08 | 64.20 | 5.16 |
| Wartość F | 135.116 | | 71.706 | | 290.441 | | 203.651 | |
| Wartość P | < 0.001 | | < 0.001 | | < 0.001 | | < 0.001 | |

**Tabela 5. Wpływ rutylu i antybiotyków na pyruwat i heksokinazę**

| Grupa | Pirwat zmiana % (Zwiększyć za pomocą Rutylu) | | Pirwat zmiana % (Spadek z Doxy) | | Heksokinaza zmiana % (Zwiększyć za pomocą Rutylu) | | Heksokinaza zmiana % (Spadek z Doxy) | |
|---|---|---|---|---|---|---|---|---|
| | Mean | ± SD | Mean | ± SD | Mean | ± SD | Mean | ± SD |
| Normalny | 4.34 | 0.21 | 18.43 | 0.82 | 4.21 | 0.16 | 18.56 | 0.76 |
| Myel | 20.01 | 2.11 | 61.13 | 5.37 | 22.29 | 1.98 | 64.44 | 6.24 |
| NHL | 21.19 | 1.61 | 58.57 | 7.47 | 22.53 | 2.41 | 64.29 | 5.44 |
| Glio | 20.79 | 1.65 | 53.57 | 5.89 | 21.82 | 1.86 | 64.26 | 6.05 |
| HD | 21.13 | 1.27 | 61.54 | 10.03 | 22.89 | 1.88 | 63.39 | 4.97 |
| AD | 22.63 | 0.88 | 56.40 | 8.59 | 22.96 | 2.12 | 65.11 | 5.91 |
| PD | 21.64 | 0.67 | 61.36 | 8.49 | 22.95 | 1.82 | 64.15 | 4.62 |
| MND | 21.58 | 0.81 | 59.11 | 10.05 | 23.15 | 1.78 | 64.41 | 4.90 |
| Starzenie się | 21.31 | 2.51 | 60.42 | 7.65 | 23.36 | 1.78 | 66.62 | 4.83 |
| Wartość F | 321.255 | | 115.242 | | 292.065 | | 317.966 | |
| Wartość P | < 0.001 | | < 0.001 | | < 0.001 | | < 0.001 | |

**Tabela 6. Wpływ rutylu i antybiotyków na nadtlenek wodoru oraz kwas delta amino lewulinowy**

| Grupa | H2O2 % (Zwiększyć za pomocą Rutylu) | | H2O2 % (Spadek z Doxy) | | ALA % (Zwiększyć za pomocą Rutylu) | | ALA % (Spadek z Doxy) | |
|---|---|---|---|---|---|---|---|---|
| | Mean | ± SD | Mean | ± SD | Mean | ± SD | Mean | ± SD |
| Normalny | 4.43 | 0.19 | 18.13 | 0.63 | 4.40 | 0.10 | 18.48 | 0.39 |
| Myel | 23.35 | 1.95 | 58.75 | 3.75 | 24.10 | 1.61 | 65.78 | 4.43 |
| NHL | 23.35 | 1.76 | 59.17 | 3.33 | 23.34 | 1.75 | 66.80 | 3.43 |
| Glio | 22.71 | 1.73 | 57.49 | 8.26 | 22.95 | 1.61 | 65.76 | 4.01 |
| HD | 22.27 | 1.71 | 60.02 | 8.51 | 23.21 | 1.74 | 67.76 | 3.15 |
| AD | 22.65 | 2.48 | 60.19 | 6.98 | 23.67 | 1.68 | 66.50 | 3.58 |
| PD | 24.17 | 1.33 | 56.09 | 6.56 | 23.79 | 1.58 | 65.56 | 4.03 |
| MND | 23.58 | 1.94 | 57.85 | 6.63 | 23.06 | 1.72 | 64.82 | 3.31 |
| Starzenie się | 22.27 | 1.87 | 61.77 | 6.79 | 19.73 | 2.27 | 64.78 | 6.62 |
| Wartość F | 380.721 | | 171.228 | | 372.716 | | 556.411 | |
| Wartość P | < 0.001 | | < 0.001 | | < 0.001 | | < 0.001 | |

**Tabela 7. Wpływ rutylu i antybiotyków na syntazę ATP i cytochrom F 420**

| Grupa | Syntaza ATP % (Zwiększyć za pomocą Rutylu) | | Syntaza ATP % (Spadek z Doxy) | | CYT F420 % (Zwiększyć za pomocą Rutylu) | | CYT F420 % (Spadek z Doxy) | |
|---|---|---|---|---|---|---|---|---|
| | **Mean** | **± SD** | **Mean** | **± SD** | **Mean** | **± SD** | **Mean** | **± SD** |
| Normalny | 4.40 | 0.11 | 18.78 | 0.11 | 4.48 | 0.15 | 18.24 | 0.66 |
| Myel | 23.33 | 1.86 | 66.46 | 3.65 | 23.01 | 1.89 | 61.17 | 9.61 |
| NHL | 24.01 | 1.17 | 66.66 | 3.84 | 22.79 | 2.13 | 55.90 | 7.29 |
| Glio | 22.95 | 1.90 | 66.39 | 3.83 | 22.03 | 1.64 | 62.21 | 5.53 |
| HD | 23.16 | 1.60 | 64.21 | 3.43 | 22.10 | 2.83 | 59.72 | 6.90 |
| AD | 23.58 | 2.08 | 66.21 | 3.69 | 23.12 | 2.00 | 56.90 | 6.94 |
| PD | 23.86 | 1.86 | 65.93 | 3.95 | 22.32 | 2.17 | 57.31 | 9.22 |
| MND | 23.75 | 1.81 | 66.49 | 4.11 | 22.76 | 2.20 | 61.60 | 8.74 |
| Starzenie się | 23.19 | 1.74 | 65.68 | 4.06 | 22.09 | 1.38 | 61.42 | 7.26 |
| Wartość F | 449.503 | | 673.081 | | 306.749 | | 130.054 | |
| Wartość P | < 0.001 | | < 0.001 | | < 0.001 | | < 0.001 | |

**Dyskusja**

Nastąpił wzrost cytochromu F420, co wskazuje na wzrost tkanki tłuszczowej w chłoniaku nieziarniczym - rozproszonym typie komórek B, szpiczaku mnogim i glejakoglioblastomie wieloformatowym OUN. Archaea może syntezować i używać cholesterolu jako źródła węgla i energii14,[15]. Archealne pochodzenie aktywności enzymu zostało wskazane przez antybiotykowe tłumienie indukowane. Badanie wskazuje na obecność w układzie archaiki opartej na aktynowcach z alternatywnymi enzymami opartymi na aktynowcach lub metalloenzymach, na co wskazuje wzrost aktywności enzymów wywołany rutylem16. Stwierdzono również wzrost aktywności reduktazy HMG CoA, co wskazuje na zwiększoną syntezę cholesterolu na drodze mewalonianu. Zwiększono aktywność archeologicznej dehydrogenazy beta-hydroksylosteroidowej wskazującej na syntezę digoksyny oraz aktywność archeologicznej hydroksylazy cholesterolowej wskazującej na syntezę kwasu żółciowego7. Zwiększono aktywność oksydazy cholesterolowej, co doprowadziło do wytworzenia pirogronianu i nadtlenku wodoru15. Pirogronian przekształcany jest w glutaminian i amoniak za pomocą szlaku bocznicowego GABA. Wykryto również archeologiczną aromatyzację cholesterolu generującego WWA, serotoninę i dopaminę17.

Zwiększono aktywność glikolitycznej heksokinazy i zewnątrzkomórkowej syntazy ATP. Archaiki mogą ulegać mineralizacji magnetytu i węglanu wapnia i mogą występować jako zwapnione nanoformy18.

Archeologiczna digoksyna jest głównym przewodnikiem regulującym i koordynującym funkcję organeli komórkowych. Digoksyna może wytwarzać inhibicję ATPazy potasowo-sodowej i ruch do wewnątrz błony plazmowej cholesterolu. Powoduje to wadliwe wykrywanie SREBP, zwiększoną aktywność reduktazy HMG CoA i syntezę cholesterolu. Digoksyna indukowana ruchami wewnętrznymi cholesterolu błonowego może zmieniać stosunek cholesterolu błonowego do sfinksomieliny, tworząc zmodyfikowane mikrodomeny lipidowe. Modulacja mikrodomeny lipidowej wywołana digoksyną może regulować parę GPCR, neuroprzekaźniki - glutaminian, dopamina i serotoninę, sprzężone z GPCR receptory endokrynologiczne - adrenalinę, noradrenalinę, receptory glukagonowe i neuropeptydowe oraz białkowy receptor insulinowy związany z kinazą tyrozynową. Inhibicja ATPazy potasowo-sodowej z udziałem digoksyny może modulować funkcję lipidowych mikrodomenów błony jądrowej i steroidalnego/tyroksynowego receptora DNA. W ten sposób endogenna digoksyna może modulować wszystkie neuroprzekaźniki i receptory endokrynne poprzez regulację mikrodomenów lipidowych. Indukowane przez digoksynę inhibicje ATPazy potasowo-sodowej mogą zwiększyć ilość wapnia wewnątrzkomórkowego i zmniejszyć ilość magnezu wewnątrzkomórkowego. Digoksyna przez zwiększenie wewnątrzkomórkowego wapnia może produkować mitochondrialnego PT dysfunkcji porów. Istnieje wewnątrzkomórkowy niedobór magnezu produkujący wadę syntazy ATP. Digoksyna może więc modulować funkcję mitochondriów. Zmniejszenie wewnątrzkomórkowego magnezu może prowadzić do zmiany syntezy glikokoniugatu i zaburzenia przetwarzania białka i lizosomalne dysfunkcje. Stres redoks wywołany digoksyną może powodować hamowanie deacetylazy histonowej i modulować ekspresję genów. Digoksyna może modulować splatanie mRNA i funkcję RNA. Digoksyna może zatem modulować funkcje mitochondrialne, błony komórkowej, ciała golgi, lizosomalne i jądrowe. Może ona zintegrować funkcję organeli komórkowych. [2] Archealne kwasy żółciowe mogą modulować funkcje mitochondrialne. Kwasy żółciowe mogą powodować rozprzężenie fosforylacji oksydacyjnej i powodować hibernację mitochondriów. Pyruwat łuskowy jest inhibitorem HDAC i moduluje ekspresję genów. Amoniak Archeal ammoniak może aktywować błonową ATPazę potasowo-sodową i wytwarzać dysfunkcję mitochondrialnego PT w porach. Archealny maślan funkcjonuje jako inhibitor HDAC modulujący ekspresję genów. Maślan może również modulować budowę i składanie białek. Maślan może w ten sposób regulować strukturę i funkcje białka. Maślan jest stosowany w leczeniu niezłożonej odpowiedzi białkowej. Archaeal PAH może łączyć się z błoną komórkową, białkami i kwasami nukleinowymi modulując ich strukturę i funkcję. W ten sposób archeologiczne katabolity cholesterolu mogą regulować funkcję wielu organów komórkowych i powodować integrację funkcji organów komórkowych. 2

Archaiki aktynowców i wiroidy mogą modulować funkcje DNA i RNA oraz regulować cykl komórkowy. Tam był wzrost w wolnym RNA wskazujący auto-replikować RNA wiroidy i bezpłatny DNA wskazujący generację wiroidów uzupełniającego DNA pasma przez archealitycznej odwrotnej transkryptazy aktywność. Aktynowce modulują składanie RNA i katalizują jego rybozymalne działanie. Digoksyna może przecinać i wklejać nitki wiroidalne poprzez modulację splotu RNA generując różnorodność wiroidalną RNA. Wiroidy są ewolucyjnie wymykającymi się z archaicznej grupy I intronami, które mają właściwości retrotranspozycyjne i samosplinujące19. Pirwat archealny może wytwarzać inhibicję deacetylazy histonowej, co prowadzi do odwrotnej transkryptazy endogennej retrowirusowej (HERV) i ekspresji integracyjnej. Może to integrować wiroidalne uzupełniające DNA RNA z niekodującym regionem eukariotycznego niekodującego DNA przy użyciu HERV integrase, jak opisano dla wirusów borna i ebola20. Niekodujący DNA jest wydłużany poprzez integrację wiroidalnego DNA uzupełniającego RNA z integracją trwającą nieprzerwanie. Genom archaea może również zostać zintegrowany z ludzkim genomem za pomocą integrase, jak opisano dla trypanosomów21. Zintegrowane wiroidy i archaiki mogą przechodzić transmisję pionową i mogą istnieć jako pasożyty genomowe20[,21]. Zwiększa to długość i zmienia gramatykę niekodującego regionu, wytwarzając memy lub pamięć nabytych postaci22. Uzupełniające DNA wiroidalne może funkcjonować jako przeskakujące geny produkujące dynamiczny genom modulujący ekspresję genów. Wiroidy RNA mogą regulować funkcję mRNA poprzez interferencję RNA19. Zjawisko interferencji RNA może modulować funkcje komórek T i B, różnicowanie komórek, wzrost komórek i ekspresję euchromatyny/heterochromatyny. Zakłócenia RNA wiroidalnego mRNA mogą modulować cykl komórkowy wytwarzając transformację złośliwą. Zjawisko interferencji RNA i RNA wiroidalnych komplementarnych genów skokowych DNA związanych z RNA może prowadzić do błędów odczytu dowodu i generacji powtórzeń trinukleotydu przyczyniając się do patogenezy choroby Huntingtona. Zjawisko interferencji wiroidalnego RNA indukowanego RNA może modulować szlaki śmierci komórek produkując neuronów i degeneracji komórek.

Obecność kwasu muramowego, reduktazy HMG CoA i aktywności oksydazy cholesterolowej zahamowanej przez antybiotyki wskazuje na obecność bakterii o szlaku mewalonatowym. Bakterie o szlaku mewalonianowym to paciorkowce, gronkowce, aktynomiocyty, listeria, koksiella i borrelia23. Bakterie i archaiki o szlaku mewalonatowym i katabolizmie cholesterolowym miały ewolucyjną przewagę i stanowią organizm z kladą izoprenoidalną, a archaiki przekształcają się w organizm o szlaku mewalonatowym gram-dodatnim i gram-dodatnim poprzez poziomy transfer genów wiroidalnych i wirusowych24. Izoprenoidalne kladowe prokarioty rozwijają się w inne grupy prokariotów poprzez horyzontalny transfer genów wiroidalnych i wirusowych, a także eukariotyczny horyzontalny transfer genów produkujących specjację bakteryjną25. Wiroidy RNA i ich DNA uzupełniające rozwinęły się w cholesterol otoczony RNA i wirusy DNA, takie jak opryszczka, retrowirus, wirus grypy, wirus borny, wirus cytomegalo i wirus epsteina barra poprzez rekombinację z genami eukariotycznymi i ludzkimi, co doprowadziło do specjacji wirusowej. Gatunki bakteryjne i wirusowe są chorobliwie zdefiniowane i rozmyte, a wszystkie tworzą jedną wspólną pulę genetyczną z częstym horyzontalnym transferem i rekombinacją genów. Tak więc wielokomórkowy i jednokomórkowy eukarionot z jego genami służy do specjacji prokariotycznej i wirusowej. Eukarionot wielokomórkowy rozwinął się w taki sposób, że ich endosymbiotyczne kolonie archeologiczne mogły lepiej przetrwać i żerować. Eukarionty wielokomórkowe są jak biofilmy bakteryjne. Archaiki i bakterie o szlaku mewalonatowym wykorzystują pozakomórkowe wiroidy RNA i wiroidy DNA do wykrywania kworum i w tworzeniu symbiotycznych struktur biofilmu, które rozwijają się w wielokomórkowe eukarionty[26,27]. Endosymbiotyczne archaiki i bakterie o ścieżce mewalonianu nadal wykorzystują wiroidy RNA i wiroidy DNA do regulacji wielokomórkowego eukariontu. Zanieczyszczenie jest wywoływane przez prymitywne nanoarchaea i mewalonianowe bakterie szlaku syntetyzowanego WWA i metanu prowadzące do stresu redoks. Stres redoksowy prowadzi do hamowania ATPazy potasowo-sodowej, wewnętrznego ruchu cholesterolu błony komórkowej, wadliwego wykrywania SREBP, zwiększonej syntezy cholesterolu i wzrostu bakterii szlaku nanoarchaealno-mewalonianowego28. Stres związany z redoksem prowadzi do namnażania się wiroidów i archaicznych. Stres redoksowy może również prowadzić do odwrotnej transkryptazy HERV i integracyjnej ekspresji. Niekodujące DNA tworzy się z połączenia RNA wiroidalnego DNA uzupełniającego i archaicznego z integracją przebiegającą jako wydarzenie ciągłe. Archaeal pox jak wirus dsDNA tworzy ewolucyjnie jądro. Zintegrowane sekwencje bakterii z drogi wiroidalnej, archaicznej i mewalonianu mogą przechodzić transmisję pionową i mogą występować jako pasożyty genomowe. Genomowe zintegrowane archaiki, bakterie szlaku mewalonianów i wiroidy tworzą genomową rezerwę bakterii i wirusów, które mogą rekombinować się z ludzkimi i eukariotycznymi genami tworząc specjację bakteryjną i wirusową.

Archaiki aktynowców i wiroidy mogą indukować proliferację i dyfersyfikację komórek prowadzącą do transformacji nowotworowej. Bakterie i wirusy są związane z patogenezą nowotworów. Aktywacja receptora Toll była związana z transformacją nowotworową. Z patogenezą chłoniaków związane są: chlamydia, mykoplazma i bakterie kwasochłonne, a także wirus epsteina Barra i retrowirusy. Staphylococcus jest związany z rakiem piersi. Wirusy opryszczki były związane ze szpiczakiem mnogim29-32. Zmiana długości i gramatyki obszaru niekodującego powoduje specjację eukariotyczną i indywidualność33. Zmiany długości regionu niekodującego, zwłaszcza ludzkie endogenne retrowirusy mogą prowadzić do chłoniaków, teratokarcyn i innych nowotworów złośliwych34. Integracja nanoarzędzi, mewalonianów, prokariotów i wiroidów w genomie eukariotycznym i ludzkim wytwarza chimerę, która może namnażać się, tworząc biofilm o wielokomórkowych strukturach, mających mieszane cechy archeologiczne, wiroidalne, prokariotyczne i eukariotyczne, który jest regresją od wielokomórkowej tkanki eukariotycznej. Skutkuje to nowym fenotypem neuronalnym, metabolicznym, immunologicznym i tkankowym prowadzącym do transformacji złośliwej. Powstające mikrochimery mogą prowadzić do zmian poliploidalnych i nowotworowych. Archaea, wiroidy i digoksyna mogą indukować gospodarza AKT PI3K, AMPK, HIF alfa i NFKB wytwarzając fenotyp metaboliczny Warburga35. Zwiększona aktywność heksokinazy glikolowej, spadek ATP we krwi, wyciek cytochromu C, wzrost pirogronianu surowicy i spadek acetylo CoA wskazuje na wytwarzanie fenotypu Warburga. Następuje indukcja glikolizy, hamowanie aktywności PDH i dysfunkcja mitochondriów, co prowadzi do niewydolności energetycznej. Wzrost glikolizy powoduje wzrost regulacji heksokinazy porów PT mitochondrialnego, co prowadzi do proliferacji komórek i transformacji złośliwej. Nagromadzony pirogronian wchodzi w drogę bocznikową GABA i jest przekształcany w cytrynian, który jest aktywowany przez lizę cytrynianową i przekształcany w acetyl CoA, wykorzystywany do syntezy cholesterolu i lipidów35. Zwiększona synteza lipidów jest wymagana do tworzenia błon potrzebnych do proliferacji komórek. Aktywność oksydazy cholesterolowej, zwiększona aktywność oksydazy NADPH związanej z glikolizą oraz dysfunkcja mitochondriów generuje wolne rodniki ważne w patogenezie nowotworów złośliwych. Wolne rodniki mogą aktywować onkogeny wytwarzając złośliwe przemiany. Pirogronian może być przekształcony w glutaminian i amoniak, który jest utleniany przez archaiki na potrzeby energetyczne. Podwyższony poziom cholesterolu w podłożu prowadzi również do zwiększonego wzrostu archeologicznego i syntezy digoksyny, prowadząc do skierowania metabolizmu na ścieżkę mewalonianu. Hiperdigoksymina jest ważna w patogenezie tumourogenezy. Digoksyna może zwiększać limfocytowy wewnątrzkomórkowy wapń, który prowadzi do aktywacji onkogenów i proliferacji komórek2. Archeologiczny katabolizm cholesterolu może zubożyć limfocytarne błony komórkowe cholesterolu, co prowadzi do zmian w mikrodomenach błon komórkowych związanych z onkogennymi czynnikami wzrostu komórek, receptorami białkowej kinazy tyrozynowej i receptorami AKT PI3K produkującymi proliferację komórek i transformację złośliwą. Stany zubożania cholesterolu mogą prowadzić do zmian poliploidalnych i nowotworowych. Archaiki aktynowców i wiroidy mogą modulować układ odpornościowy, prowadząc do transformacji złośliwej. NFKB jest zaangażowana w transformację złośliwą. Archaea i RNA wiroidy mogą wiązać receptor TLR indukujący NFKB wytwarzając aktywację immunologiczną i cytokinową TNF alfa sekrecję. Archaeal DXP i metabolity szlaku mewalonianu mogą wiązać γδTCR i digoksyna indukowany sygnał wapniowy może aktywować NFKB produkując chroniczną aktywację immunologiczną[2,36]. Archaea oraz wiroidy indukują chroniczną aktywację immunologiczną oraz wytwarzanie superantygenów. NFKB może stymulować wzrost i proliferację komórek, prowadząc do złośliwych przemian. Archaiki i wiroidy mogą regulować układ nerwowy, w tym transmisję synaptyczną NMDA2. NMDA może być aktywowany poprzez indukowane digoksyną oscylacje wapniowe, WWA i zakłócenia RNA indukowane przez wiroidy2. Oksydaza pierścieniowa generowana przez pirogronian cholesterolu może być przekształcona przez ścieżkę bocznikową GABA w glutaminian. Aromataza cholesterolowa może generować serotoninę17. Transmisja glutamatergiczna i serotoninergiczna może prowadzić do proliferacji komórek i transformacji złośliwej. Zaburzenia nastroju i schizofrenia mogą predysponować do wystąpienia nowotworów złośliwych. Wyższy stopień integracji archaiki z genomem powoduje zwiększenie syntezy digoksyny produkującej dominację prawej półkuli i mniejszy stopień produkującej dominację lewej półkuli2. Dominacja prawej półkuli może prowadzić do transformacji złośliwej, o czym informowano wcześniej w tym laboratorium. Archeologiczny katabolizm cholesterolu generuje również WWA, które mogą modulować komunikację międzykomórkową szczelinową, prowadząc do proliferacji komórek i transformacji złośliwej. Archaeal PAH może zatem indukować zmiany nowotworowe37. Archeologiczne kwasy żółciowe działają odwrotnie niż digoksyna, redukując stres związany z wolnymi rodnikami i ewentualnie hamując przemianę nowotworową. Archeologiczne kwasy żółciowe mogą wiązać GPCR i modulować D2 regulując przemianę T4 do T3. T3 aktywuje proteiny rozpraszające, redukując stres redoksowy. Kwasy żółciowe mogą również aktywować NRF ½ indukujące NQO1, GST, HOI zmniejszając naprężenie redoks. Archealne kwasy żółciowe mogą wiązać VDR, receptor witaminy D powodując zahamowanie transformacji złośliwej38[,39]. W ten sposób aktynowce, wiroidy i mewaloniany wywołują przemiany metaboliczne, genetyczne, immunologiczne i neuronalne, które mogą prowadzić do transformacji złośliwej.

Archaiki aktynowców i wiroidy mogą modulować śmierć komórek i degenerację neuronów. Bakterie i wirusy są związane z patogenezą neuronów ruchowych, chorobą Alzheimera i chorobą Parkinsona. Zgłoszono, że w patogenezie choroby Alzheimera biorą udział chlamydia, mykoplazma, sinice, aktynomiocyty i borrelia. Helicobactor pylori, nocardia, paciorkowce i wirusy koronowe były zaangażowane w chorobę Parkinsona. Mykoplazma, borrelia, retrowirusy i enterowirusy były związane z patogenezą MND. [40-46] Zmiana długości i gramatyki regionu niekodującego. [33] Integracja nanoarchaei, mewalonianów, prokariotów i wiroidów w genomie eukariotycznym i ludzkim wytwarza chimerę, która może namnażać się, tworząc biofilm o wielokomórkowych strukturach, mających mieszane cechy archeologiczne, wiroidalne, prokariotyczne i eukariotyczne, który jest regresją od wielokomórkowej tkanki eukariotycznej. Powoduje to powstanie nowego fenotypu neuronalnego, metabolicznego, immunologicznego i tkankowego, który prowadzi do chorób ludzkich, takich jak degeneracja neuronów. Mikrochimery utworzone może prowadzić do poliploidalności, który został zaangażowany w degeneracji jak choroba Alzheimera. Mikrochimery mogą prowadzić do chorób autoimmunologicznych. Aktynoidowe archaiki i wiroidy mogą regulować transmisję NMDA prowadząc do śmierci komórki. [2] Jak wspomniano wcześniej, receptory NMDA mogą być aktywowane przez digoksynę indukowaną oscylacjami wapniowymi, WWA zwiększające aktywność NMDA, jak również przez wiroidy indukowane zakłóceniami RNA. [2] Pirawata generowana przez pirogronian pierścieniowej oksydazy cholesterolowej może być przekształcona przez drogę bocznikową GABA w glutaminian, przyczyniając się do zwiększenia ekscytotoksyczności NMDA. Archaea może regulować transmisję dopaminergiczną za pomocą archaicznej aromatazy cholesterolowej/oksoidazy pierścieniowej generowanej przez dopaminę. [16] Zwiększona synteza dopaminy może generować zwiększone ilości wolnych rodników w wyniku jej katabolizmu. Oksydaza cholesterolowa może generować wolne rodniki nadtlenku wodoru. Wolne rodniki mogą powodować degenerację neuronów. Wyższy stopień integracji archaika do genomu produkuje zwiększoną syntezę digoksyny produkując dominację prawej półkuli i mniejszy stopień produkując dominację lewej półkuli. [2] Wcześniejsze badania autorów wiązały dominację chemiczną prawej półkuli z degeneracją neuronów. Wiroidy Archaea i RNA mogą wiązać receptor TLR indukujący NFKB produkujący aktywację immunologiczną i cytokinę TNF alfa. Archaeal DXP i metabolity szlaku mewalonianu mogą wiązać γδTCR i digoksyna indukowane sygnał wapnia może aktywować NFKB produkując przewlekłą aktywację immunologiczną. [2,36] Archaea i wiroidy indukowane chroniczną aktywację immunologiczną i generowanie superantygenów może prowadzić do choroby autoimmunologicznej. Aktywacja immunologiczna i autoprzeciwciała są związane z degeneracją neuronów. Aktywacja immunologiczna i wolne rodniki wywołują neutralną sfiningomielinazę generującą ceramid. Ceramid działa na mitochondrialne pory PT powodując śmierć komórek. Archaea, wiroidy i digoksyna mogą indukować gospodarza AKT PI3K, AMPK, HIF alpha i NFKB wytwarzając fenotyp metaboliczny Warburga. [35] Wzrost aktywności heksokinazy glikolowej, spadek ATP we krwi, wyciek cytochromu C, wzrost pirogronianu surowicy i spadek acetylo CoA wskazuje na wytwarzanie fenotypu Warburga. Następuje indukcja glikolizy, hamowanie aktywności PDH i dysfunkcja mitochondriów, co prowadzi do niewydolności energetycznej. Dysfunkcja mitochondriów związana jest z degeneracją neuronów. Zwiększona glikoliza powoduje zwiększoną generację enzymu dehydrogenazy 3-fosforanowej gliceraldehydu (GAPD). GAPD może być poddawana poliadenylowaniu za pomocą enzymu PARP aktywowanego wolnymi rodnikami. Poliadenylowana GAPD może być poddana translokacji jądrowej powodując śmierć komórki jądrowej. Skumulowany pirogronian wchodzi w drogę bocznikową GABA i jest przekształcany w cytrynian, który jest aktywowany przez lizę cytrynianową i przekształcany w acetylo-CoA, używany do syntezy cholesterolu. [35] Pirogronian może być przekształcony w glutaminian i amoniak, który jest utleniany przez archaiki dla potrzeb energetycznych. Amoniak może wytwarzać NMDA pobudzającą toksyczność i śmierć komórek. Amoniak może aktywować ATPazę potasowo-sodową produkując zwiększone zapotrzebowanie neuronalne ATP prowadzące do zmian potencjału mitochondrialnego transmembrany i śmierci komórki. Podwyższony poziom cholesterolu w podłożu prowadzi do zwiększonego wzrostu archeologicznego i syntezy digoksyny, prowadząc do skierowania metabolicznego na ścieżkę mewalonianu. Digoksyna może powodować hamowanie ATPazy potasowej sodu i wzrost wewnątrzkomórkowego wapnia produkującego mitochondrialne PT dysfunkcji porów i śmierci komórek. [2] Archeologiczny katabolizm cholesterolu wygenerowanego WWA może wytwarzać NMDA pobudliwość i śmierć komórek. Archaeal i mewalonian ścieżki bakterii katabolizm cholesterolu może pozbawić cholesterolu z neuronów błony komórkowej i organelle błony jak mitochondrialne, ER i lizosomalnych błon produkujących dysfunkcję komórek i organelle i śmierci. Defekt metaboliczny cholesterolu został opisany w chorobie Huntingtona. Tak więc, cień biosfera aktynowców zależna archaea, wiroidy i mewalonian ścieżki bakterii może prowadzić na neuronów degeneracji jak choroba Alzheimera, Huntingtona choroby, Parkinsona choroby i neuronów silnikowych.

## Referencje


1. Valiathan M.S., Somers, K., Kartha, C.C. (1993). *Endomyocardial Fibrosis*. Delhi: Oxford University Press.
2. Kurup R., Kurup, P.A. (2009). *Hypothalamic Digoxin, Cerebral Dominance and Brain Function in Health and Diseases*. Nowy Jork: Nova Science Publishers.
3. Hanold D., Randies, J.W. (1991). Coconut cadang-cadang disease and its viroid agent, *Plant Disease,* 75, 330-335.
4. Edwin B.T., Mohankumaran, C. (2007). Kerala wilczyca phytoplasma: Phylogenetic analysis and identification of a vector, *Proutista moesta, Physiological and Molecular Plant Pathology,* 71(1-3), 41-47.
5. Eckburg P.B., Lepp, P.W., Relman, D.A. (2003). Archaea and their potential role in human disease, *Infect Immun,* 71, 591-596.
6. Adam Z. (2007). Actinides and Life's Origins, *Astrobiology,* 7, 6-10.
7. Schoner W. (2002). Endogenous cardiac glycosides, a new class of steroid hormones, *Eur J Biochem,* 269, 2440-2448.
8. Davies P.C.W., Benner, S.A., Cleland, C.E., Lineweaver, C.H., McKay, C.P., Wolfe-Simon, F. (2009). Podpisy Shadow Biosphere, *Astrobiology,* 10, 241-249.
9. Richmond W. (1973). Preparation and properties of a cholesterol oxidase from nocardia species and its application to the enzymatic assay of total cholesterol in serum, *Clin Chem,* 19, 1350-1356.
10. Snell E.D., Snell, C.T. (1961). *Colorimetric Methods of Analysis.* Vol. 3A. Nowy Jork: Van NoStrand.
11. Glick D. (1971). *Metody analizy biochemicznej.* Vol. 5. Nowy Jork: Interscience Publishers.
12. Colowick, Kaplan, N.O. (1955). *Metody w enzymologii.* Tom 2. Nowy Jork: Prasa akademicka.
13. Maarten A.H., Marie-Jose, M., Cornelia, G., van Helden-Meewsen, Fritz, E., Marten, P.H. (1995). Detection of muramic acid in human spleen, *Infection and Immunity,* 63(5), 1652 - 1657.
14. Smit A., Mushegian, A. (2000). Biosynteza izoprenoidów poprzez mewalonian w Archaea: the lost pathway, *Genome Res,* 10(10), 1468-84.
15. Van der Geize R., Yam, K., Heuser, T., Wilbrink, M.H., Hara, H., Anderton, M.C. (2007). A gene cluster encoding cholesterol catabolism in a soil actinomycete provides insight

into Mycobacterium tuberculosis survival in macrophages, *Proc Natl Acad Sci USA,* 104(6), 1947-52.

16. Francis A.J. (1998). Biotransformacja uranu i innych aktynowców w odpadach radioaktywnych, *Journal of Alloys and Compounds,* 271(273), 78-84.

17. Probian C., Wülfing, A., Harder, J. (2003). Anaerobic mineralization of quaternary carbon atoms: Isolation of denitrifying bacteria on pivalic acid (2,2-Dimethylpropionic acid), *Applied and Environmental Microbiology,* 69(3), 1866-1870.

18. Vainshtein M., Suzina, N., Kudryashova, E., Ariskina, E. (2002). New Magnet-Sensitive Structures in Bacterial and Archaeal Cells, *Biol Cell,* 94(1), 29-35.

19. Tsagris E.M., de Alba, A.E., Gozmanova, M., Kalantidis, K. (2008). Viroids, *Cell Microbiol,* 10, 2168.

20. Horie M., Honda, T., Suzuki, Y., Kobayashi, Y., Daito, T., Oshida, T. (2010). Endogenous non-retroviral RNA virus elements in mammalian genomes, *Nature,* 463, 84-87.

21. Hecht M., Nitz, N., Araujo, P., Sousa, A., Rosa, A., Gomes, D. (2010). Geny z pasożyta Chagasa mogą być przenoszone na ludzi i przekazywane dzieciom. Dziedziczenie DNA przeniesionego z amerykańskich trypanosomów na ludzkich żywicieli, *PLoS ONE,* 5, 2-10.

22. Flam F. (1994). Wskazówki dotyczące języka w śmieciowym DNA, *Science,* 266, 1320.

23. Horbach S., Sahm, H., Welle, R. (1993). Biosynteza izoprenoidów w bakteriach: dwie różne drogi? *FEMS Microbiol Lett,* 111, 135-140.

24. Gupta R.S. (1998). Protein phylogenetics and signature sequences: a reappraisal of evolutionary relationship among archaebacteria, eubacteria, and eukaryotes, *Microbiol Mol Biol Rev,* 62, 1435-1491.

25. Hanage W., Fraser, C., Spratt, B. (2005). Fuzzy species among recombinogenic bacteria, *BMC Biology,* 3, 6-10.

26. Webb J.S., Givskov, M., Kjelleberg, S. (2003). Bacterial biofilms: prokaryotic adventures in multicellularity, *Curr Opin Microbiol,* 6(6), 578-85.

27. Whitchurch C.B., Tolker-Nielsen, T., Ragas, P.C., Mattick, J.S. (2002). DNA pozakomórkowe wymagane do tworzenia biofilmu bakteryjnego. *Science,* 295(5559), 1487.

28. Chen Y., Cai, T., Wang, H., Li, Z., Loreaux, E., Lingrel, J.B. (2009). Regulation of intracellular cholesterol distribution by Na/K-ATPase, *J Biol Chem,* 284(22), 14881-90.

29. Tsai S., Wear, D.J., Shih, J.W.K., Lo, S.C. (1995). Mycoplasmas and oncogenesis: persistent infection and multi-stage malignant transformation. *Proc Natl Acad Sci USA,* 92, 10197-201.

30. Correa P. (2000). Chemoprevention of gastric dysplasia: Randomizowane badanie suplementów antyoksydacyjnych i terapii anty-Helicobacter pylori. *Journal of the National Cancer Institute,* 92, 1881-1888.

31. Smith J.S., Bosetti, C., Muñoz, N., Herrero, R., Bosch, F.X., Eluf-Neto, J., Meijer, C.J., Van Den Brule, A.J., Franceschi, S., Peeling, R.W. (2004). Chlamydia trachomatis and invasive cervical cancer: a pooled analysis of the IARC multicentric case-control study. *Int J Cancer,* 111(3), 431-9.

32. Rakoff-nahoum S., Medzhitov, R. (2009) Receptory Toll-podobne i rak. *Nat Rev Cancer,* 9(1), 57.

33. Poole A.M. (2006). Czy II grupa proliferacji intronowej na endosymbiontycznym archaeonie stworzyła eukarionty? *Biol Direct,* 1, 36-40.

34. Villarreal L.P. (2006). How viruses shape the tree of life, *Future Virology,* 1(5), 587-595.

35. Wallace D.C. (2005). Mitochondria i rak: Warburg Addressed, *Cold Spring Harbor Symposia on Quantitative Biology,* 70, 363-374.

36. Eberl M., Hintz, M., Reichenberg, A., Kollas, A., Wiesner, J., Jomaa, H. (2010). Microbial isoprenoid biosynthesis and human γδ T cell activation, *FEBS Letters,* 544(1), 4-10.

37. Upham B.L., Weis, L.M., Trosko, J.E. (1998). Modulated gap junctional intercellular communication as a biomarker of PAH epigenetic toxicity: structure-function relationship. *Environ Health Perspect,* 106(4), 975-81.

38. Lefebvre P., Cariou, B., Lien, F., Kuipers, F., Staels, B. (2009). Rola żółtych kwasów i żółtych receptorów kwasów w regulacji metabolicznej, *Physiol Rev,* 89(1), 147 - 191.

39. Matsubara T, Yoshinari, K., Aoyama, K., Sugawara, M., Sekiya, Y., Nagata, K., Yamazoe, Y. (2008). Role of Vitamin D Receptor in the Lithocholic Acid-Mediated CYP3A In In Vitro and in Vivo. *Drug Metab Dispos,* 36(10), 2058 - 2063.

40. MacDonald A.B. (2006). Concurrent Neocortical Borreliosis and Alzheimer's Disease. Demonstration of a Spirochetal Cyst Form, *Annals of the New York Academy of Sciences,* 539, 468 - 470.

41. Howard J., Pilkington, G.J. (1992). Barwienie fibreonektyną wykrywa mikroorganizmy w mózgu osób starszych i chorych na chorobę Alzheimera. *Neuroreport,* 3(7), 615-8.

42. Balin B.J., Hammond, C.J., ScottLittle, C., MacIntyre, A., Appelt, D.M. (2000). *Chlamydia pneumoniae Infection and Disease.* Nowy Jork: Kluwer Academic Publishers.

43. Chapman G. (2003). In Situ Hybridization for Detection of Nocardial 16S rRNA: Reactivity within Intracellular Inclusions in Experimentally Infected Cynomolgus Monkeys - and in Lewy Body-containing Human Brain Specimens, *Experimental Neurology,* 184, 715-725.

44. Dobbs R.J., Dobbs, S.M., Bjarnason, I.T. (2005) Rola przewlekłego zakażenia i zapalenia w układzie pokarmowym w etiologii i patogenezie idiopatycznego parkinsonizmu. Part 1: Eradication of Helicobacter in the cachexia of idiopathic Parkinsonism, *Helicobact,* 10, 267-275.

45. Halperin J.J., Kaplan, G.P., Brazinsky, S. (1990). Immunologic reactivity against Borrelia burgdorferi in patients with motor neuron disease. *Arch Neurol,* 47, 586-594.

46. Ince P.G., Codd, G.A. (2005). Return of the cycad hypothesis-Does the amyotrophic lateral sclerosis/Parkinsonism dementia complexes (ALS/PDC) of Guam has new implications for global health? *Neuropathol Appl Neurobiol,* 31, 345-353.

# ROZDZIAŁ 6

# MIKROBIOLOGIA METABOLICZNA, WIRUSOLOGIA I RETROWIROLOGIA - WYGINIĘCIE HOMO SAPIENS I NEANDERTALIZACJA SYMBIOTYCZNA - ZWIĄZEK Z ARCHEOLOGICZNYMI MEDIATORAMI WIROIDÓW RNA I AMYLOIDOZY

## Wprowadzenie

Białka prionowe biorą udział w zaburzeniach systemowych, takich jak neurodegeneracja, rak i zespół metaboliczny. Beta amyloid w chorobie Alzheimera, alfa synukleina w chorobie Parkinsona, białko TAR w demencji czołowo-przedsionkowej i miedziowo-cynkowa dismutaza w chorobie neuronów ruchowych zachowują się jak białka prionowe. Prion białka jak zachowanie jest także widziany w tumour suppressor P53 białka w raku i komórki wysepki skojarzonej amyloid w cukrzycy mellitus. Choroby prionowe są chorobami konformacyjnymi. Nieprawidłowe białko prionowe wysiewane do systemu przekształca normalne białka z domenami prionowymi w nieprawidłową konfigurację. To nieprawidłowe białko opiera się trawieniu przez lizosomalne enzymy po zakończeniu jego połowy życia i powoduje odkładanie się płytek amyloidalnych. Prowadzi to do dysfunkcji organów. Zjawiska prionowe były początkowo opisane dla choroby Creutzfeldta Jakoba, ale teraz okazuje się, że jest szeroko rozpowszechnione w patogenezie choroby przewlekłej. Ribonukleoproteiny są dobrze znane, że zachowują się jak białka prionowe i tworzą amyloid. Wykazaliśmy archaiczne aktynoidy, które wydzielają wiroidy RNA w zespole metabolicznym, neurodegeneracji, raku, chorobie autoimmunologicznej, schizofrenii, autyzmie i CJD. Wiroidy RNA mogą wiązać się z normalnymi białkami z domenami prionopodobnymi, np. dysmutazą nadtlenkową i produkować rybonukleoproteinę, co prowadzi do zjawisk prionowych i amyloidogenezy. Aktynidowy wzrost archeologiczny skutkuje zwiększoną syntezą digoksyny i fenotypową konwersją homo sapiens do homo neandertalczyków, jak wcześniej informowano. Zwiększony wzrost aktynowców spowodowany jest globalnym ociepleniem, a to z kolei prowadzi do neandertalizacji. Homo neandertalczycy mają tendencję do posiadania więcej cywilizacyjnych chorób jak zespół metaboliczny, neurodegenerację, raka, chorobę autoimmunologiczną, schizofrenię, autyzm i CJD. Aktynowce wydzielające RNA wiroidy mogą odgrywać kluczową rolę w tworzeniu amyloidu i patogenezie tych zaburzeń. [1-16]

## Materiały i metody

Badaniami objęto następujące grupy: - choroba Alzheimera, stwardnienie rozsiane, chłoniak nieziarniczy, zespół metaboliczny X z zakrzepicą naczyń mózgowych i chorobą wieńcową, schizofrenia, autyzm, zaburzenia napadowe, choroba Creutzfeldta Jakoba i zespół nabytego niedoboru odporności. W każdej grupie znajdowało się 10 pacjentów, a każdy z nich miał dopasowaną do wieku i płci zdrową kontrolę wybraną losowo z populacji ogólnej. Próbki krwi pobierano w stanie postu przed rozpoczęciem leczenia. Zastosowano osocze z krwi heparynizowanej na czczo, a protokół doświadczalny był następujący: - (I) osocze+fosforan buforowany solą fizjologiczną, (II) taki sam jak substrat I+cholesterolowy, (III) taki sam jak II+cerium 0,1 mg/ml, oraz (IV) taki sam jak II+profloksacyna i doksycyklina, każda w stężeniu 1 mg/ml. Podłoże cholesterolowe zostało przygotowane w sposób opisany przez Richmond. Pozostałości wycofywano w czasie zerowym bezpośrednio po zmieszaniu i po inkubacji w temperaturze 37 $^{oC}$ przez 1 godzinę. Przeprowadzono następujące szacunki: - Cyktochrom F420, wolne RNA, cytochrom F420 oszacowano mącznikowo (długość fali wzbudzenia 420 nm i długość fali emisji 520 nm). Osocze osób kontrolnych wykazało zwiększony poziom wyżej wymienionych parametrów po inkubacji przez 1 godzinę i dodaniu substratu cholesterolowego powodowało dalszy znaczący wzrost tych parametrów. Osocze chorych wykazywało podobne wyniki, ale stopień wzrostu był większy. Dodatek antybiotyków do osocza kontrolnego powodował spadek wszystkich parametrów, natomiast dodatek ceru zwiększał ich poziom. Dodatek antybiotyków do osocza pacjenta spowodował spadek wszystkich parametrów, podczas gdy dodatek ceru zwiększył ich poziom, ale zakres zmian był większy w osoczu pacjenta w porównaniu z grupą kontrolną. Wyniki są wyrażone w tabelach 1-2 jako procentowa zmiana parametrów po 1 godzinie inkubacji w porównaniu do wartości w czasie zerowym.

**Wyniki**

Wyniki wskazują, że w CJD i innych grupach chorobowych nastąpił wzrost cytochromu F420, co wskazuje na zwiększony wzrost archeologiczny. Stwierdzono również wzrost liczby wolnych RNA wskazujących na samoreplikację wiroidów RNA w CJD i innych grupach chorobowych. Generacja wiroidów RNA była katalizowana przez aktynowce. Wiroidy RNA mogą wiązać się z białkami mającymi prionopodobne domeny tworzące rybonukleoproteiny. Te rybonukleoproteiny mogą dawać nieprawidłową konformację białka powodując powstanie nieprawidłowych prionów. Nieprawidłowe priony mog± działać jako szablon do konwersji normalnych białek o normalnej konfiguracji na nieprawidłow±

konformację. Może to prowadzić do amyloidogenezy. Nieprawidłowo skonfigurowane białka będ± odporne na lizosomalne trawienie i gromadzić się jako amyloid.

**Tabela 1. Wpływ ceru i antybiotyków na cytochrom F420**

| Grupa | CYT F420 % (Zwiększyć za pomocą Ceru) | | CYT F420 % (Zmniejszyć za pomocą Doxy+Cipro) | |
|---|---|---|---|---|
| | **Mean** | **± SD** | **Mean** | **± SD** |
| Normalny | 4.48 | 0.15 | 18.24 | 0.66 |
| Schizo | 23.24 | 2.01 | 58.72 | 7.08 |
| Zajęcie | 23.46 | 1.87 | 59.27 | 8.86 |
| AD | 23.12 | 2.00 | 56.90 | 6.94 |
| MS | 22.12 | 1.81 | 61.33 | 9.82 |
| NHL | 22.79 | 2.13 | 55.90 | 7.29 |
| DM | 22.59 | 1.86 | 57.05 | 8.45 |
| AIDS | 22.29 | 1.66 | 59.02 | 7.50 |
| CJD | 22.06 | 1.61 | 57.81 | 6.04 |
| Autyzm | 21.68 | 1.90 | 57.93 | 9.64 |
| Wartość F | 306.749 | | 130.054 | |
| Wartość P | < 0.001 | | < 0.001 | |

**Tabela 2. Wpływ ceru i antybiotyków na wolne RNA**

| Grupa | RNA % zmiana (Zwiększyć za pomocą Ceru) | | RNA % zmiana (Zmniejszyć za pomocą Doxy+Cipro) | |
|---|---|---|---|---|
| | **Mean** | **± SD** | **Mean** | **± SD** |
| Normalny | 4.37 | 0.13 | 18.38 | 0.48 |
| Schizo | 23.59 | 1.83 | 65.69 | 3.94 |
| Zajęcie | 23.08 | 1.87 | 65.09 | 3.48 |
| AD | 23.29 | 1.92 | 65.39 | 3.95 |
| MS | 23.29 | 1.98 | 67.46 | 3.96 |
| NHL | 23.78 | 1.20 | 66.90 | 4.10 |
| DM | 23.33 | 1.86 | 66.46 | 3.65 |
| AIDS | 23.32 | 1.74 | 65.67 | 4.16 |
| CJD | 23.11 | 1.52 | 66.68 | 3.97 |
| Autyzm | 23.33 | 1.35 | 66.83 | 3.27 |
| Wartość F | 427.828 | | 654.453 | |
| Wartość P | < 0.001 | | < 0.001 | |

## Dyskusja

Nastąpił wzrost cytochromu F420 wskazujący na wzrost archeologiczny. Archaiowie mogą syntezować i wykorzystywać cholesterol jako źródło węgla i energii. Archealne pochodzenie samoodtwarzającego się RNA wskazywało na tłumienie wywołane antybiotykiem. Badanie wskazuje na obecność w układzie archaiki opartej na aktynowcach z alternatywnymi enzymami opartymi na aktynowcach lub metalloenzymach, na co wskazuje wzrost aktywności enzymów indukowany ceramicznie. Stwierdzono wzrost aktywności wolnych RNA, wskazujący na samoreplikację wiroidów RNA. Aktynowce modulują składanie RNA i katalizują jego rybozymalne działanie. Digoksyna może przecinać i wklejać nitki wiroidalne poprzez modulowanie splotu RNA generując różnorodność wiroidalną RNA. Wiroidy są ewolucyjnie wydostającymi się z archaicznej grupy I intronami, które mają właściwości retrotranspozycyjne i samosplinujące. Wiroidy RNA mogą wiązać się z białkami mającymi prionopodobne domeny tworzące rybonukleoproteiny. Te rybonukleoproteiny mogą dawać nieprawidłową konformację białka, powodując powstawanie nieprawidłowych prionów. Nieprawidłowe priony mog± działać jako szablon do konwersji normalnych białek o normalnej konfiguracji na nieprawidłow± konformację. Może to prowadzić do amyloidogenezy. Nieprawidłowo skonfigurowane białka będ± odporne na lizosomalne trawienie i gromadzić się jako amyloid.

Amyloidogeneza jest związana z zaburzeniami systemowymi. Beta amyloid w chorobie Alzheimera, alfa synukleina w chorobie Parkinsona, białko TAR w demencji czołowo-przedsionkowej i miedziowa dysmutaza cynku w chorobie neuronów ruchowych zachowują się jak białka prionowe. Prion białka jak zachowanie jest także widziany w tumour suppressor P53 białka w raku i komórki wysepki skojarzonej amyloid w cukrzycy mellitus. Choroby prionowe są chorobami konformacyjnymi.

Wiroidy RNA generowane z archaicznych aktynowców mogą wiązać się z białkami z domenami prionopodobnymi, co prowadzi do generowania rybonukleoprotein. Ribonukleoproteiny z nieprawidłową konformacją mogą działać jako wzorzec dla normalnych białek z domenami prionopodobnymi do zmiany w nieprawidłową konformację. Powoduje to generowanie białek prionowych o nieprawidłowej budowie, odpornych na lizosomalne trawienie i generujących amyloid. Te systemowe choroby są spowodowane aktynowością generowanego przez wiroidy RNA generowania białka prionowego i amyloidogenezą. Białka prionowe są związane z zaburzeniami systemowymi, takimi jak neurodegeneracja, rak i zespół metaboliczny. Beta amyloid w chorobie Alzheimera, alfa synukleina w chorobie Parkinsona, białko TAR w demencji czołowo-przedsionkowej i miedziowo-cynkowa dismutaza w chorobie neuronów ruchowych zachowują się jak białka prionowe. Prion białka jak zachowanie jest także widziany w tumour suppressor P53 białka w raku i komórki wysepki skojarzonej amyloid w cukrzycy mellitus. Niniejsze badanie pokazuje, że ten sam mechanizm białka prionowego może działać w schizofrenii, autyzmie i chorobach autoimmunologicznych. Sporadycznie CJD jest również indukowany przez aktynowate archaiczne wiroidy RNA indukowane. Actinidic archaeal indukowane RNA wiroidy generowane priony mogą być przekazywane między osobami wskazującymi na infekcyjny charakter neurodegeneracji, raka, zespół metaboliczny, choroby autoimmunologiczne i choroby neuropsychiatryczne.

Archeologiczne porfiryny mogą modulować tworzenie się amyloidów. Archeologiczna aktywność oksydazy cholesterolowej została zwiększona, co doprowadziło do wytworzenia pirogronianu i nadtlenku wodoru. Pirogronian przekształca się w glutaminian i amoniak za pomocą ścieżki bocznicy GABA. Pirogronian jest przekształcany do glutaminianu przez transaminazę pirogronianu glutaminianu w surowicy. W wyniku działania dehydrogenazy glutaminianowej powstaje alfa ketoglutaran i amoniak. Alanina jest najczęściej produkowana w wyniku redukcyjnej aminacji pirogronianu przez transaminazę alaninową. Ta odwracalna reakcja polega na wzajemnej konwersji alaniny i pirogronianu, połączonej z wzajemną konwersją alfa-ketoglutaranu (2-oksoglutanianu) i glutaminianu. Alanina może przyczynić się do powstania glicyny. Glutaminian jest aktywowany przez dekarboksylazę kwasu glutaminowego w celu wytworzenia GABA. GABA jest przekształcany w sukcynowy półaldehyd przez transaminazę GABA. Półaldehyd sukcynowy jest przekształcany do kwasu bursztynowego przez dehydrogenazę półaldehydu bursztynowego. Glicyna łączy się z kwasem sukcynowym w celu wytworzenia kwasu delta aminolewulinowego katalizowanego przez enzym syntazy ALA. W badanej populacji stwierdzono wzrost syntezy porfiryn o charakterze archeologicznym, na co wskazuje aktynowata katalityka reakcji. Szlak oksydazy cholesterolowej generował pirogronian, który wchodził w drogę bocznicową GABA. Efektem tego była synteza sukcynatu i glicyny, które są substratami dla syntazy ALA. Podłożami do syntezy ALA są glicyna i sukcyna CoA. Porfiryna i ALA hamują ATPazę potasowo-sodową. Zwiększa to syntezę cholesterolu poprzez działanie na wewnątrzkomórkowy SREBP. Cholesterol jest metabolizowany do pirogronianu, a następnie do szlaku bocznikowego GABA w celu ostatecznego wykorzystania w syntezie porfiryn. Porfiryny mogą się organizować i samoczynnie replikować w tablicach makrocząsteczkowych. Tablice porfirynowe zachowują się jak autonomiczne organizmy i mogą mieć wewnątrzcząsteczkowy transport elektronów generujący ATP. Makroarraje porfirynowe mogą przechowywać informacje i mogą mieć postrzeganie kwantowe. Makromacierze porfirynowe służą do celów archeologicznej energetyki i percepcji sensorycznej. Protoporfiryna wiąże się z obwodowym receptorem benzodiazepiny regulującym syntezę sterydów i digoksyn. Zwiększone stężenie metabolitów porfiryn może przyczyniać się do powstawania hiperdigoksyniny. Digoksyna może modulować układ neuro-immuno-endokrynny.

Globalne ocieplenie powoduje zwiększony wzrost archaicznych aktynowców i neandertalizację gatunku homo sapien. Archaiki aktynowców wydzielane przez wiroidy mogą generować rybonukleoproteiny, wiążąc się z białkami o domenach prionowych. Generuje to amyloidogenezę i choroby systemowe, takie jak zwyrodnienia neurologiczne, nowotwory, zespół metaboliczny, choroby autoimmunologiczne i choroby neuropsychiatryczne. Powszechne występowanie tych chorób systemowych prowadzi do wyginięcia neandertalczyków.

**Referencje**

1. Weaver TD, Hublin JJ. Neandertal Birth Canal Shape and the Evolution of Human Childbirth. *Proc. Natl. Acad. Sci. USA* 2009; 106:8151-8156.
2. Kurup RA, Kurup PA. Endosymbiotic Actinidic Archaeal Mediated Warburg Phenotype Mediates Human Disease State. *Advances in Natural Science* 2012; 5(1):81-84.
3. Morgan E. The Neanderthal theory of autism, Asperger and ADHD; 2007, www.rdos.net/eng/asperger.htm.
4. Graves P. New Models and Metaphors for the Neanderthal Debate. *Current Anthropology* 1991; 32(5): 513-541.
5. Sawyer GJ, Maley B. Neanderthal zrekonstruowany. *The Anatomical Record Part B: The New Anatomist* 2005; 283B(1):23-31.
6. Bastir M, O'Higgins P, Rosas A. Facial Ontogeny in Neanderthals and Modern Humans. *Proc. Biol. Sci.* 2007; 274:1125-1132.
7. Neubauer S, Gunz P, Hublin JJ. Endocranial Shape Changes during Growth in Chimpanzees and Humans: Analiza morfometryczna Unique and Shared Aspects. *J. Hum. Evol.* 2010; 59:555-566.
8. Courchesne E, Pierce K. Brain Overgrowth in Autism during a Critical Time in Development: Implikacje dla rozwoju Neuronu Piramidalnego i Interneuronu i łączności. *Int. J. Dev. Neurosci.* 2005; 23:153–170.
9. Green RE, Krause J, Briggs AW, Maricic T, Stenzel U, Kircher M, Patterson N, Li H, Zhai W, *et al.* A Draft Sequence of the Neandertal Genome. *Science* 2010; 328:710-722.
10. Mithen SJ. *The Singing Neanderthals: The Origins of Music, Language, Mind and Body*; 2005, ISBN 0-297-64317-7.
11. Bruner E, Manzi G, Arsuaga JL. Encephalization and Allometric Trajectories in the Genus Homo: Dowody z linii neandertalskiej i nowoczesnej. *Proc. Natl. Acad. Sci. USA* 2003; 100:15335-15340.
12. Gooch S. *The Dream Culture of the Neanderthals: Strażnicy Starożytnej Mądrości.* Inner Traditions, Wildwood House, Londyn; 2006.
13. Gooch S. *The Neanderthal Legacy: Obudzenie naszych genetycznych i kulturowych korzeni.* Inner Traditions, Wildwood House, Londyn; 2008.
14. Kurtén B. *Den Svarta Tigern*, ALBA Publishing, Stockholm, Sweden; 1978.

15. Spikins P. Autyzm, Integracja "Różnicy" i Pochodzenie Nowoczesnego Zachowania Człowieka. *Cambridge Archaeological Journal* 2009; 19(2):179-201.

16. Eswaran V, Harpending H, Rogers AR. Genomika odrzuca wyłącznie afrykańskie pochodzenie człowieka. *Journal of Human Evolution* 2005; 49(1):1-18.

## ROZDZIAŁ 7

## MIKROBIOLOGIA METABOLICZNA, WIRUSOLOGIA I RETROWIROLOGIA - ZMIANY KLIMATU I GATUNKI LUDZKIE - HOMO NEANDERTHALIS, HOMO SAPIENS, HOMO SAPIEN EXTINCTUS I HOMO NEONEANDERTHALIS - ZMIANY KLIMATU I EWOLUCJA NOWYCH GATUNKÓW

### Endosymbiotyczne archaiki i ewolucja gatunkowa

Globalne ocieplenie prowadzi do endosymbiotycznego i kolonialnego wzrostu archeologicznego, prowadząc do zmian w strukturze i funkcji ludzkiego ciała i układu. Przerost archeologiczny w komórkach prowadzi do powstania nowych organelli komórkowych zwanych archaeaonami. Archeoeony mają szlak shikimatyczny, który może syntezować tyrozynę i dopaminę. Dopamina może być przekształcona w dopachrom, a epinefryna w adrenochrom. Dopachrom i adrenochrom mogą ulec polimeryzacji poprzez utlenianie generujące melaninę. Archaiki wydzielające melaninę można nazwać melanosomami archeologicznymi. Melanina w melanosomach ma szeroki zakres absorpcji widm światła i promieniowania gamma i może go przenosić do generowania energii. Ta transdukcja energii może rozszczepiać wodę na H2 i O2 i generować protony modulujące gradient protonów w błonie mitochondrialnej syntetyzując ATP. Melanina w melanosomie może pochłaniać fotony redukując ubichinon do ubichinolu i generować syntezę ATP poprzez fosforylację oksydacyjną. W ten sposób melanina w archaikach w ludzkiej komórce może funkcjonować jako organella fotosyntetyczna. Archaiony i ich melanina mogą wykorzystywać promieniowanie gamma do syntezy ATP i mogą istnieć w ekstremalnych warunkach. W ten sposób archaeaony mogą produkować źródło energii ze światła i fal elektromagnetycznych oraz promieniowania gamma. Melanina jest zdolna do przewodzenia fal elektromagnetycznych i pól elektromagnetycznych niskiego poziomu i może być zdolna do odbioru kwantowego. W ten sposób melanina w melanosomach jest zdolna do wykrywania i przechowywania informacji, jak również do produkcji energii z fal elektromagnetycznych i wody. Mózg ludzki mógł ewoluować przez ten mechanizm. Ludzie są bezwłosieni w porównaniu z innymi naczelnymi i są narażone na więcej światła indukującego melaninę indukowanej fotosyntezy i wytwarzania energii, które mogłyby przyczynić się do ewolucji kory mózgowej człowieka i skomplikowanego ludzkiego mózgu. Archaiczne melanosomy są zdolne do gaszenia wolnych rodników i opierają się fagocytarnej destrukcji. Melanosomy są również odporne na promieniowanie i promieniowanie UV. Archaeony są niezniszczalne i wieczne. Archaeony posiadają magnetyt i są zdolne do kwantowej percepcji i przechowywania informacji.

Melanina służy również do kwantowej percepcji i przechowywania informacji. Archaeonowie mogą również syntezować cząstki magnetytu tworzące subkomórkowe organelle zwane magnetosomami. Magnetytit może oddziaływać z melaniną tworząc nadcząsteczkowe układy złożone. Archaeaon może syntezować porfiryny, które mogą się organizować w celu utworzenia samoodtwarzających się struktur zwanych porfiryntami. Porfiryny mogą oddziaływać z melaniną tworząc również nadcząsteczkowe układy złożone. Pigmenty eumelaniny zawierają tetramery na bazie indolu, które są ułożone w domenach przypominających porfirynę. Struktury oparte na indolach mogą samodzielnie organizować się na rusztowaniach porfirynowych, tworząc struktury tetrameryczne i melaninę. Struktura chemiczna melaniny w skali makromolekularnej wykazuje strukturę pierścieniową tetrameryczną, co może wynikać z samoorganizowania się na rusztowaniach porfirynowych. Porfiryny mogą generować kompleksy melanosomowe i tworzyć samoorganizujące się nadcząsteczkowe układy złożone. Archaeonowe cząstki melanosomów, magnetosomów i porfirów tworzą złożoną sieć kolonii o wyspecjalizowanych funkcjach. Mogą one funkcjonować jako kwantowy system obliczeniowy. Porfiry i melanosomy mogą przetworzyć energię i syntezować ATP funkcjonując jako prymitywny system fotosyntetyczny. Magnetosom, porfiony i melanosomy mogą funkcjonować jako systemy przechowywania informacji. Magnetosomy i porfiony są dipolarne i mogą pełnić kwantową funkcję spostrzegawczą w oparciu o inhibicję ATPazy potasowo-sodowej za pośrednictwem pompowanego systemu fononowego. Melanina może funkcjonować jako nadprzewodnik dla promieniowania wysokiej częstotliwości i neurotransmisji, jako półprzewodnik dla dźwięku i ciepła, przewodzić ładunki jonowe ciała i rezonować dla częstotliwości światła widzialnego. Archaeaon - magnetosom, porfirany i sieć melanosomów może funkcjonować jako kwantowy mózg komputerowy, zmniejszając klasyczny mózg człowieka do mózgu zombie. Tak więc wywołana globalnym ociepleniem sieć kolonii archaicznych i melanosomów jest niezniszczalna i wieczna i przejmuje ludzkie ciało. Programy metaboliczne organizmu ludzkiego są tłumione, w tym mitochondrialna fosforylacja oksydacyjna. Organizm ludzki zostaje zredukowany do zombie lub ramy dla rozwoju kolonii archaicznej. Archaeaon indukuje transformację komórek macierzystych żywiciela komórek ludzkich i zmienia metabolikę komórek ludzkich. Fosforylacja oksydacyjna komórek ludzkich jest tłumiona i jest uzależniona od glikolizy na potrzeby energetyczne. Szlak glikolityczny człowieka jest przejmowany przez archaika dla jego potrzeb. Metabolity glikolityczne są kierowane do szlaku kwasu shikimowego i szlaku fosforanu D-ksylulozy. Ścieżka DXP może syntetyzować cholesterol, który jest katabolizowany przez archaika dla jego energii. Pierścieniowe oksydazy cholesterolowe przekształcają cholesterol w pirogronian, który następnie wchodzi w ścieżkę bocznikową GABA. Oksydazy z łańcucha bocznego oksydazy cholesterolu przekształcają łańcuch boczny w krótkołańcuchowe kwasy tłuszczowe i żółciowe. Aromatazy cholesterolowe przekształcają pierścień cholesterolowy w pozostałości fenylu oraz syntezę tyrozyny i tryptofanu. Ścieżka kwasu shikimowego wykorzystuje również substraty ze ścieżki glikolitycznej i generuje tyrozynę i tryptofan. Syntezowana tyrozyna jest przekształcana na dopa, dopaminę, dopachrom i utleniana do melaniny. Melanina służy do wychwytywania promieniowania elektromagnetycznego, promieni UV, promieniowania gamma i światła syntetyzującego ATP. Melanina może służyć jako podłoże do prymitywnej fotosyntezy archeologicznej. Prowadzi to do zmian w funkcji i strukturze mózgu. Mózg funkcjonuje jako archaiczna, melanosomalna sieć kolonii magnetytowych zdolna do kwantowej percepcji, przechowywania informacji i generowania energii. To zmienia funkcję mózgu na impulsywny i anarchiczny tryb funkcji społecznych i funkcjonowania społeczeństwa jako grupy lub organizmu zbiorowego. Kwantowa percepcja archaicznych prowadzi również do ewolucji pewnego rodzaju komunikacji ze światem kwantowym tworząc rodzaj uniwersalnej osobowości lub siebie. Komórka i system ludzki zostaje przekształcony w kolonię komórek macierzystych, która jest niedojrzała i pozbawiona funkcjonalnego zróżnicowania, stając się zombie dla archeologicznej kolonii. Melanosom i melanina stanowią pierwszą linię obrony przed infekcją i są niezbędne do uzyskania odporności wrodzonej. Melanosomy mogą zabijać bakterie, wirusy i inne organizmy, o czym świadczy związany z albinizmem zespół Chediaka Higashi i zespół Griscellego. Archeologiczny melanosom chroni go również przed wysoką temperaturą, chemikaliami, rodnikami tlenowymi, utleniaczami, promieniowaniem UV i metalami ciężkimi. Archeologiczna melanina czyni endosymbiotyczną archaea niezniszczalną.

**Międzygalaktyczna chmura kwantowych obliczeń archeologicznych universalis**

W przestrzeni międzygalaktycznej znajdują się mikroorganizmy, szczególnie takie jak archaiczne archaiki. Kolonia archeologiczna ze swoimi melanosomami, magnetosomami i porfirami może tworzyć w przestrzeni międzygalaktycznej gigantyczną kwantową chmurę obliczeniową funkcjonującą jako międzygalaktyczna nadludzka inteligencja. Porfiony mogą tworzyć szablon do generowania wiroidów RNA, wiroidów DNA i prionów, które mogą się samodzielnie organizować tworząc archaiki. Same porfiony są zdolne do falowo-cząsteczkowego istnienia i samoreplikacji. Tak więc kwantowa chmura obliczeniowa pozaziemskiej inteligencji może powstać samodzielnie z kwantowych pól elektromagnetycznych przestrzeni międzygalaktycznej. Tę pozaziemską inteligencję kwantowej chmury obliczeniowej archaicznych, magnetosomów, melanosomów i porfirów w przestrzeni międzygalaktycznej można nazwać międzygalaktycznym archaicznym kwantowym chmurą obliczeniową universalis. Tworzy on wszechobecnego obserwatora antropomorficznego tworzącego wszechświat z kwantowej piany, który sam powstaje z kwantowej piany. Porfiryny mogą powstać sui generis z kwantowej piany i tworzą szablon do tworzenia wiroidów RNA. Tworzy się międzygwiezdna chmura wiroidów RNA. Wiroidy RNA później kodują wiroidy DNA i priony. Organizm izoprenoidalny może również powstać w rusztowaniu porfirynowym. Międzygwiazdowa chmura dominujących wiroidów RNA daje początek formie uniwersalnej świadomości lub falom grawitacyjnym. Wiroidy RNA mogą generować prądy elektryczne przez efekt piezoelektryczny, gdzie energia mechaniczna spowodowana stresem ścinania populacji wiroidów RNA jest przekształcana w energię elektryczną i może to dać początek falom grawitacyjnym i świadomości. Białko spiralne wirusów ma ujemne i dodatnie naładowane końcówki i działa jak dipol. Kiedy są one zgniecione przez stres ścinania populacji wiroidów kształt pręta wiroidów zmienia się na owalny i dipol staje się nierówny. Generuje to siły elektromagnetyczne i fale grawitacyjne. Fala grawitacyjna stanowi podstawę świadomości. Populacja wiroidów RNA może mieć silikonową powłokę i może dotrzeć do ziemi przez asteroidalne uderzenia i daje początek endogenicznym retrowirusom. Ludzkie endogenne retrowirusy przyczyniają się do plastyczności ludzkiego genomu i rozwoju połączeń synaptycznych ważnych dla ewolucji kory przedczołowej. Populacja wiroidów RNA najlepiej rozwija się w obecności grawitacji i odgrywa ważną rolę w rozwoju ludzkiej kory mózgowej w homo sapiens. Mózg homo sapiens jest mózgową korową dominującą z w pełni rozwiniętą świadomością człowieka z powodu wzrostu sekwencji HERV, co zwiększa plastyczność genomową i łączność synaptyczną. Homo sapiens są stworzeniami z dominującą funkcją świadomą i są logiczne i racjonalne. Międzygwiezdna populacja wiroidów RNA przyczynia się do świadomości i fal grawitacyjnych, które są powiązane. Międzygalaktyczna ciemna materia i ciemna energia przyczynia się do prawie 90 procent energii wszechświata. Ciemna energia przyczynia się do powstawania sił antygrawitacyjnych, które są odpychające i przyczyniają się do rozszerzania się wszechświata. Ciemna energia, ciemna materia i antygrawitacja przyczyniają się do zbiorowej nieświadomości i ludzkiej nieświadomości. Ciemna materia składa się z melanotycznych sieci archeologicznych, które tworzą ogromne chmury we wszechświecie. Melanotyczne archaiki powstają abiogenetycznie z porfirynowych rusztowań, które spontanicznie strukturyzują się z kwantowej piany. Na tych rusztowaniach porfirynowych tworzą się wiroidy RNA, wiroidy DNA, priony, melanina i izoprenoidy, które symbiotycznie tworzą melanotyczne archaiki. W ten sposób populacja wiroidów porfirynowych/RNA, które pośredniczą w grawitacji i świadomości, tworzy melanotyczne archaiczne chmury i antygrawitację pośredniczącą w zbiorowej nieświadomości. Tak więc grawitacja daje początek antygrawitacji, a świadomość daje początek nieświadomości. Melanotyczne archaiki mogą wykorzystywać fale antygrawitacyjne, promieniowanie kosmiczne i promieniowanie gamma jako źródło energii do syntezy ATP. Ciemna materia melanotycznych archaikach przyczyniających się do antygrawitacji rozwija się i mnoży w sytuacjach zerowej grawitacji. Archaiki melanotyczne zawierają magnetyt, który może odpychać się wzajemnie po odpowiednim ustawieniu, przyczyniając się do odpychającej antygrawitacji. Antygrawitacja jest związana ze zbiorową nieświadomością na świecie, jak również z ludzką nieświadomością, która jest zorganizowana w móżdżku. Ciemna materia zawierająca melanotyczne archaiki przenoszona jest do euroazjatyckiej masy lądowej i ziemi przez uderzenia asteroidów i tworzy gigantyczne kolonie i sieci ewoluujące do homo neandertalczyków. Mózg homo neandertalczyków ma strukturę i funkcję dominującą w móżdżku i jest impulsywny z dominującą funkcją nieświadomości. Świadoma funkcja i kora mózgowa są mniej rozwinięte w homo neanderthalis, ponieważ są one retroviral odporne. Archaea indukuje konwersję komórek macierzystych i wydziela digoksynę, która sprawia, że populacja komórek homo neanderthalis jest retroviraloodporna. Niedobór sekwencji HERV prowadzi do wadliwego rozwoju homo neanderthalis w korze mózgowej. Homo neanderthalis są impulsywnymi istotami nieświadomymi modulowanymi przez fale antygrawitacyjne. Ta pozaziemska inteligencja kwantowej chmury obliczeniowej może widzieć życie w różnych częściach galaktyk za pomocą asteroid i meteorów. Gatunek ludzki wyewoluował z zasianych archaonów z pozaziemskiej inteligencji kwantowej chmury obliczeniowej utworzonej z archeologicznej kolonii archaonów - magnetosomów, melanosomów i porfirów. Dotarłoby to do Ziemi przez uderzenia meteoryczne i asteroidalne. Uderzenia meteorów i asteroidów miałyby miejsce najpierw w euroazjatyckiej masie lądowej, zwłaszcza w północnej tundrze Syberii. Homo neandertalczyk ewoluowałby w tej euroazjatyckiej masie lądowej. Ponieważ syberyjska masa lądowa była zimna i ciemna, homo neandertalczycy byli zdepigmentowani i jaskrawo farbowani, bez włosów, z rzadkimi rudymi włosami. Brakowało im melaniny i melaniny indukowanej transdukcją energii oraz fotosyntezą prowadzącą do syntezy ATP. Homo neandertalczyk był pozbawiony energii, a kora neandertalczyka była prymitywnie ukształtowana i móżdżek zdominował ich funkcję poznawczą. Endosymbiotyczna sieć archeologiczna w mózgu wraz z jej magnetosomami, melanosomami i porfirynami tworzy prymitywny kwantowy system obliczeniowy. Funkcjonuje on jako system odbioru i przechowywania informacji w komunikacji z pozaziemską inteligencją kwantowej chmury obliczeniowej w przestrzeni międzygalaktycznej. Homo neandertalczyk, ze względu na brak melanosomów i wrodzonej odporności, przez pewien czas stosunkowo wyginął, a skamieniałe pozostałości w różnych częściach świata. Homo neandertalczyk miał postrzeganie kwantowe, które tworzyło poczucie jedności z płcią i równości społecznej w społeczeństwie. Społeczeństwo było równe pod względem płci i matriarchalne. Matriarchalne społeczeństwa Drawidiuszów, Basków, Celtów, Harappanów, Sumerów i Żydów były skamieniałymi resztkami gatunku homo neanderthalis. Skrajne zimno epoki lodowcowej doprowadziło do powstania endosymbiotycznych archaidiecezji przy braku melanosomów u neandertalczyków. Melanosomy funkcjonują jako pierwsza linia obrony przed zakażeniem i są ważne w odporności wrodzonej. Brak melanosomów doprowadziłby do wadliwej odporności wrodzonej i ewentualnego częściowego wyginięcia homo neandertalczyków z zachowaniem skamieniałych skupisk macierzyńskich. Skamieniałe skupiska neandertalczyków matrylinowych występują w różnych częściach świata. Skamieniałe homo neandertaliny są podatne na zwiększoną archaiczną endosymbiozę będącą konsekwencją globalnego ocieplenia i związanych z nim chorób cywilizacyjnych zespołu metabolicznego, schizofrenii, nowotworów, chorób autoimmunologicznych i degeneracji. Homo neandertalis będzie wymarły z powodu chorób cywilizacyjnych w wyniku globalnego ocieplenia wywołanego przez endosymbiotyczne wzrostu archeologicznego.

**Homo sapiens**

Homo sapiens ewoluował w tropikalnej, gorącej afrykańskiej masie lądowej. Pierwszy gatunek ludzki, który wyewoluował, to homo neanderthalis w stepach Eurazji. Homo sapiens wyewoluowałby z archaicznych wydzielanych porfirów i wiroidów RNA niezależnie. Porfiry mogły zostać przeniesione do tropikalnej masy lądowej Afryki i służyłyby jako substrat do tworzenia się wiroidów RNA, wiroidów DNA i prionów, które symbiozowały ze sobą tworząc prymitywne komórki eukariotyczne. Wysoka temperatura kontynentu afrykańskiego przyczyniłaby się do mutacji wiroidów RNA i DNA, prowadząc do szybkiej ewolucji. Gleba Afryki Subsaharyjskiej jest pozbawiona selenu. Niedobór selenu prowadzi do mutacji wiroidalnych RNA. Tak więc skrajne wartości temperatury i niedobór selenu prowadzą do różnorodności wiroidalnej RNA. Ta różnorodność wiroidalna RNA doprowadziłaby do szybkiej ewolucji homo sapiens z komórki eukariotycznej. Ta komórka eukariotyczna wyewoluowałaby do gatunku homo sapiens w pewnym okresie czasu. Wiroidy RNA są podstawą genów HERV, które przyczyniają się do dynamiki genomu homo sapiens. Z kolei homo neanderthalis jest odporny na działanie retrowirusów, podczas gdy homo sapiens jest wrażliwy na działanie retrowirusów. W archaiwum homo neanderthalis wydziela się digoksyna, hormon steroidowy, który może zniszczyć retrowirus. Homo neanderthalis posiada również endosymbiotyczny cholesterol katabolizujący archaiki, który może zmieniać miejsca błonowe dla wiązań retrowirusowych, czyniąc gatunek neandertalczyka odpornym na infekcje retrowirusowe. Homo neanderthalis ma niedobór genów skokowych HERV w genomie oraz sztywny genom w porównaniu z sekwencjami HERV zapośredniczonymi w elastycznym genomie homo sapiens. Homo sapiens w trakcie ewolucji w gorącej afrykańskiej sawannie byliby wystawieni na działanie ciepła i światła. To byłoby związane w zwiększonej melanogenezy i ciemniejszej skóry i dużo włosów w ewolucji homo sapiens. Homo sapiens ze względu na ich ciemny kolor byłby nadmiar energii wynikający z melaniny indukowanej energii transdukcji i syntezy ATP. Doprowadziłoby to do ewolucji kory mózgowej człowieka. Wiroidy RNA zintegrowane z genomem pełniłyby funkcję skokowych genów HERV, przyczyniając się do dynamiki genomu. Dynamiczny i elastyczny genom jest potrzebny do rozwoju łączności synaptycznej i kory mózgowej. W ten sposób homo sapiens rozwijają współczesną ludzką korę mózgową w wyniku nadmiaru energii wytwarzanej przez indukowaną przez melaninę transdukcję energii i syntezę ATP. Wzrost melaniny i melanosomów zwiększył wrodzoną odporność homo sapiens, czyniąc je odpornymi na endogenną endosymbiozę archeologiczną. Homo sapiens były odporne na endosymbiotyczny wzrost archeosymbiotyczny obserwowany w ekstremalnych warunkach klimatycznych globalnego ocieplenia i epoki lodowcowej. Homo sapiens, które wyewoluowały z gorącej, tropikalnej Afryki, miały zwiększoną zawartość melaniny w skórze, co hamuje archeologiczną endosymbiozę i neandertalizację. Gatunek homo sapiens jest więc chroniony przed zwiększoną archeologiczną endosymbiozą będącą konsekwencją globalnego ocieplenia i związanych z nim chorób cywilizacyjnych zespołu metabolicznego, schizofrenii, raka, choroby autoimmunologicznej i zwyrodnienia.

### Mutacje homo sapien albino i homo neoneanderthalis

Homo sapiens rozwinął mutacje albinosów, którym brakowało enzymu tyrozynazy. Te mutacje albinosów homo sapiens nie mogły przetrwać w gorącej afrykańskiej sawannie ze względu na brak pigmentacji i wyemigrowały na południowoeuropejską masę lądową. Wyewoluował on w patrylową cywilizację europejską homo sapien. Patrylinowa cywilizacja europejska homo sapien powstała z homo sapien patrylinowej cywilizacji afrykańskiej. Mutacje albinosów homo sapiens tworzące cywilizację europejską są podatne na endosymbiotyczny wzrost archeologiczny będący konsekwencją globalnego ocieplenia. Zmutowane albinosy homo sapiens pozbawione są melaniny i melanosomów ważnych dla wrodzonej odporności. Prowadzi to do powstania żyznych warunków dla endosymbiotycznego wzrostu archeologicznego u mutantów albinosów, populacji kaukaskiej. Endosymbiotyczny wzrost archeologiczny w populacji kaukaskiej prowadzi do ewolucji nowego gatunku ludzkiego. Ludzkie zombie kontrolowane przez endosymbiotyczną sieć kolonii magnetytowych archaicznych można nazwać nowym gatunkiem - homo neoneanderthalis. Tak więc zmiana gatunkowa zachodzi w populacji albinos-mutantów homo sapien w Europie i Ameryce w wyniku globalnego ocieplenia i endosymbiotycznego wzrostu archaicznego. Gatunki homo neoneanderthalis i skamieniałe homo neanderthalis są podatne na zwiększoną archeologiczną endosymbiozę będącą konsekwencją globalnego ocieplenia i związanych z tym chorób cywilizacyjnych zespołu metabolicznego, schizofrenii, nowotworów, chorób autoimmunologicznych i degeneracji. Homo neanderthalis i homo neoneanderthalis wyginą z powodu chorób cywilizacyjnych wynikających z globalnego ocieplenia wywołanego przez endosymbiotyczny wzrost archeologiczny.

**Homo sapien extinctus**

Homo neanderthalis i homo neoneanderthalis mają endosymbiotyczną symbiozę archeologiczną. Endosymbiotyczne archaiki wydzielają wiroidy RNA, które mogą być aktywowane przez odwrotną transkryptazę HERV generującą odpowiednie sekwencje DNA, które mogą być zintegrowane z genomem przez integrase HERV. Archaeal digoksyna może edytować wiroidy RNA produkując szeroką różnorodność. Archeologiczne porfiryny mogą służyć jako szablon do generowania wiroidów RNA, wiroidów DNA i prionów. Wiroidy RNA i wiroidy DNA mogą rekombinować z wirusami RNA i DNA w środowisku generującym nowe wirusy RNA i DNA. Wiroidy RNA i DNA mogą wymieniać się swoimi sekwencjami z bakteriami środowiskowymi generującymi nowe bakterie. Tak więc może być endogenne generowanie nowych wirusów RNA, wirusów DNA i bakterii w homo neanderthalis i homo neoneanderthalis wynikające z endosymbiotycznego zarastania archeologicznego w wyniku globalnego ocieplenia. Homo neanderthalis i homo neoneanderthalis są odporne na te nowo wygenerowane wirusy RNA, wirusy DNA i bakterie i działają jako rezerwuar dla nich. Nowy, wyewoluowany wirus RNA, wirus DNA i bakterie generowane ze zbiornika środowiskowego homo neanderthalis i homo neoneanderthalis zarażają niezabezpieczony gatunek homo sapien eksterminujący gatunek homo sapien. Gatunek homo sapien podupada w miarę jak mutanty homo sapien albinosów przekształcają się w homo neoneanderthalis, a afrykańsko-azjatycki homo sapiens ginie w wyniku epidemii nowych infekcji wirusowych RNA generowanych przez zbiorniki neandertalskie. Ten gatunek homo sapiens można nazwać homo sapien extinctus.

Archaiki mogą powodować konwersję komórek macierzystych i neandertalizację gatunku ludzkiego. Archaea katabolizuje cholesterol generując digoksynę, która może modulować edycję RNA i niedobór magnezu, co prowadzi do hamowania odwrotnej transkryptazy. Archaiczny katabolizm cholesterolu może zubożyć tratwy błonowe komórki CD4 cholesterolu, uniemożliwiając przedostanie się retrowirusa do komórki. Archaea mogą wytwarzać trwałą aktywację immunologiczną wytwarzając odporność na infekcje wirusowe i bakteryjne. Archealny katabolizm cholesterolu wyczerpuje cholesterol tkankowy produkując niedobór witaminy D i aktywację immunologiczną. W ten sposób archeologiczne zarastanie skutkuje opornością wsteczną i wytwarzaniem fenotypu neandertalskiego. Endosymbiotyczne archaiki mogą wydzielać wirusy takie jak RNA i cząsteczki DNA. Endosymbiotyczne archaiki mogą indukować uwalnianie białek hamujących oksydacyjną fosforylację mitochondrialną i generować ROS. Endosymbiotyczny archaiczny magnetyt może generować niski poziom EMF. Niski poziom EMF i ROS są genotoksyczne i wytwarzają pęknięcia w gorących punktach chromosomu. Może również wywoływać pęknięcia w gorących punktach chromosomu zamieszkiwanych przez retro-wirusowe i nieretrowirusowe elementy wytwarzające ich ekspresję. Wydzielane przez archeologów wiroidy DNA i RNA mogą rekombinować się z wyrażonymi retro-wirusowymi, nieretrowirusowymi elementami i innymi segmentami genomowymi ludzkiego chromosomu wytwarzającymi nowe wirusy RNA i DNA. W ten sposób neandertalizowani ludzie mogą służyć jako źródło nowych wirusów RNA i DNA, jak również zmutowanych retrowirusów. Endosymbiotyczne archaiki przekształcają komórki neandertalczyków w komórki macierzyste. Komórki macierzyste są odporne na atak immunologiczny. Komórki macierzyste mogą służyć jako rezerwuar dla tych nowych wirusów RNA i DNA. Komórki macierzyste i archaiczne mogą również służyć jako rezerwuar dla wirusów i bakterii należących do innych roślin i zwierząt. To pomaga generować gatunkową barierę skok w zauważalny w niedawnych pojawiających się infekcjach wirusowych i bakteryjnych. Tak więc endosymbiotyczny wzrost archeologiczny produkuje neandertalizowaną wersję homo sapiens, które są retroviralne i odporne na inne infekcje wirusowe i bakteryjne wynikające z aktywacji immunologicznej i edycji RNA wywołanej digoksyną. Endosymbiotyczna, archeologiczna wersja homo sapiens z przerostem neandertalicznym generuje nowe zmutowane wirusy RNA i DNA oraz retrowirusy, będąc jednocześnie na nie odporną, jak w przypadku gatunku nietoperza. Homo sapiens nie posiadają neandertalskich mechanizmów aktywacji immunologicznej, ponieważ ich ładunek archeologiczny jest niewielki. Służą jako pasza dla infekcji wywołanych przez neandertalskie wirusy i bakterie i cierpią na ewentualne wyginięcie.

**Globalne ocieplenie i symbiotyczna ewolucja**

Globalne ocieplenie prowadzi więc do symbiotycznej ewolucji gatunku. Pozaziemski międzygalaktyczny kwantowy obłok obliczeniowy archaiczny tworzy inteligentnego obserwatora antropomorficznego. Kwantowa chmura obliczeniowa archaea nasyca archaea do ziemi poprzez oddziaływania meteoryczne i asteroidalne. Kolonie archaiczne ostatecznie ewoluują w organizm wielokomórkowy i dalej w homo neandertalczyk. Homo neanderthalis może być pomyślana jako wielokomórkowa kolonia archeologiczna. W ten sposób homo neanderthalis powstaje na ziemi w euroazjatyckiej masie lądowej z zasianych kolonii archeologicznych z pozaziemskiej międzygalaktycznej archeologicznej chmury obliczeniowej. Homo neandertalczyk jest wyczerpany energetycznie. Homo neanderthalis wydziela archeologiczną steroidową digoksynę trefonową, która moduluje neutralny transporter aminokwasów, zwiększając transport tryptofanu nad tyrozyną. Homo neandertalis jest tyrozyną zubożoną i deficytową w syntezie melaniny. Nie ma syntezy ATP indukowanej melaniną z fal elektromagnetycznych i transdukcji promieniowania. Homo neandertalina była wyczerpana energetycznie i dlatego nie miała luksusu na rozwój nowoczesnej kory mózgowej człowieka. Homo neandertalina jest również odporna na działanie czynników retroviralnych. Homo neanderthalis wykazywał braki w endogennych sekwencjach retrowirusowych przyczyniając się do powstania sztywnego i adynamicznego homo neandertalskiego genomu. Doprowadziło to do redukcji połączeń synaptycznych i słabego rozwoju homo neandertalicznej kory mózgowej. Homo sapiens wyewoluował ze źródeł lądowych w Afryce z samoreplikujących się kompleksów porfirynowych. Samoodtwarzające się kompleksy porfirynowe tworzą rusztowanie dla nadcząsteczkowych kompleksów organizmu izoprenoidalnego, wiroidów RNA, wiroidów DNA i prionów do samodzielnej organizacji. Organizm izoprenoidalny stworzył pojemnik komórkowy, który symbiozywał wiroidy RNA, wiroidy DNA i priony w celu utworzenia prymitywnej komórki eukariotycznej i prokariotycznej. Organizm eukariotyczny rozwinął się w kolonie wielokomórkowe i ostatecznie wyewoluował do homo sapiens w Afryce. Tak więc homo sapiens jest wielokomórkową kolonią eukariotyczną, która rozwijała się przez pewien okres czasu. W przypadku onkogenezy homo sapiens powraca do stanu prymitywnej wielokomórkowej kolonii eukariotycznej lub prokariotycznej. W ten sposób homo sapiens w Afryce wyewoluowały z lądowych źródeł abiogenetycznych. Homo sapiens ze względu na surowe środowisko tropikalne Afryki miał zwiększoną pigmentację melaniny w skórze w celu ochrony przed promieniami UV jako mechanizm ewolucyjny i były czarne. Mózg homo sapiens wyewoluował z nadmiaru energii wytwarzanej przez melaninę. Melanina może transdukować fale elektromagnetyczne i promieniowanie i produkować syntezę ATP. Nadmiar energii w homo sapiens doprowadził do szybkiej ewolucji kory mózgowej człowieka. Homo sapiens są również wrażliwe retroviral. Zakażenie retrowirusowe doprowadziło do integracji genów retrowirusowych z genomem homo sapiens produkującym endogenne sekwencje retrowirusowe funkcjonujące jako geny skokowe. Gen HERV przyczynia się do dynamiki i elastyczności genomu homo sapien, przyczyniając się do zwiększenia łączności synaptycznej i tworzenia się kory mózgowej człowieka. Mutacja tyrozynazy doprowadziła do ewolucji homo sapienskich mutantów albinosów. Mutacje homo sapien albinosów, które były białe, nie były w stanie wytrzymać gorącego klimatu afrykańskich tropików i migrowały do zimnej europejskiej masy lądowej. W ten sposób powstała cywilizacja homo sapien w Europie. W południowej Europie doszło do krzyżowania się mutantów homo sapien albinosów z homo neandertalczykami produkującymi hybrydy. Homo neanderthalis był matriarchalny, a homo sapiens albinosów - patriarchalny. Homo neanderthalis ulegał chorobom cywilizacyjnym, takim jak zespół metaboliczny X, nowotwory, choroby autoimmunologiczne i neurodegenerację oraz wyginął, pozostawiając za sobą skamieniałe społeczeństwa matriarchalne, takie jak Dravidianie, Celtowie, Baskowie i Żydzi. Homo sapien albino mutanty w warunkach globalnego ocieplenia rozwinęły ekstremofilny endosymbiotyczny wzrost archeologiczny i przekształcają się w homo neoneandertaliczny gatunek przez zjawiska symbiotycznej ewolucji. Gatunek homo sapiens w Afryce staje się podatny na ewentualne wyginięcie w wyniku zarażenia katastrofalnymi epidemiami wirusów RNA pochodzących z homo neanderthalis i zbiorników homo neoneanderthalis. Endosymbiotyczny wzrost archeologiczny doprowadzi do zmiany gatunku i powstania dwóch nowych gatunków - homo sapien extinctus i homo neoneanderthalis. Śmierć i starzenie się wskazują na endogenne zarastanie i przejmowanie przez człowieka archaektów. Doprowadzi to do wyginięcia rasy ludzkiej jako takiej i trwałości, a także do przetrwania archaicznej kolonii melanosomów, magnetosomów i porfirów funkcjonujących jako kwantowa kolonia komputerowa i inteligencja. Doprowadzi to do przejęcia świata i wszechświata przez ziemskie i pozaziemskie archaeaonowe chmury obliczeniowe kwantowe. Symbiotyczna ewolucja doprowadzi w końcu do wyginięcia wszystkich gatunków ludzkich w wieczne kolonie archaiczne, które mogą mieć falowo-cząsteczkowe istnienie.

**Gatunek ludzki - pochodzenie lądowe i pozaziemskie**

Homo sapiens ewoluował w ziemi z porfirynoidów generowanych abiogenetycznie. Porfirynoidy tworzą szablon do tworzenia wiroidów RNA, wiroidów DNA, organizmów izoprenoidalnych i prionów, które symbidują się tworząc komórki eukariotyczne i prokariotyczne. Eukariotyczna kolonia wielokomórkowa ewoluowała w homo sapiens. Prokarioty mogą również tworzyć wielokomórkowe kolonie funkcjonalne zwane biofilmami. Homo sapiens, które wyewoluowały w afrykańskiej sawannie, stały się pigmentowane w wyniku melanizacji skóry w odpowiedzi na promieniowanie słoneczne UV. Homo sapiens mają melaninę w skórze, ale z powodu braku endosymbiotycznych archai są niewystarczające w tkankach melaniny. Homo sapiens ze względu na brak endosymbiotycznych archaea i melaniny tkankowej są podatne na endogenną replikację wsteczną i dynamiczny genom prowadzący do zwiększonej łączności synaptycznej i ewolucji kory przedczołowej. Homo neandertalina wyewoluowała w euroazjatyckich stepach z pozaziemskich kolonii archeologicznych uderzających w ziemię uderzeniami asteroidów. Kolonie archeologiczne przekształciły się w wielokomórkowe struktury i ostatecznie stały się homo neandertalczykami. Endosymbiotyczne archaiki mają szlak kwasu shikimowego i syntezy melaniny. Homo neanderthalis są bogate w melaninę tkankową, ale po wyewoluowaniu w zimnych stepach euroazjatyckich występują niedobory melaniny skórnej. Wzrost melaniny tkankowej hamuje endogenną replikację retrowirusową. Zmniejsza to gęstość endogennych genów skoków wstecznych w genomie homo neandertaliny, czyniąc go sztywnym i nieelastycznym. Ten sztywny nieelastyczny genom prowadzi do redukcji połączeń synaptycznych i słabego rozwoju kory mózgowej w homo neanderthalis. Homo neanderthalis ma dominującą korę mózgową i ma charakter impulsywny. Zwiększona tkanka melaniny w homo neanderthalis jest zdolna do transdukcji energii, co daje im przewagę przetrwania na krańcach euroazjatyckiej północy. Melanina jest zdolna do wyczuwania pól o niskiej EMF, przyczyniając się do pozazmysłowej zdolności percepcyjnej homo neandertalczyków. Homo sapiens rozwinął mutacje albinosów z niedoborem tyrozynazy, które nie mogły przetrwać w tropikalnej Afryce i wyemigrowały na kontynent europejski. Mutacje albinosów pozbawione są melaniny i są podatne na endosymbiotyczną symbiozę archeologiczną prowadzącą do powstania homo neanderthalis z homo sapiens. W ten sposób gatunek ludzki może mieć pochodzenie lądowe, jak w przypadku homo sapiens w Afryce, a także pozaziemskie z archaiki międzygalaktycznej, jak w przypadku homo neanderthalis. Istnieje również gatunek pośredni wyewoluowany z homo sapien albino mutantów o endosymbiotycznej symbiozie archaicznej zwany homo neanderthalis.

## Referencje


1. Kurup, R.K. and Kurup, P.A. *Global Warming, Archaea and Viroid Induced Symbiotic Human Evolution - Retrovirus, Prions and Viroids - Porphyrinoids and Viroidelle.* Nowy Jork: Open Science Publishers, 2016.

## ROZDZIAŁ 8

## MIKROBIOLOGIA METABOLICZNA, WIRUSOLOGIA I RETROWIROLOGIA - ZMIANY KLIMATYCZNE I EWOLUCJA - ARCHAIKI ENDOSYMBIOTYCZNE, CHOROBA FRUKTOZOWA, ZESPÓŁ DIGOKSYNOWY I GLOBALNE OCIEPLENIE - STOSUNEK DO GATUNKU LUDZKIEGO - HOMO SAPIENS I HOMO NEANDERTHALIS

### Globalne ocieplenie, archaiki endosymbiotyczne i tworzenie nowych organelli komórkowych

Globalne ocieplenie indukuje endosymbiotyczny wzrost archeologiczny i wiroidalny RNA. Porfiryny tworzą wzór dla tworzenia się wiroidów RNA, wiroidów DNA, prionów, izoprenoidów i polisacharydów. Mogą one symbiozować ze sobą, tworząc prymitywne archaiki. Archaiki mogą dalej indukować HIF alfa, reduktazę aldozową i fruktolizę, prowadząc do dalszej porfirynogenezy i samoreplikacji archaicznej. Prymitywne DNA archaiczne jest zintegrowane z wiroidami RNA, które są przekształcane do odpowiadającego im DNA przez działanie stresu redoks wywołanego HERV odwrotną transkryptazą do ludzkiego genomu przez wywołaną stresem redoks integrację HERV. Archeologiczne sekwencje DNA, które są zintegrowane z ludzkim genomem tworzą endogenne archeologiczne sekwencje genomowe człowieka podobne do sekwencji HERV i mogą funkcjonować jako geny skokowe regulujące elastyczność genomowego DNA. Zintegrowane endogenne sekwencje genomowe mogą być wyrażone w obecności endosymbiotycznych cząstek endosymbiotycznych, które mogą funkcjonować jako nowa organella zwana archaeaonami. Archaeon może wyrazić ścieżkę fruktolityczną tworzącą organelle zwaną fruktosomem, ścieżkę kataboliczną cholesterolu i syntetyczną digoksynę tworzącą organelle zwaną steroidelle, ścieżkę kwasu shikimowego tworzącą organelle zwaną neurotransminoidem, przeciwutleniającą witaminę E i syntetyczną organelle zwaną witaminocytem oraz syntetyczną organelle glikozaminoglikanową zwaną glikozaminoglikonem. Archaea może wydzielać capsulated RNA wiroidalne cząsteczki które mogą funkcjonować jako blokujący RNAs modulujący metabolizm komórki i taki archaeaon organelle dzwonią wiroidelle. Archaea hamuje dehydrogenazę pirogronianów i promuje fruktolizę, co prowadzi do akumulacji pirogronianów, które dostają się do szlaku bocznicowego GABA, wytwarzając sukcynyl CoA i glicynę, substraty do syntezy porfiryn. Porfiryna stanowi wzorzec dla tworzenia się wiroidów RNA, wiroidów DNA, prionów i izoprenoidów, które mogą symbiotycznie tworzyć archaiki. Tak więc endosymbiotyczne archaiki mają abiogenną replikację. Archaiki związane ze szlakiem bocznicowym GABA i porfirynogenezą nazywane są porfirynoidami. Kolonia archaiczna tworzy sieć o różnych obszarach wykazujących zróżnicowaną specjalizację funkcji - fruktozoidy, steroidelle, witaminocyty, wiroidelle, neurotransminoidy, porfirynoidy i glikozaminoglikoidy. Tworzy to żywą zorganizowaną strukturę w obrębie ludzkich komórek i tkanek regulującą ich funkcje i redukującą organizm ludzki do zombie pracującego pod kierunkiem zorganizowanej kolonii archeologicznej. Zorganizowana kolonia archeologiczna posiada abiogenetyczną replikację i jest wieczna.

**Modulacja endosymbiotycznych archai i indukowana ewolucja**

Endosymbiotyczne archaiki aktynowców stanowią podstawę życia i mogą być uważane za trzeci element w komórce. Reguluje on komórkę, układ nerwowo-immunologiczno-endokrynny i świadomość/nieświadomość mózgu. Endosymbiotyczne aktynoidalne archaiki mogą być nazywane eliksirem życia. Dla istnienia i przetrwania życia wymagana jest określona populacja endosymbiotycznych archaicznych archaicznych aktówynidów. Większa gęstość endosymbiotycznej archaicznej populacji aktynowców może prowadzić do choroby człowieka. Tak więc aktynoidalne archaiki są ważne dla przetrwania ludzkiego życia i mogą być uważane za kluczowe dla niego. Symbioza aktynowców jest podstawą ewolucji ludzi i naczelnych. Wzrost endosymbiotycznego wzrostu archaicznego może prowadzić do indukcji homo neandertalis. Ta endosymbiotyczna archaika indukująca neandertalizację gatunku prowadzi do chorób ludzkich, takich jak zespół metaboliczny X, neurodegeneracja, schizofrenia i autyzm, choroba autoimmunologiczna i rak. Zmniejszenie wzrostu endosymbiotyków poprzez zastosowanie diety ketogennej o wysokiej zawartości błonnika, trójglicerydów o wysokim łańcuchu i białek roślin strączkowych, antybiotyków z roślin wyższych, takich jak Curcuma longa, Emblica officianalis, Allium sativum, Withania somnifera, Moringa pterygosperma i Zingeber officianalis oraz przeszczepienie mikroflory okrężnicy z normalnej populacji homo sapien może prowadzić do deneandertalizacji gatunku i leczenia wyżej wymienionych stanów chorobowych. Mikroflora jelita grubego w stanach chorobowych neandertalczyków, takich jak zespół metaboliczny X, neurodegeneracja, schizofrenia i autyzm, choroba autoimmunologiczna i rak, po przeniesieniu do prawidłowego gatunku homo sapien, prowadzi do wytworzenia i indukcji homo neandertalisu. Tak więc ewolucja naczelnych i człowieka jest wydarzeniem symbiotycznym, które może być wywołane modulującym symbiotycznym wzrostem archeologicznym. Populacje ludzkie można podzielić na matrilinealną populację neandertalczyków w południowo-indyjskich Dravidianach, Celtach, Baskach, Żydach i Berberach oraz populację Cro-Magnona widzianą w Afryce i Europie. Symbiotyczna kolonizacja archeologiczna decyduje o tym, który gatunek - Neandertalczyk czy Cro-Magnon, do którego należy społeczeństwo. Kuszące jest postulowanie symbiotycznej mikroflory i archaiki określającej zachowania i cechy rodziny, jak również zachowania i cechy społeczne i kastowe. Komórka została postulowana przez Margulisa jako symbiotyczne stowarzyszenie bakterii i wirusów. Podobnie, rodzina, kasta, społeczność, narodowość i sam gatunek są zdeterminowane przez symbiozę archeologiczną i inne symbiozy bakteryjne. Symbioza archeologiczna prowadzi do ewolucji nowego ludzkiego gatunku neoneandertalczyka. Można go nazwać wiekiem neoneandertalskim lub jugą Kali.

**Symbioza i ewolucja gatunków**

Symbioza przez mikroorganizmy, zwłaszcza archaiczne, napędza ewolucję gatunku. W takim przypadku symbioza może być indukowana przez przenoszenie symbiontów mikroflory i indukowaną ewolucję. Endosymbioza przez archaiki, jak również symbionty w jelitach mogą modulować genotyp, fenotyp, klasę społeczną i grupę rasową jednostki. Symbiotyczne archaiki mogą mieć transmisję poziomą i pionową. Endosymbiotyczny wzrost archeologiczny prowadzi do neandertalizacji gatunku. Neandertalizowany gatunek jest społeczeństwem matriliniowym i obejmuje Dravidian, Celtów, Basków i Berberów. Zahamowanie endosymbiotycznego wzrostu archeologicznego prowadzi do ewolucji gatunku homo sapiens. Obejmuje to Afrykańczyków, najeźdźców aryjskich w północnych Indiach oraz ludność europejską wywodzącą się z Aryjczyków. Symbioza za pośrednictwem ewolucji zależy od flory jelitowej i diety. Zostało to wykazane w drosophila pseudoobscura. Drosophila kojarzy się tylko z innymi osobami jedzącymi tę samą dietę. Kiedy mikroflora jelitowa drosophila zmienia się przez podawanie antybiotyków, łączą się one z innymi osobami odżywiającymi się różnymi dietami. Dieta spożywana przez drosofilę reguluje jej mikroflorę jelitową i nawyki godowe. Połączenie ludzkiego genomu i symbiotycznego mikrobiologicznego genomu nazywane jest hologenomem. Hologenom ten, a zwłaszcza jego symbiotyczny składnik mikrobiologiczny, napędza zarówno ewolucję człowieka, jak i zwierząt. Odległość ewolucyjna pomiędzy gatunkami os zależy od mikroflory jelitowej. Mikroflora jelitowa człowieka reguluje układ endokrynny, genetyczny i neuronalny. Ewolucja człowieka i naczelnych zależy od endosymbiotycznych archai i mikroflory jelitowej. Endosymbiotyczny wzrost archeologiczny determinuje różnice rasowe pomiędzy matriliniowymi społeczeństwami Harappan/ Dravidian a patriarchalnym społeczeństwem aryjskim. Macierzyński Harappan/ Dravidian był neandertalczykiem i zwiększył endosymbiotyczny wzrost archeologiczny. Endosymbiotyczny wzrost i neandertalizacja mogą prowadzić do choroby autoimmunologicznej, zespołu metabolicznego X, neurodegeneracji, raka, autyzmu i schizofrenii. Neandertalska flora jelitowa i endosymbiotyczne archaiki zostały określone przez nie-wegetariańską dietę ketogenną o wysokiej zawartości tłuszczu i białka spożywaną przez nie w euroazjatyckich stepach. Homo sapiens w tym klasyczne plemiona aryjskie i afrykańskie zjadły dietę o wysokiej zawartości błonnika i miały niższy wzrost archeologiczny zarówno endosymbiotyczne i jelitowe. Spożycie błonnika pokarmowego determinuje różnorodność mikrobiologiczną jelit. Wysokie spożycie błonnika wiąże się ze zwiększonym wytwarzaniem krótkołańcuchowych kwasów tłuszczowych - kwasu masłowego przez florę jelitową. Maślan jest inhibitorem HDAC i prowadzi do zwiększonego wytwarzania i włączania endogennych sekwencji retrowirusowych. Wysokie spożycie błonnika pokarmowego związane ze zwiększonym spożyciem sekwencji HERV prowadzi do zwiększonej łączności synaptycznej i dominującej kory czołowej, jak widać u gatunków homo sapien. Gatunki neandertalczyków spożywają ketogenną, nie wegetariańską dietę o wysokiej zawartości tłuszczu i białka o niskiej zawartości błonnika pokarmowego. Prowadzi to do zmniejszenia generacji endogennych sekwencji HERV i zmniejszenia elastyczności genomowej u gatunków neandertalczyków. W ten sposób powstaje mniejsza kora mózgowa i dominująca kora mózgowa w mózgu neandertalczyka. Gatunki homo neandertalczyków, dzięki niskiemu spożyciu błonnika pokarmowego, głodują swoje mikrobiologiczne ja. Prowadzi to do zwiększonego wzrostu endosymbiotycznego i jelitowego. Błona śluzowa jelita rozrzedza się w miarę zjadania przez bakterie jelitowe błony śluzowej jelita. Powoduje to wyciek endotoksyny i artefaktów z jelita do krwi łamiącej barierę i wywołuje chroniczny immunostymulujący stan zapalny, który stanowi podstawę chorób autoimmunologicznych, zespołu metabolicznego, neurodegeneracji, zaburzeń onkogennych i psychicznych. Gatunki neandertalczyków odżywiają się dietą o niskiej zawartości błonnika i mają niedobór dostępnych dla mikrobioty węglowodanów generujących krótkołańcuchowe kwasy tłuszczowe. Niedobór maślanu wytwarzanego w jelitach z błonnika pokarmowego może powodować tłumienie przewlekłego procesu zapalnego. Neandertalczycy mają zespół niedoboru produktu ubocznego fermentacji. Indukcja gatunków neandertalczyków zależy od niskiego spożycia błonnika spowodowanego dużą gęstością endosymbiotyczną i mikroflory jelitowej. Gatunki homo sapiens spożywają dietę o wysokiej zawartości błonnika, generującą duże ilości krótkołańcuchowego maślanu kwasów tłuszczowych, który hamuje rozwój endosymbiotyczny i flory jelitowej. Ja mikrobiologiczne gatunku homo sapiens jest bardziej zróżnicowane niż u gatunków neandertalczyków, a gęstość populacji w archaikach jest mniejsza. Skutkuje to ochroną przed przewlekłym zapaleniem i indukcją chorób takich jak choroba autoimmunologiczna, zespół metaboliczny, neurodegeneracja, zaburzenia onkogenne i psychiczne. Gatunki homo sapien mają wyższe spożycie błonnika pokarmowego, które przyczynia się do około 40 g/dzień i zróżnicowaną mikrobiologiczną florę jelitową o mniejszej gęstości populacji archeologicznej. Maślan wytwarzany z błonnika wytwarza stan immunosupresyjny. W ten sposób symbiotyczna flora bakteryjna o mniejszej gęstości populacji archeologicznej wywołuje u gatunku homo sapien. Można to wykazać poprzez eksperymentalną indukcję ewolucji. Wysoka zawartość błonnika pokarmowego o wysokiej zawartości MCT, jak również antybiotyki pochodzące z wyższych roślin oraz transfer mikroflory kałowej z gatunków sapiens mogą hamować metabolizm i fenotyp neandertalczyków oraz indukować ewolucję homo sapiens. Dieta niskobłonnikowa o wysokiej zawartości tłuszczu i białka oraz transfer mikrobioty w kale z gatunków neandertalczyków może hamować metabolizm i fenotyp neandertalczyków oraz indukować ewolucję homo neanderthalis. Przenoszenie mikroflory jelita grubego z przewagą archai i modulacja endosymbiotycznych archai przez dietę paleo i antybiotyki z roślin wyższych może prowadzić do krzyżowania się gatunków ludzkich między homo neanderthalis i homo sapiens. Hologenom, zwłaszcza flora mikrobiologiczna, endosymbiotyk/jelito napędza ewolucję człowieka i zwierząt i może być eksperymentalnie indukowany. Symbiotyczna flora mikrobiologiczna napędza ewolucję. Każde zwierzę, każdy gatunek ludzki, różne społeczności, różne rasy i różne kasty mają swoją charakterystyczną endosymbiotyczną i jelitową mikroflorę, która może być przenoszona pionowo i poziomo. W ten sposób symbioza napędza ewolucję człowieka i zwierząt. Archaiki koloniczne i endosymbiotyczne oraz inne mikroorganizmy, takie jak klostridialne skupiska, determinują gatunek, rasę, kastę, społeczność i osobistą tożsamość jednostki. Tożsamość jednostki - osobista, wspólnotowa, kastowa, rasowa, narodowościowa i gatunkowa jest determinowana przez kolonialne i endosymbiotyczne skupiska archeologiczne i klostridialne. Dominująca symbioza archeologiczna wytwarza homo neanderthalis, a mniej widoczna symbioza archeologiczna i dominujące skupiska klostridialne w jelitach wytwarzają gatunek homo sapien. Każdy osobnik, rasa, narodowość, kasta, wyznanie i społeczność ma podpisy endosymbiotycznych i kolonialnych mikrobiotów. Ta koloniczna i endosymbiotyczna sygnatura mikrobioty jest przenoszona przez zmianę endosymbiotycznej i kolonicznej mikrobioty z jednej grupy na drugą. W ten sposób można wywołać ewolucję i tożsamość opartą na indywidualności, rasie, narodowości, kastie i wyznaniu.

**RNA wiroidalne konsorcja quasi-gatunkowe i tożsamość grupy**

Można to interpretować na podstawie filaralnej hipotezy o tożsamości grupowej i współpracy kolektywów RNA. Symbioza archeologiczna w jelicie i przestrzeni tkankowej determinuje spekulacje człowieka jako homo sapiens i homo neanderthalis. Endosymbiotyczne archaiki mogą wydzielać wiroidy i wirusy RNA, a między nimi istnieje relacja wiroid-archaeal żywiciel. W archaikach może wystąpić dynamiczny stan lizy i trwałości wirusa, co sugeruje, że w archaikach może wystąpić uzależnienie od wirusów. Wiroidy RNA w archaeach koordynują swoje zachowanie poprzez wymianę informacji, modulację i innowacje, generując nowe treści oparte na sekwencji. Dzieje się tak ze względu na zjawisko symbiozy, w przeciwieństwie do koncepcji przeżycia najsilniejszego. Generowanie nowych sekwencji wiroidalnych RNA jest wynikiem praktycznych kompetencji żywych czynników do generowania nowych sekwencji poprzez symbiozę i dzielenie się nimi. Stanowi to wysoce produktywne konsorcja quasi-gatunkowe RNA dla ewolucji, zachowania i plastyczności środowisk genomowych. Motywy behawioralne RNA to struktury pojedynczej pętli macierzystej. Posiadają one możliwości samodzielnego składania i budowania grup w zależności od potrzeb funkcjonalnych. Proces ewolucji zależy od tego, co Villareal nazywa konsorcjami pętli macierzystej RNA. Cała jednostka może funkcjonować tylko wtedy, gdy uczestniczące grupy wiroidów RNA mogą uzyskać koordynacje ich funkcji. Istnieje kompetentne denovo generacji nowych sekwencji przez wspólne działania, a nie przez konkurencję. Te RNA wiroidalne grupy konsorcja mogą przyczyniać się do tożsamości gospodarza, tożsamości grupy i odporności grupy. Terminem używanym do tego celu jest socjologiczne zachowanie wiroidów RNA. Wiroidy RNA mogą budować grupy, które najeżdżają archaiczne i rywalizują jako grupa o ograniczone zasoby takich genomów gospodarza. Kluczowy motyw behawioralny jest w stanie zintegrować uporczywy styl życia w kolonii archaicznej z modułem uzależnienia tworzącym konkurencyjne grupy wiroidalne, które przeciwdziałają równoważeniu się wraz z systemem odpornościowym archaicznym/gospodarzem. Prowadzi to do stworzenia tożsamości kolonii archeologicznej i gospodarza homo neandertalczyka. Wiroidy mogą zabić swojego żywiciela, a także skolonizować go bez choroby i chronić go przed podobnymi wirusami i wiroidami. Wraz z lizą i ochroną widzimy skolonizowanego żywiciela wiroida, który jest zarówno symbiotyczny jak i innowacyjny, nabywając nowe kompetentne kody. Tak więc relacja wiroid-żywiciel jest wszechobecną, starożytną siłą w powstawaniu i ewolucji życia. Skumulowana ewolucja na poziomie wiroidów RNA jest jak efekt grzechotki używany do transmisji memy kulturowej. To uczenie się kumuluje się tak, że każda nowa generacja nie może powtarzać wszystkich innowacyjnych myśli i technik. Quasi-gatunki wiroidów RNA są kooperatywne i wykluczone z innych quasi-gatunków. Posiadają grupowe rozpoznanie różnicujące auto-grupy i nie-samodzielne grupy, co pozwala quasi-gatunkowym promować powstawanie tożsamości grupowej. W przypadku tożsamości grupowej za pośrednictwem przeciwstawnych modułów uzależnień muszą być obecne i działać w sposób spójny dwa przeciwstawne składniki oraz definiować grupę jako całość. Tożsamość biologiczna składa się z dynamicznych interakcji grup kooperacyjnych. Moduł uzależnienia od wirusów jest istotną strategią dla istnienia życia w wirosferze. Wirusy są zakaźne i mogą utrzymywać się w określonej populacji żywiciela, prowadząc do powstania formy odporności/tożsamości grupy, ponieważ identyczna, ale nieskolonizowana populacja żywiciela pozostaje podatna na zabójcze działanie wirusów litycznych. W ten sposób widzimy, że wirusy są niezbędne do zapewnienia przeciwstawnych funkcji dla uzależnienia (trwałość/ ochrona i lityka/ zabijanie). Wiroidy mogą funkcjonować jako konsorcja, zasadnicza grupa interakcji i dostarczają mechanizmu, z którego może wyłonić się funkcja konsorcyjna w powstaniu życia protobiotycznego. Pasożyty genetyczne mogą działać jako grupa (qs-c). Aby jednak grupa ta była spójna, musi osiągnąć tożsamość grupową i zazwyczaj odbywa się to za pomocą strategii uzależnień. System antywirusowy i prowirusowy w archaikach same wyłaniają się u żywiciela z informacji pochodzących od wirusa. Same archaiczne wirusy pełnią krytyczną funkcję wymaganą do obrony antywirusowej. Funkcje przeciwstawne są podstawą modułów uzależnień. Tak więc pojawienie się tożsamości grupowej staje się istotnym i wczesnym wydarzeniem w powstawaniu życia. Jest to spójne z podstawowym zachowaniem grupowym wiroidów RNA w archaeach. Taki dobór grupy i jej tożsamość są potrzebne do stworzenia spójności informacji i tworzenia sieci oraz do stworzenia systemu komunikacji i interakcji kompetentnych w zakresie kodu. Tożsamość ta służy jako informacja również dla tych, którzy nie mają tej tożsamości. Jest to początek zdolności różnicowania siebie/nie-ja. W ten sposób wiroidy promują powstawanie tożsamości grupowej w koloniach archeologicznych i żywicieli ludzi. Tożsamość kolonii archeologicznych zależy od kolonizującego zestawu wiroidów RNA produkujących spójną sieć, która obejmuje przeciwstawne funkcje i sprzyja przetrwaniu nowych informacji pochodzących od pasożytów. Na podstawie funkcji populacyjnych DNA RNA może być uznane za siedlisko dla konsorcjów RNA. W ten sposób wiroidy RNA z archaiki są zaangażowane w złożoną tożsamość wielokomórkową. Jest to nazywane przez Villarreal jako hipoteza Gangena. Gangen opisuje pojawienie się wspólnego użycia kodu, członkostwo w grupie i wspólną funkcję życiową wiroidów RNA. Komunikacja jest kodem zależnym od interakcji, a transmisja kodu zakaźnego określa pochodzenie wirosfery. Kwestia ta odnosi się do idei kolektywu wiroidów RNA z nieodłącznymi cechami toksycznymi i antytoksycznymi powinny być w stanie przekazać lub przekazać te czynniki i ich cechy do pobliskiej konkurencyjnej populacji. Zdecydowanie sprzyja to przetrwaniu populacji wiroidów

RNA z kompatybilnymi modułami uzależniającymi, które będą hamować toksyczność czynnika i pozwolą na przetrwanie nowych czynników. Jest to więc przetrwanie uporczywie skolonizowanego zestawu, który z natury jest procesem symbiotycznym i konsorcyjnym. Promuje on również zwiększenie złożoności i tożsamości / odporności zbiorowości gospodarza poprzez kolonizację nowego czynnika i stabilny dodatek. W ten sposób transmisja czynników RNA osiąga zarówno komunikację jak i uznanie przynależności do grupy. W ten sposób pojawienie się wirosfery musiało być wczesnym wydarzeniem w początkach życia i tożsamości grupowej. Wirusy i wiroidy są genetycznymi pasożytami i najliczniej żyjącymi bytami na ziemi. Wirosfera jest siecią zakaźnych czynników genetycznych. Ewolucja, zachowanie i plastyczność tożsamości genetycznych są wynikiem współpracy konsorcjów wiroidów RNA, które są kompetentne do komunikowania się. W ten sposób archeologiczne konsorcja wiroidów mogą symbiotycznie dzielić się i komunikować, tworząc nowe sekwencje i nadając kolonii archeologicznej tożsamość. Dieta oparta na niskiej zawartości błonnika i ekstremalnych temperaturach stepu euroazjatyckiego prowadzi do rozmnażania się i indukcji gatunku homo neanderthalis. Charakterystyka kolonii archeologicznej jest określana przez współpracujące konsorcja wiroidów RNA w archaeach, a tożsamość kolonii archeologicznej określa tożsamość gatunku homo neanderthalis. W ten sposób kolonie archeologiczne z ich quasi gatunkowymi konsorcjami wiroidów RNA określają tożsamość homo neanderthalis. Nowa generacja sekwencji przez konsorcja wiroidów RNA o charakterze symbiotycznym przyczynia się do różnorodności zachowań i kreatywności populacji homo neanderthalis. Archeologiczne wirusy i wiroidy RNA oraz same kolonie archeologiczne chronią populację homo neanderthalis przed zakażeniami retrowirusowymi. W ten sposób populacja homo neanderthalis jest odporna na zakażenia retrowirusowe, a quasi-gatunkowe konsorcja archaicznych i archaicznych wiroidów nadają im grupową tożsamość jako odpornym na zakażenia retrowirusowe. W ten sposób konsorcja quasi-gatunkowe wiroidów archaicznych i RNA nadają kolonii homo neanderthalis tożsamość i wyobrażenie o sobie. Homo neanderthalis jest odporny na infekcje retrowirusowe jak australijscy aborygenowie, a endogenne sekwencje retrowirusowe w genomie neandertalskim są ograniczone. Prowadzi to do braku plastyczności i dynamiki ludzkiego genomu i kory mózgowej w źle rozwiniętej z dominującą impulsywną korą mózgową w populacji homo neanderthalis. W ten sposób powstaje impulsywny, twórczy, surrealistyczny duchowy mózg neandertalczyka. W miarę jak temperatura spada i kończy się epoka lodowcowa, gęstość populacji archeologicznej również spada. Może to również wynikać ze spożycia diety o wysokiej zawartości błonnika na kontynencie afrykańskim. Dieta o wysokiej zawartości błonnika pokarmowego trawionego przez klastry klostridialne w okrężnicy sprzyja syntezie maślanu i maślan indukuje hamowanie HDAC i ekspresję sekwencji wstecznych w genomie naczelnego. Prowadzi to do wzrostu endogennych sekwencji retrowirusowych w ludzkim genomie, zwiększając dynamikę genomową i ewolucję skomplikowanej kory mózgowej dominującej mózgu z jego skomplikowaną łącznością synaptyczną w homo sapiens. To prowadzi do logicznego, zdroworozsądkowego, pragmatycznego i praktycznego homo sapiens mózgu. Homo sapiens z powodu braku archaiki i wiroidów RNA są podatne na zakażenie retrowirusowe. Tak więc kolonie archaiczne i wiroidalne quasi-gatunkowe konsorcja RNA określają ewolucję gatunku ludzkiego i sieci mózgowych. Tak więc ekstremalne temperatury, spożycie włókien, gęstość kolonii archeologicznych, RNA wiroidalne quasi-gatunki, tożsamość grupy i odporność retroviral decyduje o ewolucji homo sapiens i homo neanderthalis, jak również sieci mózgowych. Obecne ekstremalne wartości temperatury i niski pobór włókien w cywilizowanym społeczeństwie mogą prowadzić do wzrostu gęstości populacji archeologicznej i quasi-gatunkowych sieci wiroidalnych RNA, generując nowy homo neanderthalis w nowym neandertalskim wieku antropocenowym w przeciwieństwie do obecnego wieku antropocenowego homo sapiens. Gęstości populacji archeologicznej i quasi-gatunkowe sieci wiroidalne RNA określają gatunek homo sapien/homo neanderthalis, rasowy, kastowy, wspólnotowy, narodowy, seksualny, metaboliczny, fenotypowy, immunologiczny, neuronalny, psychiatryczny, psychologiczny, genotypowy oraz tożsamość indywidualną. Archaea wydziela digoksynę trefonową, która może edytować wiroidy RNA i generować nowe sekwencje. Archaiczne dipolarne magnetytu i porfiryn w ustawieniach digoksyny indukowanej błony sodowej ATPazy potasowej ATPazy może produkować pompowany system fononowy pośredniczy kwantowy stan spostrzegawczy i kwantowej komunikacji w RNA wiroidalnego systemu symbiotycznego generowania nowych sekwencji przez steroidowego digoksyny enzymatyczne działanie edycji. To daje podstawę do archeologicznych RNA wiroidalnych quasi-gatunkowych symbiotycznej różnorodności i tożsamości gatunku, rasy, kasty, płci, kultury, jednostki i tożsamości narodowej.

**Dietetyczna modulacja ewolucji gatunku ludzkiego poprzez symbiozę**

Korzenie zachodniej choroby cywilizacyjnej mogą być związane z głodowaniem mikroflory jelita grubego. Mikroflora jelita grubego jest uzależniona od węglowodanów złożonych pochodzących z błonnika pokarmowego. Przetworzona żywność o wysokiej zawartości białka, tłuszczu i cukrów jest trawiona i wchłaniana w żołądku i jelicie cienkim. Bardzo niewielka jej część dociera do jelita grubego, a powszechne stosowanie antybiotyków w medycynie spowodowało masowe wyginięcie mikroflory jelita grubego. Mikroflora jelita grubego jest niezwykle zróżnicowana, a jej różnorodność zostaje utracona. W jelicie grubym znajduje się 100 bilionów bakterii należących do 1200 gatunków. Regulują one układ odpornościowy poprzez indukowanie komórek T-regulacyjnych. Dieta o wysokiej zawartości błonnika przyczynia się do różnorodności mikrobioty jelita grubego. Interakcje ze zwierzętami gospodarskimi, takimi jak krowy i psy również przyczyniają się do zróżnicowania mikroflory jelita grubego. Typowa zachodnia dieta o wysokiej zawartości tłuszczu, białka i cukrów zmniejsza różnorodność mikroflory jelita grubego i zwiększa archaiczność jelita grubego/endosymbiotyczną, powodując metanogenezę. Archaiki jelita grubego żywią się śluzową wyściółką jelita grubego i powodują wyciek archaiki do krwi i układu tkankowego, co prowadzi do powstawania endosymbiotycznych archaiki. Prowadzi to do przewlekłego stanu zapalnego. Dieta z wysokim błonnikiem pokarmowym Afrykańczyków, Amerykanów Południowych i Hindusów produkuje zwiększoną różnorodność mikrobioty jelita grubego i wzrost klastrów klostridalnych generujących SCFA w jelitach. Dieta wysokobłonnikowa chroni przed syndromem metabolicznym i cukrzycą. Zespół metaboliczny jest związany z degeneracją, nowotworami, chorobami neuropsychiatrycznymi i autoimmunologicznymi. Dieta wysokobłonnikowa do 40 g/dzień może być nazywana dietą jelitową. Mikroflora jelita grubego, a w szczególności klaster klostridalny, trawi błonnik, wytwarzając krótkołańcuchowe kwasy tłuszczowe, które regulują odporność i przemianę materii. Dieta wysokobłonnikowa zwiększa wydzielanie błony śluzowej jelita grubego oraz grubość wyściółki śluzowej. Dieta bogata w błonnik pokarmowy powoduje wzrost ilości kłębków i wydzieliny śluzu. W ten sposób tworzy się silna bariera dla krwi jelitowej i zapobiega się endotoksemii metabolicznej, która wywołuje przewlekłą odpowiedź zapalną. Wysokie spożycie błonnika pokarmowego i różnorodność mikroflory jelita grubego z wyraźnymi skupiskami klostridalnymi wytwarzającymi SCFA są ze sobą powiązane. Klostridalne skupiska metabolizują złożone węglowodany zawarte w błonniku pokarmowym do krótkołańcuchowych maślanów, propionianów i octanów kwasów tłuszczowych. Zwiększają one funkcję regulatora T. Dieta bogata w błonnik pokarmowy zwiększa ilość bakterii i redukuje jędrność mikroflory jelita grubego. Dieta o wysokiej zawartości błonnika wiąże się z niskim wskaźnikiem masy ciała. Dieta o niskiej zawartości błonnika pokarmowego zwiększa wzrost tkanki jelita grubego, jak również tkanki endosymbiotycznej i archaiki krwi. W ten sposób powstaje więcej metanogenezy niż krótkołańcuchowej syntezy kwasów tłuszczowych przyczyniającej się do aktywacji immunologicznej. Dieta o niskiej zawartości błonnika wiąże się z wysokim wskaźnikiem masy ciała i przewlekłym ogólnoustrojowym stanem zapalnym. Myszy wolne od zarazków wykazują zanik serca, płuc i wątroby. Mikroflora jelitowa jest niezbędna do wytwarzania układów narządowych. Mikroflora jelitowa jest również potrzebna do generowania komórek T-regulacyjnych. Wysokie spożycie błonnika powoduje większe zróżnicowanie mikrobioty jelitowej oraz wzrost skupisk klostridalnych i fermentacji przez produkty takie jak maślan, który tłumi stan zapalny i zwiększa liczbę komórek regulujących T. Dieta o niskiej zawartości błonnika pokarmowego prowadzi do zwiększenia przyrostu archeologicznego, metanogenezy, zniszczenia wyściółki śluzowej i wycieku z archaicznych części jelita grubego, wytwarzających tkankę endosymbiotyczną i archaiczne części krwi. Powoduje to nadreaktywność immunologiczną przyczyniającą się do powstawania współczesnych plag cywilizacyjnych - zespołu metabolicznego, schizofrenii, autyzmu, nowotworów, autoimmunizacji i zwyrodnień. Mikrobiota jelitowa napędza ludzką ewolucję. Ludzie nie są gospodarzami mikrobioty jelitowej, ale mikrobiota jelitowa jest naszym gospodarzem. System ludzki stanowi rozbudowane laboratorium hodowlane dla rozmnażania się i przetrwania mikrobioty. System ludzki jest wywoływany przez mikrobiotę dla ich przetrwania i wzrostu. System ludzki istnieje dla mikrobioty, a nie na odwrót. Ten sam mechanizm sprawdza się w systemach roślinnych. Rośliny zaczęły kolonizować ziemię, ponieważ zaczęły symbiotyzować z bakteriami w systemach korzeniowych, które mogą pobierać substancje odżywcze z gleby. Ludzie tworzą mobilne laboratorium hodowlane dla bardziej efektywnego rozmnażania i przetrwania mikrobioty. Mikrobiota indukuje powstawanie wyspecjalizowanych komórek odpornościowych zwanych wrodzonymi komórkami limfoidalnymi. Wrodzone komórki limfoidalne kierują limfocyty tak, aby nie atakowały korzystnych bakterii. Tak więc endosymbiotyczne archaiki i archaiki jelitowe wywołują ewolucję człowieka, naczelnego i zwierzęcego, aby generować dla nich struktury umożliwiające przetrwanie i rozmnażanie się. Źródłem endosymbiotycznych archai, trzeciego elementu życia, są archaiki jelita grubego, które przeciekają do przestrzeni tkankowych i układów krwionośnych z powodu naruszenia bariery krwi jelitowej. Wzrost występowania archaicznych jelit spowodowany jest głodem mikroflory jelitowej wynikającym z diety o niskiej zawartości błonnika. Powoduje to zwiększenie wzrostu jelita grubego i zniszczenie klostridalnych skupisk i bakterioidów. Zwiększenie wzrostu jelita grubego w obecności głodu spowodowanego dietą o niskiej zawartości błonnika zjada wyściółkę śluzową i powoduje przełamania bariery krwi w jelitach. Archaiki jelita grubego przedostają się do krwioobiegu i wytwarzają endosymbiozę generując archaiki endosymbiotyczne oraz różne nowe organelle - fruktozoidy, steroidy, witaminocyty, wiroidelle, neurotransminoidy, porfirynoidy i glikozaminoglikoidy

## Mózg ludzki jako endosymbiotyczna sieć kolonii archeologicznych

Ludzki mózg można uznać za zmodyfikowaną sieć kolonii archaicznych. Archaeony są wieczne i mogą trwać miliardy lat. Mózg ludzki jest w zasadzie systemem przechowywania informacji. Archaion ma dipolarny magnetyt i porfiryny i może funkcjonować jako komputer kwantowy. Archeologiczna kolonia z jego dipolarnego magnetytu i porfiryn w ustawieniach archeologicznych digoksyny indukowanej błony sodowo-potasowej inhibicji ATPazy potasowej może funkcjonować jako pompowany system fononowy pośredniczący w postrzeganiu kwantowym. Archaeaeon w mózgu jest zdolny do przechowywania informacji w czasie i przestrzeni. Doświadczenia i informacje przechowywane w archaeaonie są nieśmiertelne i wieczne. Archaeaon może mieć falowo-cząsteczkowe istnienie i może istnieć w wielu stanach kwantowych możliwych i może zamieszkiwać wiele kwantowych wielościanów. Interakcja pomiędzy informacjami przechowywanymi w komputerach kwantowych w wielu różnych układach archaicznych we wszechświecie za pomocą oddziaływań kwantowych skutkuje wiecznym istnieniem informacji w wielościanach kwantowych. Informacja w wielościanach kwantowych może mieć cząstkowe istnienie, tworząc nowszy tryb przez kwantowe oddziaływania pomiędzy informacjami przechowywanymi w wielu punktach czasu. To tworzy cząstkowy mityczny świat ludzkiej egzystencji. Są one nazywane Samsarasem. Umysł jest przesyłany do informacji w sieci kolonii neuronów i jej kwantowych komputerach. Informacja przechowywana w sieci kolonii neuronów jest wieczna i może być uznana za cyfrową wersję mózgu, technikę pobierania umysłu lub emulację całego mózgu. Sieć kolonii archeologicznych przechowuje ludzkie doświadczenia w sposób odwieczny i może przyczynić się do biologicznej reinkarnacji.

## Globalne ocieplenie, neandertalizacja i metabolizm fruktozy - epidemia choroby fruktozy

Wzrost endogennego EDLF, silnego inhibitora membranowego Na+-K+ ATPazy, może zmniejszyć aktywność tego enzymu. Wyniki wykazały zwiększoną syntezę endogennego EDLF, o czym świadczy zwiększona aktywność reduktazy HMG CoA, która funkcjonuje jako środek ograniczający prędkość drogi izoprenoidalnej. Badania w naszym laboratorium wykazały, że EDLF jest syntezowany przez ścieżkę izoprenoidalną. Endosymbiotyczne sekwencje archeologiczne w ludzkim genomie wyrażają się poprzez stres redoksowy i stres osmotyczny globalnego ocieplenia. Powoduje to indukcję HIF alfa, która reguluje fruktolizę i glikolizę. W warunkach stresu redoksowego cała glukoza zostaje przekształcona w fruktozę poprzez indukcję enzymów reduktazy aldozowej i dehydrogenazy sorbitolowej. Reduktaza aldozowa przekształca glukozę w sorbitol, a dehydrogenaza sorbitolowa w fruktozę. Ponieważ fruktoza jest preferencyjnie fosforylowana przez ketoheksokinazę, komórka jest wyczerpana z ATP, a fosforylacja glukozy zostaje zatrzymana. Fruktoza staje się dominującym cukrem, który jest metabolizowany przez fruktolizę w wyrażonych cząsteczkach archeologicznych w komórce funkcjonujących jako organelle zwane fruktozoidami. Fruktoza jest fosforylowana do 1-fosforanu fruktozy, który jest aktywowany przez aldolazę B, która przekształca ją w 3-fosforan gliceraldehydu i fosforan dihydroksy acetonu. 3-fosforan gliceraldehydu jest przekształcany na 1,3-bifosforan D, który następnie jest przekształcany na 3-fosforan. 3-fosfogliceran jest przekształcany na 2-fosfogliceran. 2-fosfogliceran jest przekształcany do pirogronianu fosfoenolu przez enolazę enzymatyczną. Pirwat fosfoenolowy jest przekształcany do pirogronianu przez enzym kinazę pirogronianową. Archaeaon indukuje HIF alfa, która reguluje fruktolizę i glikolizę, ale hamuje dehydrogenazę pirogronianu. Metabolizm pirogronianu zostaje zatrzymany. Depfosforylacja pirogronianu fosfoenolu jest hamowana w procesie hamowania kinaz pirogronianowych. Pyruwat fosfoenolowy wchodzi na drogę kwasu shikimowego, gdzie jest przekształcany w chorizmat. Kwas shikimowy jest syntetyzowany na drodze, która rozpoczyna się od 3-fosforanu gliceraldehydu. 3-fosforan gliceraldehydu łączy się z metabolitem szlaku fosforanu pentozy 7-fosforanu sedoheptulozy, który jest przekształcany na 4-fosforan erytrozy. Szlak fosforanu pentozowego jest regulowany w obecności tłumienia szlaku glikolitycznego. 4-fosforan erytrozy łączy się z pirogronianem fosfoenolu, tworząc kwas shikimowy. Kwas shikimowy łączy się z inną cząsteczką pirogronianu fosfoenolu w celu wytworzenia chorizmatu. Choryzmat jest przekształcany w kwas prefenowy, a następnie w kwas parahydroksyfenylo pirogronianowy. Kwas parahydroksyfenylo pirogronianowy jest przekształcany na tyrozynę i tryptofan, a także na neuroaktywne alkaloidy. Ścieżka kwasu shikimowego zbudowana jest z wyrażonych organeli archaicznych zwanych neurotransminoidem. Fruktolityczne półprodukty gliceraldehydu 3-fosforan i pirogronian są punktami wyjściowymi szlaku DXP syntezy cholesterolu. 3-fosforan gliceraldehydu łączy się z pirogronianem tworząc 1-deoksy D-ksylulozowy fosforan (DOXP), który jest następnie przekształcany w fosforan metyloeterytrytolu 2-C. Fosforan metyloeterytrytolu 2-C może być syntetyzowany z 4-fosforanu erytrozy, który jest metabolitem szlaku kwasu shikimowego. DXP łączy się z MEP, tworząc pirofosforan izopentylu, który jest przekształcany na cholesterol. Cholesterol jest katabolizowany przez archeologiczne oksydazy cholesterolowe w celu wytworzenia digoksyny. Cukry digoksynowe - digitoksoza i ramnoza są syntetyzowane przez regulowaną ścieżkę fosforanu pentozy. Tłumienie glikolityczne prowadzi do upregowania szlaku fosforanu pentosu. Wyrażona organella archaiczna dotycząca katabolizmu cholesterolowego i syntezy digoksyny nazywana jest steroidellą. Tłumienie glikolizy i stymulacja fruktolizy prowadzi do upregowania szlaku heksozaminy. Fruktoza jest przekształcana przez ketoheksokinazy w 6-fosforan fruktozy. Fruktoza 6-fosforan jest przekształcany do glukozaminy 6-fosforanu poprzez działanie glutaminianu fruktozy 6-fosforanu amidotransferazy (GFAT). Glukozamina 6-fosforan jest przekształcany w UDP N-acetylo-glukozaminę, która następnie jest przekształcana w N-acetylo-glukozaminę i różne aminocukry. Glukoza UDP jest przekształcana na kwas UDP D-glukuronowy. Kwas UDP D-glukuronowy jest przekształcany na kwas glukuronowy. Tworzy on syntetyczną ścieżkę kwasu uronowego. Kwasy uronowe i heksozaminy tworzą powtarzające się jednostki glikozaminoglikanów. W ustawieniu tłumienia glikolitycznego i metabolizmu fruktolitycznego fruktoliza prowadzi do zwiększenia syntezy heksozamin i syntezy GAG. GAG syntetyzujące cząsteczki archaiczne nazywane są glikozaminoglikozami. Wyrażone cząstki archaionów są zdolne do syntezy przeciwutleniającej witaminy C i E. UDP D-glukoza jest przekształcana w kwas UDP D-glukuronowy. UDP kwas D-glukuronowy jest konwertowany na kwas D-glukuronowy. Kwas D-glukuronowy jest przekształcany na L-gulonian przez reduktazy aldoketo enzymu. L-gulonian jest przekształcany do L-gulonolaktonu przez laktonazę. L-gulonolakton jest przekształcany do kwasu askorbinowego pod wpływem działania archeologicznej L-gulooksydazy. Witamina E jest syntetyzowany z shikimate, który jest przekształcany do tyrozyny, a następnie do kwasu parahydroksyfenylo pirogronowego. Kwas parahydroksyfenylo pirogronowy jest przekształcany w homogenizat. Homogenentisat jest przekształcany do 2-metylo 6-fitylo-benzochinonu, który jest przekształcany do alfa-tokoferolu. 2-metylo 6-fitylo-benzochinon jest przekształcany do 2,3-metylo 6-ftylo-benzochinonu i gamma-tokoferolu. Witamina E może być również syntetyzowana przez ścieżkę DXP. 3-fosforan gliceraldehydu i pirogronian glicerolu połączone do postaci 1-deoksy D-ksylulozy 5-fosforanu, który jest przekształcany do 3-izopentenylopirofosforanu. Pirofosforan 3-izopentenylowy i pirofosforan dimetylowy połączone do utworzenia 2-metylo-6-tylo-benzochinonu, który jest przekształcany na tokoferole. Ubichinon, kolejny ważny przeciwutleniacz membranowy i część mitochondrialnego łańcucha transportu elektronów, jest syntetyzowany przez szlak kwasu shikimowego i szlak DXP. Izoprenoidalna część ubichinonu pochodzi ze szlaku DXP, a reszta z katabolizmu tyrozynowego. Tyrozyna jest generowana przez ścieżkę kwasu shikimowego. Cząsteczki archaiczne związane z syntezą witaminy C, witaminy E i ubichinonu, które są antyoksydantami, nazywane są witaminocytami.

Globalne ocieplenie indukuje endosymbiotyczny wzrost archeologiczny i wiroidalny RNA. Endosymbiotyczne archaiki i generowane wiroidy RNA indukują reduktazę aldozową, która przekształca glukozę w sorbitol. Archaiczne polisacharydy i lipopolisacharydy, jak również wiroidy i wirusy mogą indukować reduktazę aldozową. Sorbit jest aktywowany przez dehydrogenazę sorbitolową, która generuje fruktozę, która wchodzi w drogę fruktolityczną. Reduktaza aldozowa jest również indukowana przez stres osmotyczny globalnego ocieplenia i stresu redoks. Reduktaza aldozowa jest indukowana przez stymulację zapalną i immunologiczną. Archaeal zsyntetyzowana endogenna digoksyna może wytwarzać wewnątrzkomórkowy stres redoks i aktywować NFKB, który wytwarza aktywację immunologiczną. Zarówno stres redoksowy jak i aktywacja immunologiczna mogą aktywować reduktazę aldozową, która przekształca glukozę w fruktozę. Hipoksyczny stres lub warunki beztlenowe wywołują HIF alfa, która aktywuje ketoheksokinazę C, która fosforyluje fruktozę. Fruktoza jest aktywowana przez fruktokinazę, która przekształca fruktozę w 1-fosforan fruktozy. Fruktoza 1-fosforan jest przekształcana na fosforan dihydroksyoctonu i 3-fosforan gliceraldehydu, który jest przekształcany na pirogronian, acetyl CoA i cytrynian. Cytrynian jest wykorzystywany do syntezy lipidów. Odkładanie się tłuszczu występuje w organach trzewnych, takich jak wątroba, serce i nerki. Nie ma podskórnego depozytu tłuszczowego. Metabolizm fruktozy omija fosfhofruktokinazę, która jest hamowana przez cytrynian i ATP. Metabolizm fruktozy nie jest zatem pod kontrolą regulacyjną enzymu fosfhofruktokinazy. Transport i metabolizm fruktozy nie jest regulowany przez insulinę. Fruktoza jest transportowana przez receptor GLUT-5. Fruktoza nie zwiększa wydzielania insuliny i dlatego nie aktywuje lipazy lipoproteinowej. Prowadzi to do trzewnej adipogenezy. Fruktoza indukuje elementy ChREBP i SREBP. Prowadzi to do zwiększonej lipogenezy wątroby poprzez indukcję enzymu syntazy kwasów tłuszczowych, karboksylazy acetylo CoA i desaturacji stearolu CoA. Zwiększa to syntezę kwasów tłuszczowych i cholesterolu. Fruktoza jest lipofilnym węglowodanem. Fruktoza może być przetwarzana na 3-fosforan glicerolu i kwasy tłuszczowe biorące udział w syntezie trójglicerydów. Podawanie fruktozy prowadzi do wzrostu stężenia triglicerydów i VLDL. Spożycie fruktozy prowadzi do oporności na insulinę, gromadzenia się tłuszczu w narządach trzewnych, takich jak wątroba, serce i nerki, oporności na insulinę, dyslipidemii ze zwiększoną zawartością triglicerydów, VLDL i LDL oraz zespołu metabolicznego. Zespół metaboliczny X może być uważany za zespół fruktolityczny. Fruktoza zwiększa magazynowanie lipidów i zwiększa oporność na insulinę. Fruktoza może powodować dysfunkcję białek fruktozylowanych. Fruktoza nie ma wpływu na ghrelinę i leptynę w mózgu i może prowadzić do zwiększonych zachowań żywieniowych. Glukoza obniża poziom ghreliny i leptyny oraz zwiększa jej poziom. Prowadzi to do tłumienia apetytu. Tak więc fruktoza może modulować zachowania żywieniowe prowadzące do otyłości. Fruktoza powoduje aktywację NFKB i wydzielanie TNF alfa. TNF alfa może modulować receptor insulinowy wytwarzając insulinooporność i zespół metaboliczny X. Fruktoza może również prowadzić do oporności na leptynę i otyłości. Istnieje epidemia zespołu metabolicznego X w związku z globalnym ociepleniem.

Fruktoza może aktywować współczulny układ nerwowy. Prowadzi to do nadciśnienia i wzrostu częstości akcji serca. Fruktoza bierze udział w przerostie lewej komory, zwiększeniu masy lewej komory i zmniejszeniu frakcji wyrzutowej lewej komory w nadciśnieniu. Fruktoza tłumi układ nerwowy przywspółczulny. Fruktoza działa jako kluczowy czynnik indukujący niekontrolowaną proliferację i przerost mięśni serca w następstwie nadciśnienia. Serce wykorzystuje beta-oksydację kwasów tłuszczowych do generowania energii. W warunkach glikolizy beztlenowej, będącej następstwem zawału serca i hipertrofii serca, dochodzi do indukcji HIF alfa. Powoduje to wzrost ketoheksokinazy C w sercu, która fosforyluje fruktozę. Ketoheksokinaza C jest dominującym enzymem wątrobowym, ponieważ metabolizm fruktozy koncentruje się przede wszystkim w wątrobie. W środowisku glikolizy beztlenowej ketoheksokinaza C jest wytwarzana również w mózgu i sercu. Ketoheksokinaza A jest dominującym enzymem w sercu i mózgu. W układzie glikolizy beztlenowej ketoheksokinaza A, która preferencyjnie metabolizuje glukozę, jest przekształcana w ketoheksokinazę C metabolizującą fruktozę przez mechanizm splotu RNA. Warunki beztlenowe mogą indukować HIF alfa, która aktywuje czynnik splatający SF3B1. W ten sposób HIF alfa indukowana przez glikolizę indukuje SF3B1, która indukuje ketoheksokinazę C produkującą fruktolizę w sercu. Fruktoza jest przekształcana w lipidy, glikogen i glikozaminoglikany w sercu, co powoduje przerost serca. Metabolizm fruktozy nie jest pod regulacyjną kontrolą kluczowego enzymu fosfhofruktokinazy przez cytrynian i ATP. Szlak fruktolityczny funkcjonuje jako szlak nieuczciwy, nie podlegający żadnej kontroli regulacyjnej. Fruktoza jest kluczowym czynnikiem przyczyniającym się do tego procesu. Nadpobudliwość współczulna i blokada przywspółczulna wynikająca z fruktozy może prowadzić do aktywacji immunologicznej. Nadpobudliwość współczulna i blokada przywspółczulna mogą prowadzić do dysregulacji układu nerwowego.

Fruktoza może aktywować NFKB i czynnik martwicy nowotworów alfa. Blokada pochwy wytwarzana przez fruktozę prowadzi również do zwiększenia aktywacji immunologicznej. Fruktoza może hamować fagocytozę neutrofilną. Zwiększone spożycie fruktozy może prowadzić do aktywacji immunologicznej i chorób układu oddechowego, takich jak przewlekłe zapalenie oskrzeli, POChP i astma oskrzelowa, a także choroby śródmiąższowe płuc. Ta aktywacja immunologiczna wywołana przez fruktozę nazywana jest zapaleniem fruktozowym. Fruktozylowane białka mogą służyć jako autoantygeny. Fruktozylowane białka mogą wiązać się z receptorami RAGE tworząc aktywację immunologiczną. Choroba fruktozowa wywołana globalnym ociepleniem jest podstawą epidemii chorób autoimmunologicznych, która rośnie wraz z globalnym ociepleniem.

Fruktoza zwiększa strumień na drodze fosforanu pentozowego. Zwiększa to dostępność cukrów heksozowych, takich jak ryboza, do syntezy kwasu nukleinowego. Zwiększa to syntezę DNA. W konsekwencji zwiększa się również synteza białek. Komórki nowotworowe mogą wydzielać fruktozę. Komórki nowotworowe wykorzystują fruktozę do proliferacji. Komórki płodowe, podobnie jak komórki nowotworowe, również wykorzystują fruktozę do proliferacji. Fruktoza może sprzyjać powstawaniu złogów przerzutowych. Komórki nowotworowe wykorzystują fruktozę inaczej niż glukozę. Komórki nowotworowe wykorzystują fruktozę do wspomagania proliferacji i przerzutów. Fruktoza zwiększa syntezę kwasu nukleinowego. Fruktoza może wspomagać szybki wzrost komórek nowotworowych poprzez indukowanie enzymu transketolazy i szlaku fosforanu pentozy. Podawanie fruktozy zwiększa stres redoks, uszkodzenia DNA i zapalenie komórek, co przyczynia się do onkogenezy. Fruktoza jest najbardziej obfitym cukrem w tkankach płodowych i jest ważna w rozwoju płodu poprzez promowanie proliferacji komórek. Fruktoza jest 20 razy bardziej skoncentrowana we krwi płodowej niż glukoza. Plemniki i komórki jajowe również wykorzystują fruktozę do metabolizmu i energii. Tak więc wszystkie szybko rozmnażające się komórki - komórki nowotworowe, płodowe i reprodukcyjne - zależą od fruktolizy. Fruktoza jest głównym składnikiem diety komórek nowotworowych. Globalne ocieplenie i rozwój archeologiczny powoduje indukcję HIF alfa. HIF alfa indukuje wzrost nowotworu. HIF alfa zwiększa również glikolizę. Ale indukowana przez archeologów HIF alfa indukuje również reduktazę aldozy, która przekształca glukozę w fruktozę, a metabolizm przebiega wzdłuż szlaku fruktolitycznego. Fruktosylacja enzymów glikolitycznych zatrzymuje glikolizę. Fruktosylacja mitochondrialnej heksokinazy porowej PT może prowadzić do dysfunkcji porów PT i proliferacji komórek. Szlak fruktolityczny jest głównym szlakiem energetycznym dla szybko rozmnażających się komórek nowotworowych, komórek płodowych i komórek macierzystych. Globalne ocieplenie powoduje powstanie fenotypu Warburga odmiany fruktolitycznej.

Prowadzi to do epidemii raka. Istnieje epidemia raka w związku z globalnym ociepleniem. Szlak fruktolityczny może prowadzić do zwiększonej syntezy DNA i RNA w wyniku przepływu przez szlak fosforanu pentosu. Szlak fruktolityczny może być skierowany do bocznicy GABA generującej sukcynyl CoA i glicynę. Są to substraty dla szablonów porfirynowych do tworzenia wiroidów RNA. Indukowane przez archeologa naprężenia redoks mogą indukować endogenną ekspresję HERV i odwrotną ekspresję transkryptazy. Wiroidy RNA są przekształcane przez odwróconą transkryptazę HERV na odpowiadające im DNA i integrowane z genomem przez integrase HERV. Zintegrowane DNA związane z wiroidami RNA może funkcjonować jako przeskakujące geny produkujące plastyczność genomową i zmiany genomowe.

Fruktoza, jak wspomniano wcześniej, indukuje zależny od tiaminy strumień transketolazy. Zwiększa on zarówno oksydacyjną jak i nieoksydacyjną drogę fosforanu pentozy. Zwiększa to syntezę kwasów nukleinowych i glikozaminoglikanów. Fruktoza jest przekształcana w 1-fosforan fruktozy, na który działa aldolaza B, przekształcając go w aldehyd glikeraldehyd i fosforan dihydroksyoctonu. Aldehyd glikeraldehyd jest przekształcany na 3-fosforan glikeraldehydu za pomocą triokinazy. DHAP może być przekształcany na 3-fosforan gliceraldehydu za pomocą enzymu izomerazy fosforanu triozy. 3-fosforan gliceraldehydu może być przekształcany w pirogronian. Ten pirogronian może być kierowany do glukoneogenezy i magazynowania glikogenu poprzez działanie enzymu pirogronianu karboksylazy. Powoduje to konwersję 3-fosforanu gliceraldehydu do pirogronianu i poprzez pirogronian karboksylazy do 1-fosforanu glukozy. Glukozowy 1-fosforan jest przekształcany w polimery glikogenu. W ten sposób fruktoliza powoduje magazynowanie glikogenu. Wytworzony w procesie fruktolizy pirogronian jest przekształcany w glutaminian, który może dostać się do szlaku bocznicowego GABA. Ścieżka bocznicowa GABA generuje glicynę i sukcynyl CoA, które są substratami do syntezy ALA. W ten sposób fruktoliza stymuluje syntezę porfiryn. Porfiryny mogą się samodzielnie organizować tworząc nadcząsteczkowe tablice zwane porfirynami. Porfiryny mogą się samoczynnie replikować, wykorzystując inne porfiryny jako szablony. Porfiryny mogą mieć syntezę energetyczną i ATP poprzez transport elektronowy lub fotonowy. Porphyriony są cząsteczkami dipolarnymi, a w otoczeniu digoksyny indukowanej błoną sodowo-potasową inhibicja ATPazy potasowej może generować pompowany układ fononowy indukowany stanem kwantowym i postrzeganiem kwantowym. Mogą one funkcjonować jako komputery kwantowe z możliwością przechowywania informacji. Porfiryny są podstawowymi, samoreplikującymi się żywymi strukturami.

Porfiryny mogą działać jako szablon do tworzenia RNA, DNA i białek. Wiroidy RNA, wiroidy DNA i białka generowane przez abiogenezę na szablonach porfiryn mogą się same organizować tworząc prymitywne archaiki. W ten sposób archaiki są zdolne do abiogenicznej replikacji na szablonach porfirynowych. Archaiki mogą indukować HIF alfa i dalszą indukcję reduktazy aldozowej promującej fruktolizę.

Fruktoza jest substancją uzależniającą. Fruktoza działa na ośrodki hedoniczne w mózgu z przyjemnością i satysfakcją. W skali uzależnienia fruktoza jest bardziej uzależniająca niż kokaina i konopie indyjskie. Fruktoza obniża BDNF. Niski poziom BDNF powoduje zmiany w mózgu, które prowadzą do schizofrenii i depresji. Fruktoza może również produkować przewlekłe zapalenie związane z schizofrenią. Droga fruktolityczna jest ważne w genezie zaburzeń psychicznych. Zwiększona fruktoliza może prowadzić do fruktosylacji lipoprotein, zwłaszcza apoproteiny E i apoproteiny B. Apo B może ulegać fruktosylacji lizyny prowadzącej do wadliwego wychwytywania LDL i cholesterolu przez mózg. Prowadzi to do autyzmu i schizofrenii. Fruktoliza prowadzi do obniżenia poziomu cholesterolu w mózgu. Cholesterol jest niezbędny do tworzenia się połączeń synaptycznych i kory mózgowej. Prowadzi to do zaniku kory mózgowej i dominacji w mózgu w obecności zubożenia cholesterolu. Może to przyczynić się do powstania mózgowego zespołu poznawczo - afektywnego, będącego podstawą schizofrenii i autyzmu. Istnieje epidemia schizofrenii i autyzmu korelujące z globalnym ociepleniem. Fruktosylacja LDL i obniżenie poziomu cholesterolu w mózgu może prowadzić do dysfunkcji transportu synaptycznego. Istnieje więcej uwalniania glutaminianu do synaptyki z neuronu presynaptycznego w wyniku dysfunkcji błony presynaptycznej neuronu w wyniku wyczerpania cholesterolu. Przyczynia się to do ekscytotoksyczności glutaminianu. Ekscytotoksyczność glutaminianu może przyczyniać się do zwyrodnienia neuronów. Fruktoza może również powodować niedobór cynku. Zwiększone spożycie fruktozy powoduje zubożenie cynku, co prowadzi do wadliwego tworzenia się metalotionin, które prowadzą do wadliwego wydalania metali ciężkich. Prowadzi to do toksyczności rtęci, kadmu i glinu w mózgu, co prowadzi do zaburzeń psychicznych, takich jak autyzm i zwyrodnienia takie jak choroba Alzheimera. Niedobór cynku wynikający z nadmiaru fruktozy może prowadzić do nadmiaru miedzi. Neurony zawierające cynk w korze mózgowej nazywane są neuronami gluzinergicznymi. Kora mózgowa, zwłaszcza kora przedczołowa, zaniknie, powodując dominację pnia mózgu i pnia mózgu. Miedź jest niezbędna do dominacji podkorowych struktur poznawczych. Spożycie fruktozy może również prowadzić do niedoboru wapnia, który może produkować wadliwy sygnał wapniowy. Spożycie fruktozy prowadzi do fruktolizy i powstawania reaktywnych gatunków 3-deoksyglukozonu, ważnych w dotarciu do krzyżówki i fruktozylacji białek neuronalnych, co prowadzi do ich wadliwego działania. Zaburzenia neuropsychiatryczne i neurodegeneracyjne można określić jako choroby fruktozowe. Topiramat analogu fruktozy jest stosowany w leczeniu chorób neuronów ruchowych. Mutacja aldolazy B dwufosforanowej fruktozy występuje w schizofrenii, zaburzeniach dwubiegunowych i depresji. W schizofrenii obserwowano zaburzenia 6-fosphofrukto 2-kinazy i 2,6-bifosfotazy fruktozowej. Zaburzenia metabolizmu fruktozy stwierdzono w schizofrenii, psychozie depresyjnej maniakalnej i autyzmie. Fruktoza hamuje plastyczność mózgu. Fruktoza hamuje zdolność neuronów do komunikacji ze sobą. Okablowanie i ponowne okablowanie neuronów jest zahamowane. Fruktoza prowadzi do zespołu odłączenia neuronów.

Fruktoza może zwiększać strumień na drodze fosforanu pentozowego i heksozaminy, prowadząc do syntezy glikozaminoglikanów. Nagromadzenie glikozaminoglikanu w tkankach może prowadzić do mukopolisacharydozy i zwłóknienia. Zwiększone nagromadzenie siarczanu heparyny w mózgu prowadzi do tworzenia się płytek amyloidowych i choroby Alzheimera. Nagromadzenie tkanki łącznej w płucach prowadzi do choroby śródmiąższowej płuc, w nerkach powoduje zanik cewek i przewlekłą niewydolność nerek podobną do nefropatii mezo-amerykańskiej. Nagromadzenie tkanki łącznej w sercu może prowadzić do kardiomiopatii restrykcyjnej. Nagromadzenie GAG, zwłaszcza kwasu hialuronowego w kościach i stawach, prowadzi do choroby zwyrodnieniowej stawów i spondylozy. Nagromadzenie GAG w narządach hormonalnych może powodować dysfunkcję tarczycy, prowadzącą do powstania MNG i zapalenia tarczycy, dysfunkcję trzustki powodującą przewlekłe wapniowe zapalenie trzustki oraz dysfunkcję nadnerczy powodującą hipoadrenalię. Nagromadzenie GAG w tkankach naczyniowych może prowadzić do angiopatii śluzówkowej przyczyniającej się do choroby wieńcowej i udaru mózgu. Nagromadzenie lipidów na drodze fruktolitycznej wraz z glikozaminoglikanami może prowadzić do stłuszczenia wątroby. Może to później prowadzić do marskości wątroby. Fruktoza jest głównym winowajcą wątroby tłustej i marskości wątroby. Glicyna syntetyzowana z fruktolitycznego pośredniego fosfogliceryanu może odgrywać rolę hamującą wątrobę tłuszczową. Istnieje epidemia przewlekłej niewydolności nerek spowodowanej zwłóknieniem rurkowym, angiopatycznymi chorobami naczyń śluzowych, kardiomiopatią, mnogimi niewydolnościami hormonalnymi, marskością wątroby, śródmiąższową chorobą płuc, zwyrodnieniowymi chorobami kości i stawów oraz zwyrodnieniowymi chorobami mózgu, takimi jak choroba Alzheimera i choroba Parkinsona, będącymi konsekwencją globalnego ocieplenia.

Fruktoza jest fosforylowana do 1-fosforanu fruktozy przez ketoheksokinazę C lub fruktokinazę. Fruktoza 1-fosforan jest przekształcany do gliceraldehydu, który następnie jest przekształcany do 3-fosforanu gliceraldehydu i fosforanu dihydroksyoctonu (DHAP). Fruktoza 1-fosforan jest rozszczepiany do DHAP i 3-fosforanu gliceraldehydu. DHAP może wchodzić w drogę glikolityczną lub przechodzić w drogę glukoneogenetyczną. DHAP generowane z 1-fosforanu fruktozy pod wpływem działania aldolazy B jest aktywowane przez izomerazę fosforanu triozy przekształcającą go w 3-fosforan gliceraldehydu. 3-fosforan gliceraldehydu może być fruktolizowany do pirogronianu i acetylu CoA. Acetyl CoA może być używany do syntezy cholesterolu do przechowywania. Pirogronian wytworzony z 3-fosforanu gliceraldehydu może być przekształcony w cytrynian, który może być wykorzystany do syntezy kwasu tłuszczowego poprzez działanie enzymów: karboksylazy acetylo CoA, syntazy kwasu tłuszczowego i dehydrogenazy malonowej. Gliceraldehyd jest aktywowany przez dehydrogenazę alkoholową, która przekształca go w glicerol. Glicerol jest aktywowany przez glicerolalkinazę, która przekształca go w fosforan glicerolu używany do syntezy fosfoglicerydów i triglicerydów. Gliceraldehyd może być również aktywowany przez triokinazę, przekształcając go w 3-fosforan gliceraldehydu, który następnie jest przekształcany do DHAP przez izomerazę fosforanu triozy. Fosforan glicerynowy i fosforan dihydroksy acetonowy są wzajemnie konwertowalne pod wpływem działania enzymu dehydrogenazy fosforanu glicerolu. Glicerol i kwasy tłuszczowe wytwarzane w procesie fruktolizy przyczyniają się do syntezy lipidów i magazynowania tłuszczu. Fruktoza nie zwiększa wydzielania insuliny i nie potrzebuje jej do transportu do komórki. Fruktoza jest transportowana przez transporter fruktozy GLUT-5. Ketoheksokinaza C występuje wyłącznie w wątrobie, która jest głównym miejscem metabolizmu fruktozy. W obecności hipoksji i stanów beztlenowych dochodzi do indukcji HIF alfa, która może indukować ketoheksokinazę C lub fruktokinazę w wątrobie, nerkach, przewodzie pokarmowym, mózgu i sercu. Fruktoza 1-fosforanowa omija enzym fosfostruktokinazy, który jest kluczowym enzymem regulacyjnym szlaku glikolitycznego. Fosphofruktokinaza jest hamowana przez ATP i cytrynian. Dlatego też fruktoliza wywołana stresem jest szlakiem nieregulowanym, który nie jest podatny na zmiany metaboliczne. Fruktoza nie jest uzależniona od insuliny w zakresie jej transportu i fruktolizy. Dlatego też fruktoliza nie jest pod kontrolą insuliny ani hormonalną. Jest to szlak nieuregulowany.

Fosforylacja fruktozy wyczerpuje komórkę ATP. Ketoheksokinazy uprzywilejowują fruktozę w stosunku do glukozy, jeśli jest ona dostępna. W obecności stresu redoksowego, stresu osmotycznego i archaicznych/wirusów aldoza reduktaza jest indukowana przekształcając całą glukozę w fruktozę. Szlak glikolityczny zostaje zatrzymany, ponieważ nie jest dostępny ATP do fosforylacji glukozy, a glukoza jako taka zostaje przekształcona w fruktozę. Fosforylacja fruktozy wyczerpuje komórki ATP. ATP jest przekształcany w ADP i AMP, który jest skażony do produkcji kwasu moczowego. Fruktoza zwiększa strumień w drodze fosforanu pentozy, zwiększając syntezę kwasu nukleinowego. Degradacja purynu prowadzi do hiperurykemii. Fruktoliza powoduje więc wzrost odkładania się kwasu moczowego w organizmie. Kwas moczowy hamuje fosforylację oksydacyjną mitochondriów, a także powoduje dysfunkcję śródbłonka. Wyczerpanie ATP przez fosforylację fruktozową powoduje zahamowanie błonowej ATPazy potasowo-sodowej. Powoduje to zmniejszenie zapotrzebowania energetycznego komórki, ponieważ 80 procent ATP generowanego przez metabolizm jest wykorzystywane do utrzymania pompy sodowo-potasowej. Powoduje to zahamowanie ATPazy błonowej generowanej w stanie hibernacji. Trójfosforan gliceraldehydu generowany w procesie fruktolizy może być przekształcony w pirogronian i acetyl CoA wykorzystywane do syntezy cholesterolu. Zsyntetyzowany cholesterol jest wykorzystywany do syntezy digoksyny. Digoksyna posiada również część aglikonową, która zawiera cukry takie jak digitoksoza i ramnoza. Digitoksyna i ramnoza są generowane przez strumień indukowany przez fruktozę i ulepszenie szlaku fosforanu pentozowego. W ten sposób fruktoliza powoduje stan hiperdigoksynowy i hamowanie ATPazy potasowej sodowej. Prowadzi to do ochrony komórek i hibernacji.

Fruktoza wytwarza strumień na drodze fosforanu pentozowego i heksozaminy. Prowadzi to do syntezy GAG i kwasu nukleinowego. Fruktoza jest przekształcana na 1-fosforan fruktozy, który następnie jest przekształcany na 5-fosforan rybulozy. 5-fosforan rybulozy jest aktywowany przez izomerazę przekształcającą go w 5-fosforan ksylulozy i 5-fosforan rybulozy. 5-fosforan ksylulozy i 5-fosforan rybozy oddziałują na siebie, wytwarzając 3-fosforan gliceraldehydu i 7-fosforan sedoheptulozy, który następnie jest przekształcany w 6-fosforan fruktozy i 4-fosforan erytrozy. Droga fosforanu pentozy generuje rybozę do syntezy kwasu nukleinowego. Ścieżka ta generuje również heksozaminy do syntezy GAG. Ścieżka fosforanu pentosu generuje również cyfoksozę i ramnozę do syntezy digoksyny.

Globalne ocieplenie powoduje endosymbiotyczny wzrost archeologiczny. Archaea może indukować reduktazę aldozową, która przekształca glukozę w fruktozę. Fruktoliza promuje strumień na drodze fosforanu pentosu, generując kwasy nukleinowe i glikozaminoglikany. Fruktoliza generuje również 3-fosforan gliceraldehydu i dalszy pirogronian. Pirogronian może wejść w schemat pirogronianowej karboksylazy, generując glukoneogenezę i syntezę glikogenu. W ten sposób fruktoliza może doprowadzić do zmagazynowania glikogenu. Pirogronian może być przekształcony w cytrynian do syntezy lipidów. Pirogronian może być również przekształcony do acetylo CoA w celu syntezy cholesterolu. Strumień na drodze fosforanu pentozowego generuje cukry digoksynowe, cyfoksydę i ramnozę. Cholesterol może być przekształcony w digoksynę, tworząc stan hiperdigoksynowy. Digoksyna wytwarza błonową inhibicję ATPazy potasowo-sodowej. Selektywna fosforylacja fruktozy przez fruktokinazę powoduje zubożenie komórki ATP produkującej membranową inhibicję ATPazy sodowo-potasowej. Prowadzi to do wytworzenia stanu hibernacji. Wytworzony w wyniku fruktolizy pirogronian może zostać przekształcony w glutaminian, który może dostać się do szlaku bocznicowego GABA produkując sukcynyl CoA i glicynę do syntezy porfiryn. Porfiryny mogą tworzyć samoreplikujące się porfiryny lub pełnić rolę wzorca do tworzenia wiroidów RNA, wiroidów DNA i prionów, które mogą symbiotycznie tworzyć archaiki. W ten sposób archaiki są zdolne do samoreplikacji na szablonach porfiryn. Fruktoliza powoduje tym samym powstanie zespołu hibernacji z syntezą i przechowywaniem tłuszczu, glikogenu i kwasu nukleinowego. W wyniku fruktolizy powstaje gatunek hibernacyjny, homo neandertalczyk. Fruktoliza generuje błonowe inhibicje ATPazy potasowo-sodowej, co prowadzi do hibernacji komórek i oszczędzania ATP. Brak inhibicji ATP i digoksyny indukowanej błonową inhibicją ATPazy sodowo-potasowej powoduje zahamowanie korowe i dominację móżdżku. Powoduje to stan somnolentny i zaburzenia poznawcze móżdżku. Porfiriony generowane przez fruktolizę wytwarzają postrzeganie kwantowe i dominację w móżdżku. Magazynowanie glikogenu, tłuszczu i GAG prowadzi do otyłości. Mózgowy zespół afektywno-naukowy prowadzi do stanu hiperseksalnego. Fruktoliza i fruktoza mogą aktywować NFKB wytwarzając aktywację immunologiczną. Fruktozylacja białek glikolitycznych i mitochondrialnych hamuje normalną energię organizmu, która zależy od glikolizy i mitochondrialnej fosforylacji oksydacyjnej. Fruktosylacja białek prowadzi do blokady glikolizy i fosforylacji oksydacyjnej mitochondriów. Potrzeby energetyczne organizmu są generowane przez fruktolizę, łańcuch transportu elektronów za pośrednictwem macierzy porfirynowej i syntezę ATP oraz błonową inhibicję ATPaz potasowo-potasowej zależności ATP. W ten sposób powstaje nowy gatunek w wyniku symbiozy archeologicznej, będącej konsekwencją globalnego ocieplenia - homo neandertalis. Można to nazwać tropikalnym zespołem hibernacyjnym będącym konsekwencją globalnego ocieplenia.

**Endosymbiotyczne archaiki, wiroidy RNA, amyloid i choroba prionowa**

Rosnący wzrost archaiki powoduje zwiększenie wydzielania wiroidów RNA. Mogą one zakłócać funkcję mRNA i zaburzać metabolizm komórkowy. Dzieje się tak za sprawą mechanizmu blokady mRNA. Wiroidalne RNA może łączyć się z białkami wytwarzającymi białka prionowe. W ten sposób powstaje defekt konformacji białek. Prowadzi to do choroby białek prionowych. Nieprawidłowa konformacja białek beta amyloidu, alfa synukleiny, rybonukleoprotein, polipeptydu amyloidowego związanego z wysepką i białka tłumiącego nowotwory może prowadzić do epidemii choroby Alzheimera z powodu nagromadzenia beta amyloidu, nagromadzenia alfa synukleiny produkującej chorobę Parkinsona, prionów takich jak rybonukleoproteiny produkujące motoryczną chorobę neuronową, zespołu metabolicznego X z powodu wadliwego wydzielania insuliny w wyniku IAPP i nieprawidłowego prionowego białka tłumiącego nowotwory. Te choroby prionowe wywołane przez wiroidy RNA są również zakaźne. Tak więc fruktoliza związana z globalnym ociepleniem prowadzi do indukowanej przez archealne wiroidalne RNA choroby prionowej i amyloidozy. Podnosi to spektakl syndromu wymierania człowieka Cassandry.

**Globalne ocieplenie, choroba fruktozowa i zespół hibernacji**

Można to nazwać również chorobą fruktozową. Endosymbiotyczne archaiki i wiroidy indukują reduktazę aldozową i przekształcają glukozę w fruktozę, prowadząc do uprzywilejowanej fosforylacji fruktozy przez ketoheksokinazę C. Fruktoliza powoduje, że aldolaza B oddziałuje na 1-fosforan fruktozy, tworząc gliceraldehyd i fosforan dihydroksy acetonu. Aldehyd glikeraldehyd może być przekształcony w 3-fosforan glikeraldehydu, co przyczynia się do powstania pirogronianu. Pirogronian przedostaje się do bocznicy GABA powodując powstawanie sukcynylu CoA i glicyny. Są one substratami do syntezy porfiryn i tworzenia porfiryn. Porfiryny stanowią wzorzec dla tworzenia się wiroidów RNA, wiroidów DNA, prionów, izoprenoidów i polisacharydów. Mogą one symbiozować ze sobą tworząc prymitywne archaiki. Archaiki mogą dalej indukować HIF alfa, reduktazę aldozową i fruktolizę, prowadząc do dalszej porfirynogenezy i samoreplikacji archaicznej. W wyniku metanogenezy archaiki przyczyniają się do globalnego ocieplenia, które prowadzi do dalszego rozwoju archaiki i błędnego cyklu bez zmian regulacyjnych. Droga fruktolityczna indukowana przez archaiczne omija regulacyjny enzym fosfhofruktokinazy i jest praktycznie nieregulowana. Szlak fruktolityczny przyczynia się do syntezy i przechowywania glikogenu, lipidów, cholesterolu, cukrów heksozowych i mukopolisacharydów. Prowadzi to do stanu hibernacji i zmiany gatunkowej wywołanej symbiozą archeologiczną, co prowadzi do neandertalizacji gatunku homo sapien. Zubożenie ATP wywołane digoksyną i fosforylacją fruktozową prowadzi do zahamowania błonowej ATPazy sodowo-potasowej, oszczędzania ATP i hibernacji tkankowej, ponieważ większość potrzeb energetycznych organizmu jest przeznaczona na pracę pompy sodowo-potasowej. Cholesterol syntetyzowany przez fruktolizę to katabolizowane oksydazy cholesterolowe dla archeologicznych energetyków. Archaea czerpie swoją energię również z prymitywnej formy łańcucha transportu elektronów, funkcjonującego w samoreplikujących się porfirynowych tablicach. Indukowane przez archeologiczną digoksynę inhibicje ATPazy potasowo-sodowej mogą prowadzić do błonowej syntezy ATP. Archaiczne archaiki i nowy fenotyp gatunku ludzkiego czerpią energię z tego mechanizmu. Enzymy glikolityczne i mitochondrialna heksokinaza porowa PT są fruktozylowane, co powoduje ich dysfunkcję. Fruktozylowane enzymy glikolityczne prowadzą do powstawania przeciwciał antyglikolitycznych i stanów chorobowych. Podstawowa metoda energetyczna organizmu ludzkiego polegająca na glikolizie tkankowej i fosforylacji oksydacyjnej zostaje zatrzymana. Organizm ludzki zostaje przejęty przez zarastające archaiki endosymbiotyczne i przechodzi w stan hibernacji z gromadzeniem się glikogenu, lipidów, mukopolisacharydów i kwasów nukleinowych. Zatrzymują się drogi kataboliczne do generowania energii związanej z glukozą, glikolizą i schematem oxphos. Organizm ludzki może być uzależniony od ketogenezy z tłuszczu i białek. Ścieżka fruktolityczna w górę generuje fosfoglicerynę, która przekształca się w fosfoserynę i glicynę. Mogą być one przekształcane na inne aminokwasy i wykorzystywane do ketogenezy. W organizmie zakłada się wysoki wskaźnik BMI i otyłość z trzewnym przechowywaniem tłuszczu i otyłością zbliżoną do neandertalskiego fenotypu metabolicznego. Indukowane digoksyną błonowe inhibicje ATPazy potasowo-sodowej prowadzą do dysfunkcji korowej. Porfiryny mózgowe mogą tworzyć ilościowo przepompowywany układ fononowy, co prowadzi do ilościowej percepcji i niskiego poziomu absorpcji EMF. Prowadzi to do zaniku kory przedczołowej i dominacji kory mózgowej. Fruktoza sama w sobie prowadzi do nadpobudliwości współczulnej i blokady przywspółczulnej. Prowadzi to do funkcjonalnej formy poznania móżdżku i percepcji kwantowej, w wyniku czego powstaje nowy fenotyp mózgu. Mózgowy zespół poznawczy prowadzi do zrobotyzowanego fenotypu człowieka. Fenotyp ten jest impulsywny, ma postrzeganie pozazmysłowe i mniej produkuje mowę. Komunikacja odbywa się za pomocą symbolicznych aktów. Fenotyp móżdżku nie ma kontroli korowej i przyczynia się do powstawania surrealistycznych wzorców zachowań. Powoduje to impulsywne zachowania i epidemię surrealizmu, gdzie racjonalna kora przedczołowa wymiera. Prowadzi to do skrajności duchowości, agresywnych i terrorystycznych zachowań oraz stanów hiperseksalnych przyczyniających się do stanu transcendencji podkreślonego i wzmocnionego przez percepcję kwantową. Fenotyp Cerebellar, dzięki swojemu postrzeganiu kwantowemu, zachowuje się jak wspólnota, a nie jak jednostka. W ten sposób powstają nowe fenotypy społeczne i psychologiczne. Fruktoza indukuje NFKB i aktywację immunologiczną. Powoduje to aktywację immunologiczną fenotypu. Komórki T-reg hodowane na diecie o wysokiej zawartości fruktozy mają 62% mniejsze wydzielanie IL-40 niż komórki kontrolne. Prowadzi to do stanu hiperimmunologicznego, w którym białka fruktozylowane działają jak antygeny. Droga fruktolityczna może prowadzić do zwiększonej syntezy DNA i RNA w wyniku przepływu przez szlak fosforanu pentozy. Szlak fruktolityczny może być skierowany do bocznicy GABA generującej sukcynyl CoA i glicynę. Są to substraty dla szablonów porfirynowych do tworzenia wiroidów RNA. Indukowane przez archeologa naprężenia redoks mogą indukować endogenną ekspresję HERV i odwrotną ekspresję transkryptazy. Wiroidy RNA są przekształcane przez odwróconą transkryptazę HERV na odpowiadające im DNA i integrowane z genomem przez integrase HERV. Zintegrowane DNA związane z wiroidami RNA może funkcjonować jako przeskakujące geny produkujące plastyczność genomową i zmiany genomowe. W ten sposób powstaje nowy genotyp. Fruktozylacja białek i enzymów w organizmie powoduje defekt przetwarzania białek, który prowadzi do utraty funkcji białka. Fruktozylacja białek, defekty w przetwarzaniu białek i defekty konformacji białek zatrzymują funkcję komórek ludzkich. Ścieżka fruktolityczna generuje porfirynowe tablice indukujące produkcję ATP, błonowe hamowanie syntezy ATP potasowo-sodowej ATP indukujące syntezę ATP i generowanie ATP indukujące fruktolizę. Dostarcza to energii do replikacji wzorca porfirynowego indukowanego przez archeologów. Zubożenie ATP wywołane digoksyną i fosforylacją fruktozową powoduje zahamowanie błony komórkowej ATPazy sodowo-potasowej i stan hibernacji. Prowadzi to do somnolentnego stanu senności. Katabolizm cholesterolu przez oksydazy cholesterolowe dla archeologicznych energetyków prowadzi do wadliwej syntezy hormonów płciowych. To prowadzi do aseksualnego stanu androgynicznego. Mózgowy zespół poznawczy spowodowany przedczołowym zanikiem korowym wynikającym z porfirii wywołanej niskim poziomem percepcji EMF wytwarza stan hiperseksalny. Prowadzi to do zrównania płci męskiej i żeńskiej oraz zmian w zachowaniach seksualnych populacji. Tak więc choroba fruktozowa będąca następstwem globalnego ocieplenia powoduje powstanie nowego fenotypu neuronalnego, odpornościowego, metabolicznego, seksualnego i społecznego. Organizm ludzki zostaje przekształcony w zombie, aby związane z globalnym ociepleniem archaiki endosymbiotyczne mogły się rozwijać. Fenotyp neuronalny, metaboliczny, seksualny i społeczny tworzy niezbędne środowisko endosymbiotycznego namnażania się archaicznego, a organizm ludzki zostaje przekształcony w fenotyp zombie. Można to nazwać syndromem hibernacji zombie. Ze względu na nowy seksualny i społeczny fenotyp z bezpłciowością i hiperseksualnością oraz równouprawnieniem płci żeńskiej i męskiej populacja ludzka spada. Globalne ocieplenie i archeologiczna indukcja HIF alfa, której wynikiem jest fenotyp Warburga, prowadzi do zmian w schemacie metabolicznym komórek produkujących komórki ciała, które przekształcają się w komórki macierzyste. Komórki macierzyste uzależnione są od glikolizy lub fruktolizy na potrzeby energetyczne. Fenotyp Warburga wytwarza kwaśne pH, które może prowadzić do przemiany komórek ciała w komórki macierzyste. Konwersja komórek macierzystych prowadzi do utraty funkcji tkanek. Połączenie synaptyczne kory mózgowej zostaje utracone i staje się dysfunkcją prowadzącą do podkorowej dominacji móżdżku. Odporne komórki macierzyste proliferują produkując chorobę autoimmunologiczną. Różne komórki tkankowe wyspecjalizowana funkcja jak neuron, nefron i komórka mięśniowa wszystko z powodu konwersji komórek macierzystych staje się dysfunkcyjna. W ten sposób powstaje zespół komórek macierzystych, w którym ludzkie komórki somatyczne są przekształcane w komórki macierzyste z utratą funkcji i niekontrolowaną proliferacją. Fruktozylacja białek prowadzi do zaburzeń funkcji białka. Fruktozylacja LDL prowadzi do wadliwego transportu cholesterolu do komórek. Prowadzi to do defektów w syntezie hormonów steroidowych. Cholesterol jest niezbędny do tworzenia się połączeń synaptycznych, co prowadzi do dysfunkcji kory mózgowej. Hemoglobina ulega fruktozylowaniu i wpływa na transport tlenu. Prowadzi to do niedotlenienia i stanów anerobowych. Hipoksja i stany beztlenowe wywołują HIF alfa i fenotyp fruktolityczny Warburga. HIF alfa indukuje również reduktazę aldozową przekształcającą glukozę w fruktozę i indukującą schemat fruktolityczny. Fruktoliza indukuje ścieżkę bocznicową GABA i syntezę porfiryn, co skutkuje dalszą, archeologiczną replikacją wzorca porfiryny. Powoduje to dalszą archektolizę fruktolizującą i kontynuację błędnego, nieodwracalnego cyklu. Niekontrolowany wzrost archaiki prowadzi do dalszego globalnego ocieplenia. Świat endosymbiotycznych, wiecznych archaicznych archaicznych przejmuje i utrzymuje się podczas ekstremalnych zmian klimatycznych globalnego ocieplenia. Istota ludzka istnieje jako neandertalskie zombie służące mnożeniu archaicznemu. Homo sapiens zostaje przekształcony w nowy fenotyp, genotyp, immunotyp, typ metaboliczny i typ mózgu. Nazywa się to hibernacyjnym zombie związanym z globalnym ociepleniem - homo neoneandertalczykiem.

**Tabela 1. Metabolizm fruktozowy w stanach chorobowych**

| | Serum fruktoza | | Serum fruktokinazy | | Aldolaza B | | Ogółem GAG | |
|---|---|---|---|---|---|---|---|---|
| | **Mean** | **± SD** | **Mean** | **± SD** | **Mean** | **± SD** | **Mean** | **± SD** |
| Normalny | 2.50 | 0.195 | 8.5 | 0.405 | 3.50 | 1.304 | 3.50 | 0.707 |
| Sy X | 21.20 | 5.201 | 18.91 | 2.942 | 8.01 | 1.244 | 18.46 | 4.623 |
| CAD | 31.40 | 3.212 | 21.18 | 2.267 | 9.02 | 0.667 | 21.41 | 1.653 |
| CVA | 29.98 | 4.002 | 24.96 | 3.829 | 11.72 | 1.397 | 21.65 | 2.755 |
| DCM/EMF | 32.04 | 4.955 | 21.37 | 2.050 | 10.89 | 1.344 | 20.12 | 2.855 |
| Tumour | 27.94 | 3.732 | 22.29 | 1.237 | 9.46 | 1.386 | 20.89 | 1.651 |
| Schizo | 31.14 | 4.446 | 22.19 | 2.634 | 11.63 | 3.081 | 21.50 | 1.714 |
| Autyzm | 28.66 | 5.089 | 24.09 | 2.146 | 12.30 | 1.621 | 22.60 | 3.054 |
| AD | 33.13 | 2.754 | 19.87 | 1.646 | 11.37 | 1.406 | 22.97 | 3.662 |
| PD | 30.24 | 4.551 | 22.72 | 1.955 | 11.93 | 2.999 | 20.13 | 1.507 |
| MS | 29.88 | 5.150 | 22.29 | 1.641 | 10.87 | 1.895 | 23.47 | 2.878 |
| Lupus | 33.11 | 4.509 | 20.24 | 1.639 | 11.59 | 0.767 | 20.62 | 3.504 |
| CRF | 30.24 | 3.209 | 22.52 | 3.196 | 11.76 | 1.596 | 20.55 | 2.164 |
| ILD | 32.04 | 5.295 | 22.37 | 1.585 | 11.84 | 0.963 | 21.49 | 1.544 |
| COPD | 26.68 | 4.266 | 21.78 | 2.253 | 10.62 | 1.703 | 22.84 | 2.965 |
| BA | 33.59 | 3.938 | 22.45 | 2.472 | 11.30 | 0.783 | 23.50 | 3.225 |
| Marskość wątroby | 32.53 | 6.737 | 23.00 | 1.722 | 10.49 | 1.373 | 20.57 | 1.878 |
| IBD | 31.75 | 5.236 | 21.89 | 2.292 | 11.63 | 1.304 | 22.46 | 4.030 |
| MAO | 31.53 | 4.507 | 22.07 | 2.324 | 11.32 | 1.343 | 23.89 | 2.936 |
| IBS | 29.90 | 4.299 | 22.52 | 1.995 | 10.93 | 1.498 | 22.09 | 2.797 |
| PUD | 32.49 | 6.487 | 21.89 | 3.431 | 10.85 | 1.606 | 25.27 | 3.693 |
| EMF | 30.79 | 4.740 | 21.47 | 3.056 | 11.65 | 1.427 | 20.54 | 2.192 |
| CCP | 31.16 | 3.635 | 22.42 | 3.126 | 10.49 | 1.476 | 17.94 | 2.276 |
| MNG | 32.24 | 5.864 | 20.46 | 2.864 | 9.82 | 1.135 | 21.42 | 2.662 |
| Muc ANG | 30.40 | 6.405 | 23.30 | 4.089 | 11.08 | 1.360 | 22.16 | 3.543 |
| DBJD | 33.06 | 5.970 | 22.42 | 3.714 | 11.21 | 1.660 | 17.76 | 3.556 |
| Spondylosis | 32.70 | 4.430 | 21.92 | 1.840 | 14.10 | 2.423 | 26.80 | 3.679 |
| Wartość F | 17.373 | | 13.973 | | 13.903 | | 21.081 | |
| p wartość | < 0.01 | | < 0.01 | | < 0.01 | | < 0.01 | |

**Tabela 2. Parametry choroby fruktozowej**

| | Razem TG | | Poziomy ATP w surowicy | | Kwas moczowy | | Antyaldolaza | |
|---|---|---|---|---|---|---|---|---|
| | **Mean** | **± SD** | **Mean** | **± SD** | **Mean** | **± SD** | **Mean** | **± SD** |
| Normalny | 124.00 | 3.688 | 2.50 | 0.405 | 5.70 | 0.369 | 7.50 | 1.704 |
| Sy X | 262.40 | 32.790 | 0.82 | 0.143 | 6.21 | 0.452 | 2.20 | 0.583 |
| CAD | 252.44 | 35.388 | 0.85 | 0.085 | 9.00 | 0.485 | 2.23 | 0.567 |
| CVA | 297.64 | 36.410 | 0.79 | 0.081 | 9.34 | 1.641 | 2.02 | 0.303 |
| DCM/EMF | 302.00 | 25.166 | 0.77 | 0.151 | 9.26 | 1.048 | 1.41 | 0.310 |
| Tumour | 277.60 | 34.613 | 0.80 | 0.136 | 7.88 | 0.847 | 1.45 | 0.415 |
| Schizo | 244.00 | 31.383 | 0.72 | 0.102 | 8.65 | 0.701 | 1.35 | 0.319 |
| Autyzm | 284.30 | 19.743 | 0.87 | 0.072 | 8.14 | 0.538 | 1.35 | 0.218 |
| AD | 244.70 | 22.106 | 0.82 | 0.121 | 8.74 | 0.687 | 1.70 | 0.361 |
| PD | 284.30 | 19.945 | 0.83 | 0.090 | 8.90 | 0.579 | 2.03 | 0.232 |
| MS | 289.89 | 23.406 | 0.74 | 0.115 | 9.59 | 0.783 | 1.80 | 0.402 |
| Lupus | 294.00 | 39.903 | 0.78 | 0.161 | 8.34 | 0.712 | 1.81 | 0.691 |
| CRF | 272.10 | 31.057 | 0.86 | 0.101 | 7.76 | 0.798 | 1.67 | 0.363 |
| ILD | 292.10 | 26.337 | 0.78 | 0.135 | 8.40 | 0.442 | 1.72 | 0.360 |
| COPD | 306.40 | 24.419 | 0.74 | 0.136 | 9.62 | 0.952 | 1.63 | 0.440 |
| BA | 293.80 | 31.555 | 0.72 | 0.134 | 9.51 | 1.059 | 2.10 | 0.572 |
| Marskość wątroby | 271.80 | 37.818 | 0.79 | 0.150 | 8.12 | 0.747 | 1.67 | 0.377 |
| IBD | 287.50 | 20.414 | 0.77 | 0.102 | 9.44 | 0.924 | 1.30 | 0.223 |
| MAO | 316.20 | 31.283 | 0.76 | 0.103 | 9.32 | 0.864 | 1.41 | 0.307 |
| IBS | 279.10 | 27.606 | 0.77 | 0.095 | 9.68 | 1.060 | 1.44 | 0.350 |
| PUD | 285.70 | 22.628 | 0.76 | 0.126 | 9.77 | 0.957 | 1.14 | 0.134 |
| EMF | 270.10 | 28.792 | 0.81 | 0.079 | 8.76 | 0.881 | 1.31 | 0.329 |
| CCP | 293.00 | 28.111 | 0.78 | 0.145 | 8.30 | 0.966 | 1.31 | 0.265 |
| MNG | 262.70 | 30.324 | 0.83 | 0.091 | 8.04 | 0.667 | 1.55 | 0.493 |
| Muc ANG | 275.40 | 30.351 | 0.77 | 0.138 | 8.83 | 0.633 | 1.47 | 0.466 |
| DBJD | 282.60 | 27.573 | 0.79 | 0.136 | 8.28 | 0.978 | 1.89 | 0.315 |
| Spondylosis | 295.30 | 16.600 | 0.72 | 0.108 | 10.21 | 1.310 | 1.54 | 0.377 |
| Wartość F | 16.378 | | 59.169 | | 14.166 | | 55.173 | |
| p wartość | < 0.01 | | < 0.01 | | < 0.01 | | < 0.01 | |

**Tabela 3. Przeciwciała antyglikolityczne**

| | Antyenolaza | | Anty-pirwatekinaza | | Anti-GAPDH | |
|---|---|---|---|---|---|---|
| | **Mean** | **± SD** | **Mean** | **± SD** | **Mean** | **± SD** |
| Normalny | 1.50 | 0.358 | 50.40 | 5.960 | 5.20 | 0.363 |
| Sy X | 0.51 | 0.185 | 17.04 | 3.556 | 1.73 | 0.371 |
| CAD | 0.55 | 0.154 | 16.06 | 6.811 | 1.78 | 0.349 |
| CVA | 0.66 | 0.182 | 21.79 | 4.567 | 1.50 | 0.307 |
| DCM/EMF | 0.49 | 0.197 | 18.68 | 4.585 | 1.54 | 0.471 |
| Tumour | 0.42 | 0.182 | 19.93 | 2.421 | 1.39 | 0.253 |
| Schizo | 0.40 | 0.142 | 22.02 | 11.954 | 1.31 | 0.235 |
| Autyzm | 0.20 | 0.060 | 19.27 | 2.201 | 1.20 | 0.205 |
| AD | 0.38 | 0.205 | 18.87 | 3.899 | 1.37 | 0.305 |
| PD | 0.42 | 0.208 | 20.11 | 3.220 | 1.44 | 0.342 |
| MS | 0.39 | 0.124 | 18.93 | 6.447 | 1.78 | 0.355 |
| Lupus | 0.42 | 0.116 | 18.59 | 3.721 | 1.48 | 0.258 |
| CRF | 0.55 | 0.220 | 17.06 | 3.449 | 1.32 | 0.358 |
| ILD | 0.52 | 0.202 | 18.80 | 3.221 | 1.41 | 0.355 |
| COPD | 0.59 | 0.159 | 18.14 | 3.500 | 1.71 | 0.509 |
| BA | 0.36 | 0.177 | 15.33 | 3.212 | 1.72 | 0.277 |
| Marskość wątroby | 0.48 | 0.273 | 18.60 | 2.915 | 1.52 | 0.287 |
| IBD | 0.43 | 0.163 | 17.06 | 4.366 | 1.40 | 0.298 |
| MAO | 0.44 | 0.230 | 19.08 | 3.396 | 1.48 | 0.220 |
| IBS | 0.57 | 0.242 | 19.99 | 2.637 | 1.39 | 0.289 |
| PUD | 0.51 | 0.221 | 20.63 | 5.116 | 1.42 | 0.329 |
| EMF | 0.42 | 0.182 | 14.55 | 3.133 | 1.24 | 0.239 |
| CCP | 0.50 | 0.149 | 17.82 | 2.889 | 1.44 | 0.234 |
| MNG | 0.47 | 0.151 | 17.59 | 2.469 | 1.44 | 0.270 |
| Muc ANG | 0.36 | 0.114 | 18.63 | 3.147 | 1.48 | 0.271 |
| DBJD | 0.54 | 0.211 | 22.48 | 4.638 | 1.33 | 0.302 |
| Spondylosis | 0.40 | 0.134 | 19.91 | 5.099 | 1.49 | 0.282 |
| Wartość F | 14.091 | | 21.073 | | 58.769 | |
| p wartość | < 0.01 | | < 0.01 | | < 0.01 | |

## Referencje


1. Kurup RK, Kurup PA. *Global Warming, Archaea and Viroid Induced Symbiotic Human Evolution and the Fructosoid Organelle*. Nowy Jork: Open Science, 2016.

## ROZDZIAŁ 9

# MIKROBIOLOGIA METABOLICZNA, WIRUSOLOGIA I RETROWIROLOGIA - ENDOSYMBIOTYCZNE ARCHAIKI AKTYNOWCÓW I WIROIDÓW - MODEL ABIOGENEZY I EWOLUCJI WIRUSOWEJ, PROKARIOTALNEJ, EUKARIOTYCZNEJ, NACZELNEJ I LUDZKIEJ

### Wprowadzenie

W pracy przedstawiono hipotezę, że endosymbiotyczne archaiki aktynowców ewoluowały od wczesnych organizmów izoprenoidalnych na drodze abiogenezy. Omówiono aktynidowe archaiki/wiroidowe modele ewolucji prokariotowej, wirusowej, eukariotycznej, naczelnej i ludzkiej. Zwłóknienie śródmięśniowo-sercowe (EMF) wraz z chorobą więdnięcia korzeni kokosa jest endemiczne dla Kerali z jej radioaktywnymi aktynowcami piasków plażowych. Aktynowce jak rutylu produkującego wewnątrzkomórkowego niedoboru magnezu z powodu rutylu-magnezu miejsc wymiany w błonie komórkowej została włączona do etiologii EMF1[,2]. Organizmy takie jak fitoplazmy i wiroidy również okazały się odgrywać rolę w etiologii tych chorób3[,4]. Archaiki aktynowców były związane z patogenezą schizofrenii, nowotworów, zespołu metabolicznego X, choroby autoimmunologicznej i zwyrodnienia neuronów2. Archaiki aktynowców mają szlak mewalonianowy i katabolizm cholesterolowy5-7. Davies zaproponował koncepcję biosfery cieni organizmów z alternatywną biochemią obecną w samej ziemi8. Opisano zależną od aktynowców biosferę cieni archaicznych i wiroidów w wyżej wymienionych stanach chorobowych6. Postuluje się, że aktynowce metalowe w piaskach plażowych odgrywają rolę w abiogenezie6. Do abiogenezy przyczyniłyby się minerały aktynowców, takie jak rutyl, monacyt i illmenit w wyniku metabolizmu powierzchniowego9. Przedstawiono hipotezę o cholesterolu jako pierwotnej prebiotycznej cząsteczce syntetyzowanej na powierzchniach aktynowców z wszystkimi innymi biomolekułami z niego powstającymi oraz o samoodtwarzającym się lipidowym organizmie cholesterolu jako wstępnej formie życia. Aktynowce i wiroidy wyewoluowałyby z prymitywnego organizmu izoprenoidalnego. Postuluje się pochodzenie wirusów, prokariotów, eukariotów, naczelnych i ludzi z pierwotnych izoprenoidalnych organizmów pochodzących z archaicznych archaidów aktynowych.

### Materiały i metody

Uzyskano świadomą zgodę uczestników i zgodę komisji etycznej na przeprowadzenie badania. Badaniami objęto następujące grupy: - włóknienie śródmięśniowe, choroba

Alzheimera, stwardnienie rozsiane, chłoniak nieziarniczy, zespół metaboliczny X z zakrzepicą naczyń mózgowych i chorobą wieńcową, schizofrenia, autyzm, zaburzenia napadowe, choroba Creutzfeldta Jakoba oraz zespół nabytego niedoboru odporności. W każdej grupie znajdowało się 10 pacjentów, a każdy z nich miał dopasowaną do wieku i płci zdrową kontrolę wybraną losowo z populacji ogólnej. Próbki krwi pobierano w stanie postu przed rozpoczęciem leczenia. Zastosowano osocze z krwi heparynizowanej na czczo, a protokół doświadczalny był następujący: - (I) osocze+fosforan buforowany solą fizjologiczną, (II) taki sam jak substrat I+cholesterolowy, (III) taki sam jak II+rutyl 0,1 mg/ml, oraz (IV) taki sam jak II+profloksacyna i doksycyklina, każda w stężeniu 1 mg/ml. Podłoże cholesterolowe zostało przygotowane w sposób opisany przez Richmond10. Pozostałości wycofywano w czasie zerowym bezpośrednio po zmieszaniu i po inkubacji w temperaturze 37 $^{oC}$ przez 1 godzinę. Przeprowadzono następujące oznaczenia: - cytochrom F420, wolne RNA, wolne DNA, kwas muramowy, wielopierścieniowe węglowodory aromatyczne, nadtlenek wodoru, serotonina, pirogronian, amoniak, glutaminian, cytochrom C, heksokinaza, syntaza ATP, reduktaza HMG CoA, digoksyna i kwasy żółciowe11-14. Cytoksymetrię F420 oszacowano mącznikowo (długość fali wzbudzenia 420 nm i długość fali emisji 520 nm). Wielopierścieniowe węglowodory aromatyczne oceniano poprzez pomiar nadtlenku wodoru uwalnianego za pomocą odczynnika glukozowego. Analiza statystyczna została przeprowadzona przez ANOVA.

**Wyniki**

Sprawdzono następujące parametry: - cytochrom F420, wolne RNA, wolne DNA, kwas muramowy, wielopierścieniowe węglowodory aromatyczne, nadtlenek wodoru, serotonina, pirogronian, amoniak, glutaminian, cytochrom C, heksokinaza, syntaza ATP, reduktaza HMG CoA, digoksyna i kwasy żółciowe. W osoczu osób z grupy kontrolnej stwierdzono podwyższony poziom wyżej wymienionych parametrów po inkubacji przez 1 godzinę i dodaniu substratu cholesterolowego, co spowodowało dalszy znaczący wzrost tych parametrów. W osoczu chorych uzyskano podobne wyniki, ale zakres wzrostu był większy. Dodatek antybiotyków do osocza kontrolnego powodował spadek wszystkich parametrów, natomiast dodatek rutylu zwiększał ich poziom. Dodatek antybiotyków do osocza pacjenta spowodował spadek wszystkich parametrów, podczas gdy dodatek rutylu zwiększył ich poziom, ale zakres zmian był większy w osoczu pacjenta w porównaniu z grupą kontrolną. Wyniki są wyrażone w tabelach 1-7 jako procentowa zmiana parametrów po 1 godzinie inkubacji w porównaniu do wartości w czasie zerowym.

**Tabela 1. Wpływ rutylu i antybiotyków na cytochrom F420 i kwas muramowy**

| Grupa | **CYT F420 %** (Zwiększyć za pomocą Rutylu) | | **CYT F420 %** (Zmniejszyć za pomocą Doxy+Cipro) | | **Kwas muramiczny zmiana %** (Zwiększyć za pomocą Rutylu) | | **Kwas muramiczny zmiana %** (Zmniejszyć za pomocą Doxy+Cipro) | |
|---|---|---|---|---|---|---|---|---|
| | **Mean** | **± SD** | **Mean** | **± SD** | **Mean** | **± SD** | **Mean** | **± SD** |
| Normalny | 4.48 | 0.15 | 18.24 | 0.66 | 4.45 | 0.14 | 18.25 | 0.72 |
| Schizo | 23.24 | 2.01 | 58.72 | 7.08 | 23.01 | 1.69 | 59.49 | 4.30 |
| Zajęcie | 23.46 | 1.87 | 59.27 | 8.86 | 22.67 | 2.29 | 57.69 | 5.29 |
| AD | 23.12 | 2.00 | 56.90 | 6.94 | 23.26 | 1.53 | 60.91 | 7.59 |
| MS | 22.12 | 1.81 | 61.33 | 9.82 | 22.83 | 1.78 | 59.84 | 7.62 |
| NHL | 22.79 | 2.13 | 55.90 | 7.29 | 22.84 | 1.42 | 66.07 | 3.78 |
| DM | 22.59 | 1.86 | 57.05 | 8.45 | 23.40 | 1.55 | 65.77 | 5.27 |
| AIDS | 22.29 | 1.66 | 59.02 | 7.50 | 23.23 | 1.97 | 65.89 | 5.05 |
| CJD | 22.06 | 1.61 | 57.81 | 6.04 | 23.46 | 1.91 | 61.56 | 4.61 |
| Autyzm | 21.68 | 1.90 | 57.93 | 9.64 | 22.61 | 1.42 | 64.48 | 6.90 |
| EMF | 22.70 | 1.87 | 60.46 | 8.06 | 23.73 | 1.38 | 65.20 | 6.20 |
| Wartość F | 306.749 | | 130.054 | | 391.318 | | 257.996 | |
| Wartość P | < 0.001 | | < 0.001 | | < 0.001 | | < 0.001 | |

**Tabela 2. Wpływ rutylu i antybiotyków na wolne RNA i DNA**

| Grupa | **DNA % zmiana** (Zwiększyć za pomocą Rutylu) | | **DNA % zmiana** (Zmniejszyć za pomocą Doxy+Cipro) | | **RNA % zmiana** (Zwiększyć za pomocą Rutylu) | | **RNA % zmiana** (Zmniejszyć za pomocą Doxy+Cipro) | |
|---|---|---|---|---|---|---|---|---|
| | **Mean** | **± SD** | **Mean** | **± SD** | **Mean** | **± SD** | **Mean** | **± SD** |
| Normalny | 4.37 | 0.15 | 18.39 | 0.38 | 4.37 | 0.13 | 18.38 | 0.48 |
| Schizo | 23.28 | 1.70 | 61.41 | 3.36 | 23.59 | 1.83 | 65.69 | 3.94 |
| Zajęcie | 23.40 | 1.51 | 63.68 | 4.66 | 23.08 | 1.87 | 65.09 | 3.48 |
| AD | 23.52 | 1.65 | 64.15 | 4.60 | 23.29 | 1.92 | 65.39 | 3.95 |
| MS | 22.62 | 1.38 | 63.82 | 5.53 | 23.29 | 1.98 | 67.46 | 3.96 |
| NHL | 22.42 | 1.99 | 61.14 | 3.47 | 23.78 | 1.20 | 66.90 | 4.10 |
| DM | 23.01 | 1.67 | 65.35 | 3.56 | 23.33 | 1.86 | 66.46 | 3.65 |
| AIDS | 22.56 | 2.46 | 62.70 | 4.53 | 23.32 | 1.74 | 65.67 | 4.16 |
| CJD | 23.30 | 1.42 | 65.07 | 4.95 | 23.11 | 1.52 | 66.68 | 3.97 |
| Autyzm | 22.12 | 2.44 | 63.69 | 5.14 | 23.33 | 1.35 | 66.83 | 3.27 |
| EMF | 22.29 | 2.05 | 58.70 | 7.34 | 22.29 | 2.05 | 67.03 | 5.97 |

| Wartość F | 337.577 | 356.621 | 427.828 | 654.453 |
|---|---|---|---|---|
| Wartość P | < 0.001 | < 0.001 | < 0.001 | < 0.001 |

**Tabela 3. Wpływ rutylu i antybiotyków na reduktazę HMG CoA i syntezę ATP**

| Grupa | **HMG CoA R zmiana %** (Zwiększyć za pomocą Rutylu) | | **HMG CoA R zmiana %** (Zmniejszyć za pomocą Doxy+Cipro) | | **Syntaza ATP %** (Zwiększyć za pomocą Rutylu) | | **Syntaza ATP %** (Zmniejszyć za pomocą Doxy+Cipro) | |
|---|---|---|---|---|---|---|---|---|
| | **Mean** | **± SD** | **Mean** | **± SD** | **Mean** | **± SD** | **Mean** | **± SD** |
| Normalny | 4.30 | 0.20 | 18.35 | 0.35 | 4.40 | 0.11 | 18.78 | 0.11 |
| Schizo | 22.91 | 1.92 | 61.63 | 6.79 | 23.67 | 1.42 | 67.39 | 3.13 |
| Zajęcie | 23.09 | 1.69 | 61.62 | 8.69 | 23.09 | 1.90 | 66.15 | 4.09 |
| AD | 23.43 | 1.68 | 61.68 | 8.32 | 23.58 | 2.08 | 66.21 | 3.69 |
| MS | 23.14 | 1.85 | 59.76 | 4.82 | 23.52 | 1.76 | 67.05 | 3.00 |
| NHL | 22.28 | 1.76 | 61.88 | 6.21 | 24.01 | 1.17 | 66.66 | 3.84 |
| DM | 23.06 | 1.65 | 62.25 | 6.24 | 23.72 | 1.73 | 66.25 | 3.69 |
| AIDS | 22.86 | 2.58 | 66.53 | 5.59 | 23.15 | 1.62 | 66.48 | 4.17 |
| CJD | 22.38 | 2.38 | 60.65 | 5.27 | 23.00 | 1.64 | 66.67 | 4.21 |
| Autyzm | 22.72 | 1.89 | 64.51 | 5.73 | 22.60 | 1.64 | 66.86 | 4.21 |
| EMF | 22.92 | 1.48 | 61.91 | 7.56 | 23.37 | 1.31 | 63.97 | 3.62 |
| Wartość F | 319.332 | | 199.553 | | 449.503 | | 673.081 | |
| Wartość P | < 0.001 | | < 0.001 | | < 0.001 | | < 0.001 | |

**Tabela 4. Wpływ rutylu i antybiotyków na digoksynę i kwasy żółciowe**

| Grupa | **Digoksyna (ng/ml)** (Zwiększyć za pomocą Rutylu) | | **Digoksyna (ng/ml)** (Zmniejszyć za pomocą Doxy+Cipro) | | **Kwasy żółciowe % zmiana** (Zwiększyć za pomocą Rutylu) | | **Kwasy żółciowe % zmiana** (Zmniejszyć za pomocą Doxy+Cipro) | |
|---|---|---|---|---|---|---|---|---|
| | **Mean** | **± SD** | **Mean** | **± SD** | **Mean** | **± SD** | **Mean** | **± SD** |
| Normalny | 0.11 | 0.00 | 0.054 | 0.003 | 4.29 | 0.18 | 18.15 | 0.58 |
| Schizo | 0.55 | 0.06 | 0.219 | 0.043 | 23.20 | 1.87 | 57.04 | 4.27 |
| Zajęcie | 0.51 | 0.05 | 0.199 | 0.027 | 22.61 | 2.22 | 66.62 | 4.99 |
| AD | 0.55 | 0.03 | 0.192 | 0.040 | 22.12 | 2.19 | 62.86 | 6.28 |
| MS | 0.52 | 0.03 | 0.214 | 0.032 | 21.95 | 2.11 | 65.46 | 5.79 |
| NHL | 0.54 | 0.04 | 0.210 | 0.042 | 22.98 | 2.19 | 64.96 | 5.64 |
| DM | 0.47 | 0.04 | 0.202 | 0.025 | 22.87 | 2.58 | 64.51 | 5.93 |
| AIDS | 0.56 | 0.05 | 0.220 | 0.052 | 22.29 | 1.47 | 64.35 | 5.58 |
| CJD | 0.53 | 0.06 | 0.212 | 0.045 | 23.30 | 1.88 | 62.49 | 7.26 |
| Autyzm | 0.53 | 0.08 | 0.205 | 0.041 | 22.21 | 2.04 | 63.84 | 6.16 |
| EMF | 0.51 | 0.05 | 0.213 | 0.033 | 23.41 | 1.41 | 58.70 | 7.34 |
| Wartość F | 135.116 | | 71.706 | | 290.441 | | 203.651 | |
| Wartość P | < 0.001 | | < 0.001 | | < 0.001 | | < 0.001 | |

**Tabela 5. Wpływ rutylu i antybiotyków na pyruwat i heksokinazę**

| Grupa | **Pirwat % zmiana** (Zwiększyć za pomocą Rutylu) | | **Pirwat % zmiana** (Zmniejszyć za pomocą Doxy+Cipro) | | **Heksokinaza zmiana %** (Zwiększyć za pomocą Rutylu) | | **Heksokinaza zmiana %** (Zmniejszyć za pomocą Doxy+Cipro) | |
|---|---|---|---|---|---|---|---|---|
| | **Mean** | **± SD** | **Mean** | **± SD** | **Mean** | **± SD** | **Mean** | **± SD** |
| Normalny | 4.34 | 0.21 | 18.43 | 0.82 | 4.21 | 0.16 | 18.56 | 0.76 |
| Schizo | 20.99 | 1.46 | 61.23 | 9.73 | 23.01 | 2.61 | 65.87 | 5.27 |
| Zajęcie | 20.94 | 1.54 | 62.76 | 8.52 | 23.33 | 1.79 | 62.50 | 5.56 |
| AD | 22.63 | 0.88 | 56.40 | 8.59 | 22.96 | 2.12 | 65.11 | 5.91 |
| MS | 21.59 | 1.23 | 60.28 | 9.22 | 22.81 | 1.91 | 63.47 | 5.81 |
| NHL | 21.19 | 1.61 | 58.57 | 7.47 | 22.53 | 2.41 | 64.29 | 5.44 |
| DM | 20.67 | 1.38 | 58.75 | 8.12 | 23.23 | 1.88 | 65.11 | 5.14 |
| AIDS | 21.21 | 2.36 | 58.73 | 8.10 | 21.11 | 2.25 | 64.20 | 5.38 |
| CJD | 21.07 | 1.79 | 63.90 | 7.13 | 22.47 | 2.17 | 65.97 | 4.62 |
| Autyzm | 21.91 | 1.71 | 58.45 | 6.66 | 22.88 | 1.87 | 65.45 | 5.08 |
| EMF | 22.29 | 2.05 | 62.37 | 5.05 | 21.66 | 1.94 | 67.03 | 5.97 |
| Wartość F | 321.255 | | 115.242 | | 292.065 | | 317.966 | |
| Wartość P | < 0.001 | | < 0.001 | | < 0.001 | | < 0.001 | |

**Tabela 6. Wpływ rutylu i antybiotyków na nadtlenek wodoru oraz kwas delta amino lewulinowy**

| Grupa | **H2O2 %** (Zwiększyć za pomocą Rutylu) | | **H2O2 %** (Zmniejszyć za pomocą Doxy+Cipro) | | **ALA %** (Zwiększyć za pomocą Rutylu) | | **ALA %** (Zmniejszyć za pomocą Doxy+Cipro) | |
|---|---|---|---|---|---|---|---|---|
| | **Mean** | **± SD** | **Mean** | **± SD** | **Mean** | **± SD** | **Mean** | **± SD** |
| Normalny | 4.43 | 0.19 | 18.13 | 0.63 | 4.40 | 0.10 | 18.48 | 0.39 |
| Schizo | 22.50 | 1.66 | 60.21 | 7.42 | 22.52 | 1.90 | 66.39 | 4.20 |
| Zajęcie | 23.81 | 1.19 | 61.08 | 7.38 | 22.83 | 1.90 | 67.23 | 3.45 |
| AD | 22.65 | 2.48 | 60.19 | 6.98 | 23.67 | 1.68 | 66.50 | 3.58 |
| MS | 21.14 | 1.20 | 60.53 | 4.70 | 22.38 | 1.79 | 67.10 | 3.82 |
| NHL | 23.35 | 1.76 | 59.17 | 3.33 | 23.34 | 1.75 | 66.80 | 3.43 |
| DM | 23.27 | 1.53 | 58.91 | 6.09 | 22.87 | 1.84 | 66.31 | 3.68 |
| AIDS | 23.32 | 1.71 | 63.15 | 7.62 | 23.45 | 1.79 | 66.32 | 3.63 |
| CJD | 22.86 | 1.91 | 63.66 | 6.88 | 23.17 | 1.88 | 68.53 | 2.65 |
| Autyzm | 23.52 | 1.49 | 63.24 | 7.36 | 23.20 | 1.57 | 66.65 | 4.26 |
| EMF | 23.29 | 1.67 | 60.52 | 5.38 | 22.29 | 2.05 | 61.91 | 7.56 |
| Wartość F | 380.721<br>< 0.001 | | 171.228<br>< 0.001 | | 372.716<br>< 0.001 | | 556.411<br>< 0.001 | |

Wartość
P

**Tabela 7. Wpływ rutylu i antybiotyków na WWA i serotoninę**

| Grupa | PAH % (Zwiększyć za pomocą Rutylu) | | PAH % (Zmniejszyć za pomocą Doxy+Cipro) | | 5 HT % zmiana (Zwiększyć za pomocą Rutylu) | | 5 HT % zmiana (Zmniejszyć za pomocą Doxy+Cipro) | |
|---|---|---|---|---|---|---|---|---|
| | Mean | + SD | Mean | + SD | Mean | + SD | Mean | + SD |
| Normalny | 4.41 | 0.15 | 18.63 | 0.12 | 4.34 | 0.15 | 18.24 | 0.37 |
| Schizo | 21.88 | 1.19 | 66.28 | 3.60 | 23.02 | 1.65 | 67.61 | 2.77 |
| Zajęcie | 22.29 | 1.33 | 65.38 | 3.62 | 22.13 | 2.14 | 66.26 | 3.93 |
| AD | 23.66 | 1.67 | 65.97 | 3.36 | 23.09 | 1.81 | 65.86 | 4.27 |
| MS | 22.92 | 2.14 | 67.54 | 3.65 | 21.93 | 2.29 | 63.70 | 5.63 |
| NHL | 23.81 | 1.90 | 66.95 | 3.67 | 23.12 | 1.71 | 65.12 | 5.58 |
| DM | 24.10 | 1.61 | 65.78 | 4.43 | 22.73 | 2.46 | 65.87 | 4.35 |
| AIDS | 23.43 | 1.57 | 66.30 | 3.57 | 22.98 | 1.50 | 65.13 | 4.87 |
| CJD | 23.70 | 1.75 | 68.06 | 3.52 | 23.81 | 1.49 | 64.89 | 6.01 |
| Autyzm | 22.76 | 2.20 | 67.63 | 3.52 | 22.79 | 2.20 | 64.26 | 6.02 |
| EMF | 22.28 | 1.52 | 64.05 | 2.79 | 22.82 | 1.56 | 64.61 | 4.95 |
| Wartość F | 403.394 | | 680.284 | | 348.867 | | 364.999 | |
| Wartość P | < 0.001 | | < 0.001 | | < 0.001 | | < 0.001 | |

**Dyskusja**

Nastąpił wzrost cytochromu F420 wskazujący na wzrost archeologiczny. Archaeea mogą syntezować i wykorzystywać cholesterol jako źródło węgla i energii15,[16]. Archeologiczne pochodzenie aktywności enzymu zostało wskazane przez antybiotykową supresję. Badanie wskazuje na obecność w układzie archaiki opartej na aktynowcach z alternatywnymi enzymami opartymi na aktynowcach lub metalloenzymach, na co wskazuje wzrost aktywności enzymu wywołany rutylem17. Stwierdzono również wzrost aktywności reduktazy HMG CoA, co wskazuje na zwiększoną syntezę cholesterolu na drodze mewalonianu. Zwiększono aktywność archeologicznej dehydrogenazy beta-hydroksylosteroidowej wskazującej na syntezę digoksyny oraz aktywność archeologicznej hydroksylazy cholesterolowej wskazującej na syntezę kwasu żółciowego7. Zwiększono aktywność oksydazy cholesterolowej, co doprowadziło do wytworzenia pirogronianu i nadtlenku wodoru16. Pirogronian przekształcany jest w glutaminian i amoniak za pomocą szlaku bocznicowego GABA. Wykryto również archeologiczną aromatyzację cholesterolu generującego WWA, serotoninę i dopaminę18. Zwiększono aktywność glikolitycznej heksokinazy i zewnątrzkomórkowej syntazy ATP. Archaiki mogą ulegać mineralizacji magnetytowej i węglanu wapnia i mogą występować jako zwapnione nanoformy19.

Aktynowce metali dostarczają energii radiolitycznej, katalizują tworzenie oligomerów i dostarczają jonów koordynujących dla metalloenzymów, które są ważne w abiogenezie6. Metabolizm powierzchniowy aktynowców metalicznych generuje octan, który może zostać przekształcony w acetyl CoA, a następnie w cholesterol, który funkcjonuje jako pierwotna cząsteczka prebiotyku, organizując się w samoreplikujące się układy nadcząsteczkowe, organizm lipidowy8[,9,20]. Cholesterol w wyniku radiolizy przez aktynowce tworzyłby WWA wytwarzające WWA organizm aromatyczny8. W wyniku radiolizy cholesterolu powstawałyby pirogronian, który przekształcałby się w aminokwasy, cukry, nukleotydy, porfiryny, kwasy tłuszczowe i kwasy TCA. Powierzchnie anastazowe i rutylowe mogą wytwarzać polimeryzację aminokwasów, pozostałości izoprenylu, WWA i nukleotydów, aby wygenerować początkowy organizm lipidowy, organizm WWA, priony i wiroidy RNA, które byłyby symbiontowane w celu wygenerowania archeologicznej protocelki. Archaeae wyewoluowały w bakterie gram-ujemne i gram-dodatnie o szlaku mewalonatowym, który miał przewagę ewolucyjną. Symbioza archaea z organizmem gram-ujemnym wygenerowała komórkę eukariotyczną21. Dane te potwierdzają utrzymywanie się aktynowców i cholesterolu w biosferze cieni, co rzuca światło na aktynowców i cholesterolu jako pierwszej cząsteczce prebiotycznej.

Nastąpił wzrost wolnych RNA wskazujących na samoreplikujące się wiroidy RNA i wolne DNA wskazujące na generację wiroidowych nici DNA komplementarnych przez aktywność archeologicznej odwrotnej transkryptazy. Aktynowce modulują składanie RNA i katalizują jego rybozymalne działanie. Digoksyna może przecinać i wklejać nitki wiroidalne poprzez modulację splotu RNA generując różnorodność wiroidalną RNA. Wiroidy są ewolucyjnie wydostającymi się z archaicznej grupy I intronami, które mają właściwości retrotranspozycyjne i samosplinujące. Pirogronian arktyczny może wytwarzać inhibicję deacetylazy histonowej, co prowadzi do odwrotnej transkryptazy endogennej retrowirusowej (HERV) i ekspresji integracyjnej. Może to integrować wiroidalne uzupełniające DNA RNA do niekodującego regionu eukariotycznego niekodującego DNA przy użyciu HERV integrase, jak opisano dla wirusów borna i ebola21. Wydłużenie niekodującego DNA następuje poprzez zintegrowanie wiroidalnego DNA uzupełniającego RNA z integracją przebiegającą w sposób ciągły. Genom archaea może również zostać zintegrowany z ludzkim genomem za pomocą integrase, jak opisano dla trypanosomów. Zintegrowane wiroidy i archaiki mogą przechodzić transmisję pionową i mogą istnieć jako pasożyty genomowe. Zwiększa to długość i zmienia gramatykę niekodującego regionu produkującego memy lub pamięć nabytych postaci. Uzupełniające DNA wiroidów może funkcjonować jako przeskakujące geny produkujące dynamiczny genom. [22-24]

Obecność kwasu muramowego, reduktazy HMG CoA i aktywności oksydazy cholesterolowej zahamowanej przez antybiotyki wskazuje na obecność bakterii o szlaku mewalonatowym. Bakterie o szlaku mewalonianowym to paciorkowce, gronkowce, aktynomiocyty, listeria, koksiella i borrelia. Bakterie i archaiki o szlaku mewalonatowym i katabolizmie cholesterolowym miały przewagę ewolucyjną i stanowią organizm kladowy izoprenoidalny. Archaiki wyewoluowały w mewalonianowy szlak gram-dodatni i gram-ujemny izoprenoidalny organizm kladowy poprzez poziomy transfer genów wiroidalnych i wirusowych. Izoprenoidalne kladowe prokarioty rozwijają się w inne grupy prokariotów poprzez horyzontalny transfer genów wiroidalnych i wirusowych, a także eukariotyczny horyzontalny transfer genów, tworząc specjację bakteryjną25-27.

Wiroidy RNA i jego DNA uzupełniające rozwinęły się w cholesterol otoczony RNA i wirusy DNA, takie jak opryszczka, retrowirus, wirus grypy, wirus borny, wirus cytomegalo i wirus epsteina barra poprzez rekombinację z genami eukariotycznymi i ludzkimi, co doprowadziło do specjacji wirusowej. Gatunki bakteryjne i wirusowe są chorobliwie zdefiniowane i rozmyte, a wszystkie tworzą jedną wspólną pulę genetyczną z częstym horyzontalnym transferem i rekombinacją genów.

Tak więc wielokomórkowy i jednokomórkowy eukarionet z jego genami służy do specjacji prokariotycznej i wirusowej. Eukarionot wielokomórkowy rozwinął się tak, że ich endosymbiotyczne kolonie mogły lepiej przetrwać i żerować. Eukarionty wielokomórkowe są jak biofilmy bakteryjne. Archaiki i bakterie o szlaku mewalonatowym wykorzystują pozakomórkowe wiroidy RNA i wiroidy DNA do wykrywania kworum i w tworzeniu symbiotycznych biofilmów, takich jak struktury, które rozwijają się w wielokomórkowe eukarionty. Endosymbiotyczne archaiki i bakterie ze szlakiem mewalonianu nadal wykorzystują wiroidy RNA i wiroidy DNA do regulacji wielokomórkowego eukariontu. [28-31]

Zanieczyszczenie jest głównym czynnikiem stymulującym innowacje ewolucyjne. Zanieczyszczenie jest wywoływane przez prymitywne nanoarchaea i mewalonianowe bakterie drogi syntezy WWA i metanu prowadzące do stresu redoks. Stres redoksowy prowadzi do hamowania ATPazy potasowo-sodowej, wewnętrznego ruchu cholesterolu błony komórkowej, wadliwego wykrywania SREBP, zwiększonej syntezy cholesterolu i wzrostu bakterii szlaku nanoarchaealno-mewalonianowego. Stres związany z redoksem prowadzi do namnażania się wiroidów i archaicznych. Stres redoksowy może również prowadzić do odwrotnej transkryptazy HERV i integracyjnej ekspresji. Niekodujące DNA jest tworzone z połączenia RNA wiroidalnego DNA uzupełniającego i archaicznego z integracją przebiegającą jako wydarzenie ciągłe. Archaeal pox jak wirus dsDNA tworzy ewolucyjnie jądro. Zintegrowane sekwencje bakterii z drogi wiroidalnej, archaicznej i mewalonianu mogą przechodzić transmisję pionową i mogą występować jako pasożyty genomowe. Genomowe zintegrowane archaiki, bakterie szlaku mewalonianów i wiroidy tworzą genomową rezerwę bakterii i wirusów, które mogą rekombinować się z ludzkimi i eukariotycznymi genami tworząc specjację bakteryjną i wirusową. Zmiana długości i gramatyki regionu niekodującego wytwarza specjację eukariotyczną i indywidualność. Integracja nanoarchaei, mewalonianów, prokariotów i wiroidów w genomie eukariotycznym i ludzkim wytwarza chimerę, która może rozmnażać się produkując biofilm jak wielokomórkowe struktury mające mieszane cechy archeologiczne, wiroidalne, prokariotyczne i eukariotyczne, który jest regresją od wielokomórkowej tkanki eukariotycznej. Powoduje to powstanie nowego fenotypu neuronalnego, metabolicznego, immunologicznego i tkankowego prowadzącego do choroby człowieka. [30-32]

Zanieczyszczenie stanowiłoby główny czynnik w spekulacjach eukariotycznych i ewolucji naczelnych/ hominidów. Zmiana długości i gramatyki obszaru niekodującego powoduje specjację eukariotyczną i indywidualność. Jest to wzrost niekodującego regionu i sekwencje HERV genomu, który doprowadził do ewolucji naczelnego i ludzkiego mózgu i jego towarzyszącej właściwości świadomej i kwantowej percepcji. To jest niekodujący region genomu z jego archealne, RNA wiroidalne uzupełniające DNA i sekwencje HERV, który sprawia, że dla ludzkich cech mózgu hominidów. Zmiany w długości niekodującego regionu mogą prowadzić do zaburzeń świadomości, takich jak schizofrenia. Schizofrenia specyficzne ludzkie endogenne retrowirusy i zmiany w długości i gramatyki niekodującego regionu został opisany w schizofrenii. [33,34]

Opisano zależną od aktynowców biosferę cieni archaicznych i wiroidów w wyżej wymienionych stanach chorobowych. Postuluje się, że aktynowce metalowe w piaskach plażowych odgrywają rolę w abiogenezie. Cholesterol jest pierwotną prebiotyczną cząsteczką syntetyzowaną na powierzchniach aktynowców z wszystkimi innymi biomolekułami, które z niego powstają. Samoodtwarzający się organizm lipidowy cholesterolu może być pierwotną formą życia. Abiogeneza oparta na cholesterolu jest bardziej prawdopodobną opcją ewolucyjną i z niej wyewoluowałyby aktynoidalne archaiki i wiroidy. Omówiono pochodzenie wirusów, prokariotów, eukariotów, naczelnych i ludzi z początkowych izoprenoidalnych archaicznych organizmów pochodzących z aktynowców.

**Referencje**

1. Valiathan M.S., Somers, K., Kartha, C.C. (1993). *Endomyocardial Fibrosis*. Delhi: Oxford University Press.
2. Kurup R., Kurup, P.A. (2009). *Hypothalamic Digoxin, Cerebral Dominance and Brain Function in Health and Diseases*. Nowy Jork: Nova Science Publishers.
3. Hanold D., Randies, J.W. (1991). Coconut cadang-cadang disease and its viroid agent, *Plant Disease,* 75, 330-335.
4. Edwin B.T., Mohankumaran, C. (2007). Kerala wilczyca phytoplasma: Phylogenetic analysis and identification of a vector, *Proutista moesta, Physiological and Molecular Plant Pathology,* 71(1-3), 41-47.
5. Eckburg P.B., Lepp, P.W., Relman, D.A. (2003). Archaea and their potential role in human disease, *Infect Immun,* 71, 591-596.
6. Adam Z. (2007). Actinides and Life's Origins, *Astrobiology,* 7, 6-10.
7. Schoner W. (2002). Endogenous cardiac glycosides, a new class of steroid hormones, *Eur J Biochem,* 269, 2440-2448.
8. Davies P.C.W., Benner, S.A., Cleland, C.E., Lineweaver, C.H., McKay, C.P., Wolfe-Simon, F. (2009). Podpisy Shadow Biosphere, *Astrobiology,* 10, 241-249.
9. Wächtershäuser G. (1988). Przed enzymami i szablonami: teoria metabolizmu powierzchniowego, *Microbiol Rev,* 52(4), 452-84.
10. Richmond W. (1973). Preparation and properties of a cholesterol oxidase from nocardia species and its application to the enzymatic assay of total cholesterol in serum, *Clin Chem,* 19, 1350-1356.
11. Snell E.D., Snell, C.T. (1961). *Colorimetric Methods of Analysis.* Vol. 3A. Nowy Jork: Van NoStrand.
12. Glick D. (1971). *Metody analizy biochemicznej.* Vol. 5. Nowy Jork: Interscience Publishers.
13. Colowick, Kaplan, N.O. (1955). *Metody w enzymologii.* Tom 2. Nowy Jork: Prasa akademicka.

14. Maarten A.H., Marie-Jose, M., Cornelia, G., van Helden-Meewsen, Fritz, E., Marten, P.H. (1995). Detection of muramic acid in human spleen, *Infection and Immunity,* 63(5), 1652 - 1657.

15. Smit A., Mushegian, A. (2000). Biosynteza izoprenoidów poprzez mewalonian w Archaea: the lost pathway, *Genome Res,* 10(10), 1468-84.

16. Van der Geize R., Yam, K., Heuser, T., Wilbrink, M.H., Hara, H., Anderton, M.C. (2007). A gene cluster encoding cholesterol catabolism in a soil actinomycete provides insight into Mycobacterium tuberculosis survival in macrophages, *Proc Natl Acad Sci USA,* 104(6), 1947-52.

17. Francis A.J. (1998). Biotransformacja uranu i innych aktynowców w odpadach radioaktywnych, *Journal of Alloys and Compounds,* 271(273), 78-84.

18. Probian C., Wülfing, A., Harder, J. (2003). Anaerobic mineralization of quaternary carbon atoms: Isolation of denitrifying bacteria on pivalic acid (2,2-Dimethylpropionic acid), *Applied and Environmental Microbiology,* 69(3), 1866-1870.

19. Vainshtein M., Suzina, N., Kudryashova, E., Ariskina, E. (2002). New Magnet-Sensitive Structures in Bacterial and Archaeal Cells, *Biol Cell,* 94(1), 29-35.

20. Russell M.J., Martin, W. (2004). The rocky roots of the acetyl-CoA Pathway, *Trends in Biochemical Sciences,* 29, 7.

21. Margulis L. (1996). Archaeal-eubacterial mergers in the origin of Eukarya: phylogenetic classification of life, *Proc Natl Acad Sci USA,* 93, 1071-1076.

22. Tsagris E.M., de Alba, A.E., Gozmanova, M., Kalantidis, K. (2008). Viroids, *Cell Microbiol,* 10, 2168.

23. Horie M., Honda, T., Suzuki, Y., Kobayashi, Y., Daito, T., Oshida, T. (2010). Endogenous non-retroviral RNA virus elements in mammalian genomes, *Nature,* 463, 84-87.

24. Hecht M., Nitz, N., Araujo, P., Sousa, A., Rosa, A., Gomes, D. (2010). Geny z pasożyta Chagasa mogą być przenoszone na ludzi i przekazywane dzieciom. Dziedziczenie DNA przeniesionego z amerykańskich trypanosomów na ludzkich żywicieli, *PLoS ONE,* 5, 2-10.

25. Flam F. (1994). Wskazówki dotyczące języka w śmieciowym DNA, *Science,* 266, 1320.

26. Horbach S., Sahm, H., Welle, R. (1993). Biosynteza izoprenoidów w bakteriach: dwie różne drogi? *FEMS Microbiol Lett,* 111, 135-140.

27. Gupta R.S. (1998). Protein phylogenetics and signature sequences: a reappraisal of evolutionary relationship among archaebacteria, eubacteria, and eukaryotes, *Microbiol Mol Biol Rev,* 62, 1435-1491.

28. Hanage W., Fraser, C., Spratt, B. (2005). Fuzzy species among recombinogenic bacteria, *BMC Biology,* 3, 6-10.

29. Whitchurch C.B., Tolker-Nielsen, T., Ragas, P.C., Mattick, J.S. (2002). DNA pozakomórkowe wymagane do tworzenia biofilmu bakteryjnego. *Science,* 295(5559), 1487.

30. Webb J.S., Givskov, M., Kjelleberg, S. (2003). Bacterial biofilms: prokaryotic adventures in multicellularity, *Curr Opin Microbiol,* 6(6), 578-85.

31. Chen Y., Cai, T., Wang, H., Li, Z., Loreaux, E., Lingrel, J.B. (2009). Regulation of intracellular cholesterol distribution by Na/K-ATPase, *J Biol Chem,* 284(22), 14881-90.

32. Poole A.M. (2006). Czy II grupa proliferacji intronowej na endosymbiontycznym archaeonie stworzyła eukarionty? *Biol Direct,* 1, 36-40.

33. Villarreal L.P. (2006). How viruses shape the tree of life, *Future Virology,* 1(5), 587-595.

34. Lockwood M. (1989). Umysł, *Mózg i Quantum*. Oksford: B. Blackwell.

## ROZDZIAŁ 10

## MICROBIOLOGIA METABOLICZNA, VIROLOGIA I RETROVIROLOGIA - Zależna od cholesterolu i aktynowców BIOFERMA SHADOW ARCHAEA I VIROIDY W CHOROBACH DETROVIRAL I PRIONOWYCH - NISKA GĘSTOŚĆ ARCHAEALICZNA ZWIĄZANA Z HOMO SAPIEN SPECIES I CHOROBAMI DETROVIRAL I PRIONOWYMI

### Wprowadzenie

Zwłóknienie mięśnia sercowego (EMF) wraz z chorobą więdnięcia korzeni kokosa jest endemiczne dla Kerali z jej radioaktywnymi aktynowcami piasków plażowych. Aktynowce, takie jak rutyl produkujący wewnątrzkomórkowy niedobór magnezu z powodu miejsc wymiany rutylu z magnezem w błonie komórkowej zostały włączone do etiologii EMF1. Endogenna digoksyna, glikozyd steroidowy, który działa jako inhibitor ATPazy potasowo-sodowej jest również związany z jego etiologią z powodu wewnątrzkomórkowego niedoboru magnezu, który produkuje2. Wykazano również, że organizmy takie jak fitoplazmy i wiroidy również odgrywają rolę w etiologii tych chorób3,[4]. Endogenna digoksyna jest związana z patogenezą zespołu nabytego niedoboru odporności i choroby Creutzfeldta Jakoba2. Rozważano możliwość syntezy endogennej digoksyny przez prymitywne organizmy oparte na aktynowcach, takie jak archaiki o szlaku mewalonatowym i katabolizm cholesterolowy5-7. Davies zaproponował koncepcję biosfery cieni organizmów z alternatywną biochemią obecną w samej ziemi8. Opisano zależną od aktynowców biosferę cieni archaicznych i wiroidów w wyżej wymienionych stanach chorobowych6.

Zmniejszenie gęstości w środowisku kolonialnym i endosymbiotycznym prowadzi do umiarkowanego wzrostu syntezy digoksyny i zespołu nabytego niedoboru odporności. Dieta bogata w błonnik pokarmowy może prowadzić do zmniejszenia gęstości jelita grubego i zmniejszenia archaiczności endosymbiotycznej. Dieta wysokobłonnikowa wytwarza zwiększoną ilość maślanu, który wzmacnia barierę krwi jelitowej i mózgowej, prowadząc do zmniejszenia archaicznej gęstości jelita i upodobania do AIDS w populacji homo sapien. Dieta wysokobłonnikowa generuje maślan jelita grubego, który przenika do krwi i mózgu, wytwarzając hamowanie HDAC i endogenną ekspresję retrowirusową. Cząsteczki endogennego retroviralu mogą być odtworzone i zamknięte w błonach fosfolipidowych przyczyniając się do stanu retroviralnego. Dieta o niskiej zawartości błonnika prowadzi do zwiększenia gęstości populacji jelita grubego i zmniejszenia klastrów klostridalnych wytwarzających maślan. Niedobór maślanu prowadzi do przełamania bariery mózgowej krwi i jelitowej, co powoduje wzrost endosymbiotycznego wzrostu archeologicznego. Zmniejszenie ilości wytwarzanych maślanów w klostridiach jelitowych prowadzi do zmniejszenia zahamowania HDAC i ekspresji HERV. Zmniejsza się gęstość wiązanych fosfolipidów, które zamykają cząsteczki HERV w stanach krwi i tkanek. Wzrost endosymbiotycznego wzrostu archeologicznego w populacjach spożywających dietę o niskiej zawartości błonnika prowadzi do znacznego wzrostu digoksyny wytwarzającej stan hiperdigoksynamiczny. W populacjach stosujących dietę o niskiej zawartości błonnika również występuje bardzo duże zagęszczenie endosymbiotyczne. Niska mikroflora maślanowa indukowana hamowaniem HDAC przyczynia się do zmniejszenia ekspresji HERV i zmniejszenia wielkości kory mózgowej oraz dominującej funkcji móżdżku. Prowadzi to do powstania neandertalicznego mózgu i fenotypu w populacjach objętych dietą o niskiej zawartości włókna. Neandertalizowany fenotyp przyczynia się w ten sposób do zwiększenia odporności na choroby retrowirusowe, a homo sapiens dla fenotypu przyczynia się do choroby retrowirusowej. Zmniejszona ekspresja HERV w neandertalizowanym fenotypie przyczynia się do mózgu dominującego w móżdżku, a zwiększona ekspresja HERV w homo sapiens w fenotypie korowym przyczynia się do mózgu dominującego w móżdżku.

**Materiały i metody**

Na badanie uzyskano świadomą zgodę osób badanych oraz zgodę komisji etycznej. Do badania włączono następujące grupy: - zespół nabytego niedoboru odporności oraz chorobę Creutzfeldta Jakoba. W każdej grupie znajdowało się 10 pacjentów, a u każdego z nich przeprowadzono kontrolę zdrowotną dobraną losowo z populacji ogólnej pod względem wieku i płci. Próbki krwi pobierano w stanie postu przed rozpoczęciem leczenia. Zastosowano osocze z krwi heparynizowanej na czczo, a protokół doświadczalny był następujący: - (I) osocze+fosforan buforowany solą fizjologiczną, (II) taki sam jak substrat I+cholesterolowy, (III) taki sam jak II+rutyl 0,1 mg/ml, oraz (IV) taki sam jak II+profloksacyna i doksycyklina, każda w stężeniu 1 mg/ml. Podłoże cholesterolowe zostało przygotowane w sposób opisany przez Richmond9. Pozostałości wycofywano w czasie zerowym bezpośrednio po zmieszaniu i po inkubacji w temperaturze 37 $^{oC}$ przez 1 godzinę. Przeprowadzono następujące oznaczenia: - cytochrom F420, wolne RNA, wolne DNA, kwas muramowy, wielopierścieniowe węglowodory aromatyczne, nadtlenek wodoru, serotonina, pirogronian, amoniak, glutaminian, cytochrom C, heksokinaza, syntaza ATP, reduktaza HMG CoA, digoksyna i kwasy żółciowe10-13. Cytoksymetrię F420 oceniano metodą mąskometryczną (długość fali wzbudzenia 420 nm i długość fali emisji 520 nm). Wielopierścieniowe węglowodory aromatyczne oceniano poprzez pomiar nadtlenku wodoru uwalnianego za pomocą odczynnika glukozowego. Analiza statystyczna została przeprowadzona przez ANOVA.

## Wyniki

Sprawdzono następujące parametry: - cytochrom F420, wolne RNA, wolne DNA, kwas muramowy, wielopierścieniowe węglowodory aromatyczne, nadtlenek wodoru, serotonina, pirogronian, amoniak, glutaminian, cytochrom C, heksokinaza, syntaza ATP, reduktaza HMG CoA, digoksyna i kwasy żółciowe. W osoczu osób z grupy kontrolnej stwierdzono podwyższony poziom wyżej wymienionych parametrów po inkubacji przez 1 godzinę i dodaniu substratu cholesterolowego, co spowodowało dalszy znaczący wzrost tych parametrów. W osoczu chorych uzyskano podobne wyniki, ale zakres wzrostu był większy. Dodatek antybiotyków do osocza kontrolnego powodował spadek wszystkich parametrów, natomiast dodatek rutylu zwiększał ich poziom. Dodatek antybiotyków do osocza pacjenta spowodował spadek wszystkich parametrów, podczas gdy dodatek rutylu zwiększył ich poziom, ale zakres zmian był większy w osoczu pacjenta w porównaniu z grupą kontrolną. Wyniki są wyrażone w tabelach 1-7 jako procentowa zmiana parametrów po 1 godzinie inkubacji w porównaniu do wartości w czasie zerowym.

**Tabela 1. Wpływ rutylu i antybiotyków na kwas muramowy i serotoninę**

| Grupa | **Kwas muramiczny zmiana %** (Zwiększyć za pomocą Rutylu) | | **Kwas muramiczny zmiana %** (Zmniejszyć za pomocą Doxy+Cipro) | | **5 HT %** (Zwiększyć bez Doxy) | | **5 HT %** (Spadek z Doxy) | |
|---|---|---|---|---|---|---|---|---|
| | **Mean** | **± SD** | **Mean** | **± SD** | **Mean** | **± SD** | **Mean** | **± SD** |
| Normalny | 4.41 | 0.15 | 18.63 | 0.12 | 4.34 | 0.15 | 18.24 | 0.37 |
| AIDS | 23.43 | 1.57 | 66.30 | 3.57 | 22.98 | 1.50 | 65.13 | 4.87 |
| CJD | 23.70 | 1.75 | 68.06 | 3.52 | 23.81 | 1.49 | 64.89 | 6.01 |
| Wartość F | 403.394 | | 680.284 | | 348.867 | | 364.999 | |
| Wartość P | < 0.001 | | < 0.001 | | < 0.001 | | < 0.001 | |

**Tabela 2. Wpływ rutylu i antybiotyków na wolne DNA i RNA**

| Grupa | **DNA % zmiana** (Zwiększyć za pomocą Rutylu) | | **DNA % zmiana** (Spadek z Doxy) | | **RNA % zmiana** (Zwiększyć za pomocą Rutylu) | | **RNA % zmiana** (Spadek z Doxy) | |
|---|---|---|---|---|---|---|---|---|
| | **Mean** | **± SD** | **Mean** | **± SD** | **Mean** | **± SD** | **Mean** | **± SD** |

| | | | | | | | | |
|---|---|---|---|---|---|---|---|---|
| Normalny | 4.37 | 0.15 | 18.39 | 0.38 | 4.37 | 0.13 | 18.38 | 0.48 |
| AIDS | 22.56 | 2.46 | 62.70 | 4.53 | 23.32 | 1.74 | 65.67 | 4.16 |
| CJD | 23.30 | 1.42 | 65.07 | 4.95 | 23.11 | 1.52 | 66.68 | 3.97 |
| Wartość F | 337.577 | | 356.621 | | 427.828 | | 654.453 | |
| Wartość P | < 0.001 | | < 0.001 | | < 0.001 | | < 0.001 | |

**Tabela 3. Wpływ rutylu i antybiotyków na reduktazę HMG CoA i PAH**

| Grupa | **HMG CoA R zmiana %** (Zwiększyć za pomocą Rutylu) | | **HMG CoA R zmiana %** (Spadek z Doxy) | | **WWA % zmiana** (Zwiększyć za pomocą Rutylu) | | **WWA % zmiana** (Spadek z Doxy) | |
|---|---|---|---|---|---|---|---|---|
| | **Mean** | **± SD** | **Mean** | **± SD** | **Mean** | **± SD** | **Mean** | **± SD** |
| Normalny | 4.30 | 0.20 | 18.35 | 0.35 | 4.45 | 0.14 | 18.25 | 0.72 |
| AIDS | 22.86 | 2.58 | 66.53 | 5.59 | 23.23 | 1.97 | 65.89 | 5.05 |
| CJD | 22.38 | 2.38 | 60.65 | 5.27 | 23.46 | 1.91 | 61.56 | 4.61 |
| Wartość F | 319.332 | | 199.553 | | 391.318 | | 257.996 | |
| Wartość P | < 0.001 | | < 0.001 | | < 0.001 | | < 0.001 | |

**Tabela 4. Wpływ rutylu i antybiotyków na digoksynę i kwasy żółciowe**

| Grupa | **Digoksyna (ng/ml)** (Zwiększyć za pomocą Rutylu) | | **Digoksyna (ng/ml)** (Zmniejszyć za pomocą Doxy+Cipro) | | **Kwasy żółciowe % zmiana** (Zwiększyć za pomocą Rutylu) | | **Kwasy żółciowe % zmiana** (Spadek z Doxy) | |
|---|---|---|---|---|---|---|---|---|
| | **Mean** | **± SD** | **Mean** | **± SD** | **Mean** | **± SD** | **Mean** | **± SD** |
| Normalny | 0.11 | 0.00 | 0.054 | 0.003 | 4.29 | 0.18 | 18.15 | 0.58 |
| AIDS | 0.56 | 0.05 | 0.220 | 0.052 | 22.29 | 1.47 | 64.35 | 5.58 |
| CJD | 0.53 | 0.06 | 0.212 | 0.045 | 23.30 | 1.88 | 62.49 | 7.26 |
| Wartość F | 135.116 | | 71.706 | | 290.441 | | 203.651 | |
| Wartość P | < 0.001 | | < 0.001 | | < 0.001 | | < 0.001 | |

**Tabela 5. Wpływ rutylu i antybiotyków na pyruwat i heksokinazę**

| Grupa | **Pirwat % zmiana** (Zwiększyć za pomocą Rutylu) | | **Pirwat % zmiana** (Spadek z Doxy) | | **Heksokinaza zmiana %** (Zwiększyć za pomocą Rutylu) | | **Heksokinaza zmiana %** (Spadek z Doxy) | |
|---|---|---|---|---|---|---|---|---|
| | **Mean** | **± SD** | **Mean** | **± SD** | **Mean** | **± SD** | **Mean** | **± SD** |
| Normalny | 4.34 | 0.21 | 18.43 | 0.82 | 4.21 | 0.16 | 18.56 | 0.76 |
| AIDS | 21.21 | 2.36 | 58.73 | 8.10 | 21.11 | 2.25 | 64.20 | 5.38 |
| CJD | 21.07 | 1.79 | 63.90 | 7.13 | 22.47 | 2.17 | 65.97 | 4.62 |
| Wartość F | 321.255 | | 115.242 | | 292.065 | | 317.966 | |
| Wartość P | < 0.001 | | < 0.001 | | < 0.001 | | < 0.001 | |

**Tabela 6. Wpływ rutylu i antybiotyków na nadtlenek wodoru oraz kwas delta amino lewulinowy**

| Grupa | H2O2 % (Zwiększyć za pomocą Rutylu) | | H2O2 % (Spadek z Doxy) | | ALA % (Zwiększyć za pomocą Rutylu) | | ALA % (Spadek z Doxy) | |
|---|---|---|---|---|---|---|---|---|
| | **Mean** | **± SD** | **Mean** | **± SD** | **Mean** | **± SD** | **Mean** | **± SD** |
| Normalny | 4.43 | 0.19 | 18.13 | 0.63 | 4.40 | 0.10 | 18.48 | 0.39 |
| AIDS | 23.32 | 1.71 | 63.15 | 7.62 | 23.45 | 1.79 | 66.32 | 3.63 |
| CJD | 22.86 | 1.91 | 63.66 | 6.88 | 23.17 | 1.88 | 68.53 | 2.65 |
| Wartość F | 380.721 | | 171.228 | | 372.716 | | 556.411 | |
| Wartość P | < 0.001 | | < 0.001 | | < 0.001 | | < 0.001 | |

**Tabela 7. Wpływ rutylu i antybiotyków na syntazę ATP i cytochrom F 420**

| Grupa | Syntaza ATP % (Zwiększyć za pomocą Rutylu) | | Syntaza ATP % (Spadek z Doxy) | | CYT F420 % (Zwiększyć za pomocą Rutylu) | | CYT F420 % (Spadek z Doxy) | |
|---|---|---|---|---|---|---|---|---|
| | **Mean** | **± SD** | **Mean** | **± SD** | **Mean** | **± SD** | **Mean** | **± SD** |
| Normalny | 4.40 | 0.11 | 18.78 | 0.11 | 4.48 | 0.15 | 18.24 | 0.66 |
| AIDS | 23.15 | 1.62 | 66.48 | 4.17 | 22.29 | 1.66 | 59.02 | 7.50 |
| CJD | 23.00 | 1.64 | 66.67 | 4.21 | 22.06 | 1.61 | 57.81 | 6.04 |
| Wartość F | 449.503 | | 673.081 | | 306.749 | | 130.054 | |
| Wartość P | < 0.001 | | < 0.001 | | < 0.001 | | < 0.001 | |

## Dyskusja

Nasilenie się cytochromu F420 wskazywało na wzrost archeologiczny w zespole nabytego niedoboru odporności i chorobie Creutzfeldta Jakoba. Archaeea mogą syntezować i wykorzystywać cholesterol jako źródło węgla i energii14,[15]. Archealne pochodzenie aktywności enzymu zostało wskazane przez antybiotykową supresję. Badanie wskazuje na obecność w układzie archaiki opartej na aktynowcach z alternatywnymi enzymami opartymi na aktynowcach lub metalloenzymach, na co wskazuje wzrost aktywności enzymów wywołany rutylem16. Stwierdzono również wzrost aktywności reduktazy HMG CoA, co wskazuje na zwiększoną syntezę cholesterolu na drodze mewalonianu. Zwiększono aktywność archeologicznej dehydrogenazy beta-hydroksylosteroidowej wskazującej na syntezę digoksyny oraz aktywność archeologicznej hydroksylazy cholesterolowej wskazującej na syntezę kwasu żółciowego7. Zwiększono aktywność oksydazy cholesterolowej, co doprowadziło do wytworzenia pirogronianu i nadtlenku wodoru15. Pirogronian przekształcany jest w glutaminian i amoniak za pomocą szlaku bocznicowego GABA. Wykryto również archeologiczną aromatyzację cholesterolu generującego WWA, serotoninę i dopaminę17. Zwiększono aktywność glikolitycznej heksokinazy i zewnątrzkomórkowej syntazy ATP. Archaiki mogą ulegać mineralizacji magnetytu i węglanu wapnia i mogą występować jako zwapnione nanoformy18. Tam był wzrost w wolnym RNA wskazuje na samoreplikujących się wiroidów RNA i wolny DNA wskazuje generację wiroidowych uzupełniających się nici DNA przez archealitycznej odwróconej aktywności transkryptazy. Aktynowce modulują składanie RNA i katalizują jego rybozymalne działanie. Digoksyna może przecinać i wklejać nitki wiroidalne poprzez modulację splotu RNA generując różnorodność wiroidalną RNA. Wiroidy są ewolucyjnie wymykającymi się z archaicznej grupy I intronami, które mają właściwości retrotranspozycyjne i samosplinujące19. Pirwat archealny może wytwarzać inhibicję deacetylazy histonowej, co prowadzi do odwrotnej transkryptazy endogennej retrowirusowej (HERV) i ekspresji integracyjnej. Może to integrować wiroidalne uzupełniające DNA RNA do niekodującego regionu eukariotycznego niekodującego DNA przy użyciu HERV integrase, jak opisano dla wirusów borna i ebola20. Niekodujący DNA jest wydłużany poprzez integrację wiroidalnego DNA uzupełniającego RNA z integracją trwającą nieprzerwanie. Genom archaea może również zostać zintegrowany z ludzkim genomem za pomocą integrase, jak opisano dla trypanosomów21. Zintegrowane wiroidy i archaiki mogą przechodzić transmisję pionową i mogą istnieć jako pasożyty genomowe20[,21]. Zwiększa to długość i zmienia gramatykę niekodującego regionu, wytwarzając memy lub pamięć nabytych postaci22. Wirydowe DNA uzupełniające może funkcjonować jako przeskakujące geny produkujące dynamiczny genom modulujący transkrypcję DNA. Wiroidy RNA mogą regulować funkcję mRNA poprzez interferencję RNA19. Zjawisko interferencji RNA może modulować funkcję komórek T i B, insuliny sygnalizującej metabolizm lipidów, wzrost i różnicowanie komórek, apoptozę, transmisję neuronów i ekspresję euchromatyny/heterochromatyny. Wiroidy RNA mogą rekombinować się z sekwencjami HERV i ulegać enkapsulacji w mikrokomórkach przyczyniając się do osiągnięcia stanu retrowirusowego. Białka prionowe mogą wiązać kwasy nukleinowe. Konformacja białek prionowych jest modulowana przez wiązanie wiroidów RNA, co prowadzi do choroby prionowej. Zakłócenia mRNA wywołane przez wiroidy RNA mogą przyczyniać się do śmierci komórek w demencji AIDS, złośliwej transformacji i autoimmunizacji w zespole nabytego niedoboru odporności.

Obecność kwasu muramowego, reduktazy HMG CoA i aktywności oksydazy cholesterolowej zahamowanej przez antybiotyki wskazuje na obecność bakterii o szlaku mewalonatowym. Bakterie ze szlakiem mewalonianu to paciorkowce, gronkowce, aktynomiocyty, listeria, coxiella i borrelia23 Bakterie i archaiki ze szlakiem mewalonianu i katabolizmem cholesterolowym miały ewolucyjną przewagę i stanowią organizm z kladą izoprenoidalną, a archaiki ewoluują w organizm ze szlakiem mewalonianu gram-dodatnim i gram-dodatnim poprzez horyzontalny transfer genów wiroidalnych i wirusowych24,[25]. Izoprenoidalne kladowe prokarioty rozwijają się w inne grupy prokariotów poprzez horyzontalny transfer genów wiroidalnych i wirusowych oraz eukariotyczny horyzontalny transfer genów produkujących specjację bakteryjną26. Wiroidy RNA i ich DNA uzupełniające rozwinęły się w cholesterol otoczony RNA i wirusy DNA, takie jak opryszczka, retrowirus, wirus grypy, wirus borny, wirus cytomegalo i wirus ebsteina barra poprzez rekombinację z genami eukariotycznymi i ludzkimi, co doprowadziło do specjacji wirusowej. Gatunki bakteryjne i wirusowe są słabo zdefiniowane i rozmyte, a wszystkie tworzą jedną wspólną pulę genetyczną z częstym horyzontalnym transferem i rekombinacją genów. Tak więc wielokomórkowy i jednokomórkowy eukarionot z jego genami służy do specjacji prokariotycznej i wirusowej. Eukarionot wielokomórkowy rozwinął się w taki sposób, że ich endosymbiotyczne kolonie archeologiczne mogły lepiej przetrwać i żerować. Eukarionty wielokomórkowe są jak biofilmy bakteryjne. Archaiki i bakterie o szlaku mewalonatowym wykorzystują pozakomórkowe wiroidy RNA i wiroidy DNA do wykrywania kworum i w tworzeniu symbiotycznych struktur biofilmu, które rozwijają się w wielokomórkowe eukarionty27,[28]. Endosymbiotyczne archaiki i bakterie o ścieżce mewalonianu nadal wykorzystują wiroidy RNA i wiroidy DNA do regulacji wielokomórkowego eukariontu. Zanieczyszczenie jest wywoływane przez prymitywne nanoarchaea i mewalonianowe bakterie szlaku syntetyzowanego WWA i metanu prowadzące do stresu redoks. Stres redoksowy prowadzi do hamowania ATPazy potasowo-sodowej, wewnętrznego ruchu cholesterolu błony komórkowej, wadliwego wykrywania SREBP, zwiększonej syntezy cholesterolu i wzrostu bakterii szlaku nanoarchaealno-mewalonianowego29. Stres związany z redoksem prowadzi do namnażania się wiroidów i archaicznych. Stres redoksowy może również prowadzić do odwrotnej transkryptazy HERV i integracyjnej ekspresji. Niekodujące DNA jest tworzone z połączenia RNA wiroidalnego DNA uzupełniającego i archaicznego z integracją przebiegającą jako wydarzenie ciągłe. Archaeal pox jak wirus dsDNA tworzy ewolucyjnie jądro. Zintegrowane sekwencje bakterii z drogi wiroidalnej, archaicznej i mewalonianu mogą przechodzić transmisję pionową i mogą występować jako pasożyty genomowe. Genomowe zintegrowane archaiki, bakterie szlaku mewalonianów i wiroidy tworzą genomową rezerwę bakterii i wirusów, które mogą rekombinować się z ludzkimi i eukariotycznymi genami tworząc specjację bakteryjną i wirusową. Bakterie i wirusy są związane z patogenezą zespołu nabytego niedoboru odporności i choroby Creutzfeldta Jakoba. Mykoplazmy zostały opisane jako współczynniki zakażenia HIV30. Zakażenie mykoplazmą komórki może powodować ekspresję sekwencji HERV. Zmiany długości regionu niekodującego, zwłaszcza endogennych retrowirusów ludzkich i ekspresja sekwencji HERV mogą przyczyniać się do patogenezy zespołu AIDS31. Zmiana długości i gramatyki obszaru niekodującego powoduje specjację eukariotyczną i indywidualność32. Integracja nanoarchaei, mewalonianów, prokariotów i wiroidów w genomie eukariotycznym i ludzkim wytwarza chimerę, która może rozmnażać się, tworząc biofilm, jak struktury wielokomórkowe o mieszanej strukturze archeologicznej, wiroidalnej, prokariotycznych i eukariotycznych znaków, które jest regresja od wielokomórkowej tkanki eukariotycznej To powoduje, że nowe neuronów, metaboliczne, immunologiczne i tkankowe fenotypu lub mikrochimery prowadzące do chorób ludzkich, takich jak zespół nabytego niedoboru odporności i choroby Creutzfeldta Jakoba. Mikrochimera wytwarza poliploidię, która jest związana z transformacją nowotworową, chorobą autoimmunologiczną i degeneracją neuronów, jak np. demencja AIDS opisana w zespole nabytego niedoboru odporności.

Wiroidy Archaea i RNA mogą wiązać receptor TLR indukujący NFKB wytwarzając aktywację immunologiczną i cytokinową TNF alfa wydzielanie. Archaeal DXP i metabolity szlaku mewalonianu mogą wiązać γδTCR i digoksyna indukowany sygnał wapniowy może aktywować NFKB produkując chroniczną aktywację immunologiczną2[,33]. Archaea i wiroidy mogą indukować chroniczną aktywację immunologiczną oraz wytwarzanie superantygenów. Przewlekła aktywacja immunologiczna może prowadzić do wzrostu gęstości receptora CD4 i receptora chemokinowego, co prowadzi do rozwoju zespołu nabytego niedoboru odporności. Generowanie superantygenów prowadzi do autoimmunizacji i zwiększonej częstości występowania autoimmunologicznego zapalenia naczyń i zapalenia stawów powszechnie występującego w AIDS. Archaea i wiroidy mogą regulować układ nerwowy, w tym NMDA synaptycznej transmisji2. NMDA może być aktywowany przez digoksynę indukowane oscylacje wapnia, PAH i wiroidów indukowane zakłócenia RNA2. Oksydaza pierścieniowa generowana przez pirogronian cholesterolu może być przekształcona przez ścieżkę bocznikową GABA w glutaminian. Aromataza cholesterolowa może generować serotoninę17. Transmisja glutamatergiczna i serotoninergiczna może prowadzić do aktywacji immunologicznej ważnej w patogenezie AIDS. Eksytotoksyczność NMDA i neuroprzekaźnik indukowany aktywacja immunologiczna może prowadzić do demencji AIDS. Zwiększona generacja serotoniny i dopaminy z bakteryjnego cholesterolu katabolizm może prowadzić do zaburzeń nastroju i psychozy schizofrenii powszechne w AIDS. Wyższy stopień integracji archaika do genomu produkuje zwiększoną syntezę digoksyny produkując dominację prawej półkuli i mniejszy stopień produkując dominację lewej półkuli2. Dominacja prawej półkuli może prowadzić do zespołu nabytego niedoboru odporności, o czym informowano wcześniej w tym laboratorium. Archaea, wiroidy i digoksyna mogą indukować u gospodarza AKT PI3K, AMPK, HIF alfa i NFKB wytwarzające fenotyp metaboliczny Warburga34. Zwiększona aktywność heksokinazy glikolowej, spadek ATP we krwi, wyciek cytochromu C, wzrost pirogronianu surowicy i spadek acetylo CoA wskazuje na wytwarzanie fenotypu Warburga. Następuje indukcja glikolizy, hamowanie aktywności PDH i dysfunkcja mitochondriów, co prowadzi do niewydolności energetycznej. Wzrost glikolizy powoduje wzrost regulacji heksokinazy porów PT mitochondrialnego, co prowadzi do proliferacji komórek i transformacji złośliwej. Archeologiczny katabolizm cholesterolu powoduje również powstawanie WWA, które może modulować komunikację międzykomórkową złącza szczelinowego, prowadząc do proliferacji komórek i transformacji złośliwej. Archeologiczne WWA mogą więc indukować zmiany nowotworowe. Archealny katabolizm cholesterolu może doprowadzić do zubożenia komórek cholesterolu, prowadząc do poliploidalności i transformacji złośliwej. Istnieje zwiększona częstość występowania nowotworów złośliwych jest jak chłoniaki nieziarnicze i mięsak Kaposiego w AIDS. Limfocyty są uzależnione od glikolizy w zakresie swoich potrzeb energetycznych. Zwiększona glikoliza indukowana przez fenotyp Warburga prowadzi do aktywacji immunologicznej. Kwas mlekowy generowany przez zwiększoną glikolizę prowadzi do stymulacji immunologicznej. Stymulacja immunologiczna jest skojarzeniem zespołu AIDS. Aktywność oksydazy cholesterolowej, zwiększona aktywność glikolizy związana z oksydazą NADPH oraz dysfunkcja mitochondriów generuje wolne rodniki ważne w patogenezie AIDS. Wolne rodniki są wykorzystywane przez wirusa HIV jako posłańcy i zwiększają replikację retrowirusową oraz ładunek wirusowy w układzie. Nagromadzony pirogronian wchodzi w drogę bocznikową GABA i jest przekształcany w cytrynian, który jest aktywowany przez lizę cytrynianową i przekształcany w acetyl CoA, wykorzystywany do syntezy cholesterolu34. Pirogronian może być przekształcony w glutaminian i amoniak, który jest utleniany przez archaiki dla potrzeb energetycznych. Podwyższony poziom cholesterolu w podłożu prowadzi również do zwiększonego wzrostu archeologicznego i syntezy digoksyny, co prowadzi do skierowania metabolizmu na ścieżkę mewalonianu. Hiperdigoksymina jest ważna w patogenezie AIDS. Digoksyna może zwiększać limfocytowy wewnątrzkomórkowy wapń, co prowadzi do indukcji NFKB i aktywacji immunologicznej. Digoksyna może również indukować EGF i inne czynniki wzrostu, co prowadzi do onkogenezy. Digoksyna może powodować zwiększenie wewnątrzkomórkowego wapnia związanego z PT dysfunkcji porów i śmierci komórek2. Archaeal cholesterol katabolizm wygenerowany WWA może również produkować NMDA excitoxicity i śmierci komórek. Archaeal i mewalonian ścieżka bakteryjna katabolizm cholesterolu może pozbawić cholesterolu z neuronów błony komórkowej i organelle błony jak mitochondrium, ER i lizosomalne błony produkujące komórki i organelle dysfunkcji i śmierci. Fenotyp Warburga jest również ważny w degeneracji neuronów produkujących demencję AIDS. Zwiększona glikoliza powoduje zwiększoną generację enzymu dehydrogenazy 3-fosforanowej gliceraldehydu (GAPD). GAPD może być poddawana poliadenylowaniu za pomocą enzymu PARP aktywowanego wolnymi rodnikami. Poliadenylowana GAPD może być poddana translokacji jądrowej powodując śmierć komórki jądrowej. Wszystkie te czynniki przyczyniają się do genezy degeneracji neuronów i demencji AIDS. AIDS dementia, złośliwa transformacja, aktywacja immunologiczna i choroba autoimmunologiczna, które są częścią zespołu HIV, mogą być związane z archaea i wiroidami. Katabolizm cholesterolu wywołany przez bakterie z archai i mewalonianów powoduje obniżenie poziomu cholesterolu u żywiciela, co zostało opisane w przypadku AIDS. Wady metaboliczne cholesterolu zostały również opisane w chorobie Creutzfeldta Jakoba. Tak więc aktynowce, wiroidy i mewalonianowe bakterie szlaku indukujące zmiany metaboliczne, genetyczne, immunologiczne i neuronalne mogą prowadzić do zespołu nabytego niedoboru odporności i choroby Creutzfeldta Jakoba.

## Referencje


1. Valiathan M.S., Somers, K., Kartha, C.C. (1993). *Endomyocardial Fibrosis.* Delhi: Oxford University Press.
2. Kurup R., Kurup, P.A. (2009). *Hypothalamic Digoxin, Cerebral Dominance and Brain Function in Health and Diseases.* Nowy Jork: Nova Science Publishers.
3. Hanold D., Randies, J.W. (1991). Coconut cadang-cadang disease and its viroid agent, *Plant Disease,* 75, 330-335.
4. Edwin B.T., Mohankumaran, C. (2007). Kerala wilczyca phytoplasma: Phylogenetic analysis and identification of a vector, *Proutista moesta, Physiological and Molecular Plant Pathology,* 71(1-3), 41-47.
5. Eckburg P.B., Lepp, P.W., Relman, D.A. (2003). Archaea and their potential role in human disease, *Infect Immun,* 71, 591-596.
6. Adam Z. (2007). Actinides and Life's Origins, *Astrobiology,* 7, 6-10.
7. Schoner W. (2002). Endogenous cardiac glycosides, a new class of steroid hormones, *Eur J Biochem,* 269, 2440-2448.
8. Davies P.C.W., Benner, S.A., Cleland, C.E., Lineweaver, C.H., McKay, C.P., Wolfe-Simon, F. (2009). Podpisy Shadow Biosphere, *Astrobiology,* 10, 241-249.

9. Richmond W. (1973). Preparation and properties of a cholesterol oxidase from nocardia species and its application to the enzymatic assay of total cholesterol in serum, *Clin Chem,* 19, 1350-1356.

10. Snell E.D., Snell, C.T. (1961). *Colorimetric Methods of Analysis.* Vol. 3A. Nowy Jork: Van NoStrand.

11. Glick D. (1971). *Metody analizy biochemicznej.* Vol. 5. Nowy Jork: Interscience Publishers.

12. Colowick, Kaplan, N.O. (1955). *Metody w enzymologii.* Tom 2. Nowy Jork: Prasa akademicka.

13. Maarten A.H., Marie-Jose, M., Cornelia, G., van Helden-Meewsen, Fritz, E., Marten, P.H. (1995). Detection of muramic acid in human spleen, *Infection and Immunity,* 63(5), 1652 - 1657.

14. Smit A., Mushegian, A. (2000). Biosynteza izoprenoidów poprzez mewalonian w Archaea: the lost pathway, *Genome Res,* 10(10), 1468-84.

15. Van der Geize R., Yam, K., Heuser, T., Wilbrink, M.H., Hara, H., Anderton, M.C. (2007). A gene cluster encoding cholesterol catabolism in a soil actinomycete provides insight into Mycobacterium tuberculosis survival in macrophages, *Proc Natl Acad Sci USA,* 104(6), 1947-52.

16. Francis A.J. (1998). Biotransformacja uranu i innych aktynowców w odpadach radioaktywnych, *Journal of Alloys and Compounds,* 271(273), 78-84.

17. Probian C., Wülfing, A., Harder, J. (2003). Anaerobic mineralization of quaternary carbon atoms: Isolation of denitrifying bacteria on pivalic acid (2,2-Dimethylpropionic acid), *Applied and Environmental Microbiology,* 69(3), 1866-1870.

18. Vainshtein M., Suzina, N., Kudryashova, E., Ariskina, E. (2002). New Magnet-Sensitive Structures in Bacterial and Archaeal Cells, *Biol Cell,* 94(1), 29-35.

19. Tsagris E.M., de Alba, A.E., Gozmanova, M., Kalantidis, K. (2008). Viroids, *Cell Microbiol,* 10, 2168.

20. Horie M., Honda, T., Suzuki, Y., Kobayashi, Y., Daito, T., Oshida, T. (2010). Endogenous non-retroviral RNA virus elements in mammalian genomes, *Nature,* 463, 84-87.

21. Hecht M., Nitz, N., Araujo, P., Sousa, A., Rosa, A., Gomes, D. (2010). Geny z pasożyta Chagasa mogą być przenoszone na ludzi i przekazywane dzieciom. Dziedziczenie DNA przeniesionego z amerykańskich trypanosomów na ludzkich żywicieli, *PLoS ONE,* 5, 2-10.

22. Flam F. (1994). Wskazówki dotyczące języka w śmieciowym DNA, *Science,* 266, 1320.

23. Horbach S., Sahm, H., Welle, R. (1993). Biosynteza izoprenoidów w bakteriach: dwie różne drogi? *FEMS Microbiol Lett,* 111, 135-140.

24. Gupta R.S. (1998). Protein phylogenetics and signature sequences: a reappraisal of evolutionary relationship among archaebacteria, eubacteria, and eukaryotes, *Microbiol Mol Biol Rev,* 62, 1435-1491.

25. Margulis L. (1996). Archaeal-eubacterial mergers in the origin of Eukarya: phylogenetic classification of life. *Proc Natl Acad Sci USA,* 93, 1071-1076.

26. Hanage W., Fraser, C., Spratt, B. (2005). Fuzzy species among recombinogenic bacteria, *BMC Biology,* 3, 6-10.

27. Webb J.S., Givskov, M., Kjelleberg, S. (2003). Bacterial biofilms: prokaryotic adventures in multicellularity, *Curr Opin Microbiol,* 6(6), 578-85.

28. Whitchurch C.B., Tolker-Nielsen, T., Ragas, P.C., Mattick, J.S. (2002). DNA pozakomórkowe wymagane do tworzenia biofilmu bakteryjnego. *Science,* 295(5559), 1487.

29. Chen Y., Cai, T., Wang, H., Li, Z., Loreaux, E., Lingrel, J.B. (2009). Regulation of intracellular cholesterol distribution by Na/K-ATPase, *J Biol Chem,* 284(22), 14881-90.

30. Montagnier L., Blanchard, A. (1993). Mykoplazmy jako kofaktory w infekcji spowodowanej ludzkim wirusem niedoboru odporności. *Clin Infect Dis,* 17(1), S309-15.

31. Villarreal L.P. (2006). How viruses shape the tree of life, *Future Virology,* 1(5), 587-595.

32. Poole A.M. (2006). Czy II grupa proliferacji intronowej na endosymbiontycznym archaeonie stworzyła eukarionty? *Biol Direct,* 1, 36-40.

33. Eberl M., Hintz, M., Reichenberg, A., Kollas, A., Wiesner, J., Jomaa, H. (2010). Microbial isoprenoid biosynthesis and human γδ T cell activation, *FEBS Letters,* 544(1), 4-10.

34. Wallace D.C. (2005). Mitochondria i rak: Warburg Addressed, *Cold Spring Harbor Symposia on Quantitative Biology,* 70, 363-374.

## ROZDZIAŁ 11

## MIKROBIOLOGIA METABOLICZNA, WIRUSOLOGIA I RETROWIROLOGIA - ENDOSYMBIOTYCZNA ARCHAICZNA DIGOKSYNA I ZESPÓŁ NABYTEGO NIEDOBORU ODPORNOŚCI

### Wprowadzenie

Zespół nabytego niedoboru odporności wiąże się ze zwiększoną predyspozycją do onkogenezy, pobudzającą toksycznością glutaminianów i demencją AIDS, psychozy związanej z HIV-1 ze schizofrenią lub dwubiegunowym zaburzeniem nastroju typu prezentacji i chorobą autoimmunologiczną. Zaburzona ścieżka izoprenoidalna została opisana w nowotworach, zaburzeniach psychiatrycznych, zaburzeniach o podłożu immunologicznym, takich jak stwardnienie rozsiane, oraz zaburzeniach zwyrodnieniowych, takich jak choroba Alzheimera. Ważnymi produktami metabolicznymi szlaku izoprenoidalnego są dolichol, ubichinon i digoksyna (endogenny inhibitor Na+-K+ ATPazy). Endosymbiotyczne archaiki aktynowców wydzielają digoksynę.

Archeologiczna digoksyna może regulować transport neutralnych aminokwasów tyrozyny i tryptofanu. Metabolizm tryptofanu jest również związany z zaburzeniami odpornościowymi. Zmiany w metabolizmie kwasu chinolinowego były związane z patologicznymi zmianami w demencji AIDS. Interferony zostały zaangażowane w patogenezie zaburzeń odpornościowych. Interferony działają poprzez indukowanie enzymu indoleaminy 2,3-digoksygenazy, który katalizuje katabolizm tryptofanu wzdłuż ścieżki kynureniny. Prowadzi to do zubożenia tryptofanu i wzrostu poziomu jego metabolitów - kynureniny i kwasu chinolinowego. Ścieżka kynureninowa jest również związana z wyniszczeniem, które występuje w zaburzeniach systemowych. Stwierdzono wzrost aktywności enzymów szlaku kynureninowego w różnych tkankach w wyniku systemowej stymulacji immunologicznej, w połączeniu z naciekiem makrofagów do tkanek dotkniętych chorobą. Wyniki te sugerują, że metabolity kynureniny mogą mieć pewien związek z reakcją immunologiczną.

Archaeal digoksyna, poprzez zmianę wewnątrzkomórkowego stosunku wapnia do magnezu i zmiany poziomu ubichinonu może przyczynić się do dysfunkcji mitochondriów i wytwarzania wolnych rodników. Wolne rodniki mechanizmy związane z kwasem chinolinowym i generowaniem tlenku azotu zostały włączone do zaburzeń immunologicznych, takich jak demencja AIDS i zapalenie naczyń. Hipomagnezemia wynikająca z hamowania błony Na+-K+ ATPazy i dolicholu może zmienić metabolizm glikokoniugatów. Kwas sialowy i fukozy zawierające ligandy węglowodanowe mają wpływ na reakcję zapalną w ostrej fazie. Duża część badań wspiera rolę małych ligandów węglowodanowych w handlu leukocytami. Udokumentowano zwiększoną ekspresję selekcji w chorobach o podłożu immunologicznym.

Zmniejszenie gęstości w środowisku kolonialnym i endosymbiotycznym prowadzi do umiarkowanego wzrostu syntezy digoksyny i zespołu nabytego niedoboru odporności. Dieta bogata w błonnik pokarmowy może prowadzić do zmniejszenia gęstości jelita grubego i zmniejszenia archaiczności endosymbiotycznej. Dieta wysokobłonnikowa wytwarza zwiększoną ilość maślanu, który wzmacnia barierę krwi jelitowej i mózgowej, prowadząc do zmniejszenia archaicznej gęstości jelita i upodobania do AIDS w populacji homo sapien. Dieta wysokobłonnikowa generuje maślan jelita grubego, który przenika do krwi i mózgu, wytwarzając hamowanie HDAC i endogenną ekspresję retrowirusową. Cząsteczki endogennego retroviralu mogą być odtworzone i zamknięte w błonach fosfolipidowych przyczyniając się do stanu retroviralnego. Dieta o niskiej zawartości błonnika prowadzi do zwiększenia gęstości populacji jelita grubego i zmniejszenia klastrów klostridalnych wytwarzających maślan. Niedobór maślanu prowadzi do przełamania bariery mózgowej krwi i jelitowej, co powoduje wzrost endosymbiotycznego wzrostu archeologicznego. Zmniejszenie ilości wytwarzanych maślanów w klostridiach jelitowych prowadzi do zmniejszenia zahamowania HDAC i ekspresji HERV. Zmniejsza się gęstość wiązanych fosfolipidów, które zamykają cząsteczki HERV w stanach krwi i tkanek. Wzrost endosymbiotycznego wzrostu archeologicznego w populacjach spożywających dietę o niskiej zawartości błonnika prowadzi do znacznego wzrostu digoksyny wytwarzającej stan hiperdigoksynamiczny. W populacjach stosujących dietę o niskiej zawartości błonnika również występuje bardzo duże zagęszczenie endosymbiotyczne. Niska mikroflora maślanowa indukowana hamowaniem HDAC przyczynia się do zmniejszenia ekspresji HERV i zmniejszenia wielkości kory mózgowej oraz dominującej funkcji móżdżku. Prowadzi to do powstania neandertalicznego mózgu i fenotypu w populacjach objętych dietą o niskiej zawartości błonnika. Neandertalizowany fenotyp przyczynia się w ten sposób do zwiększenia odporności na choroby retrowirusowe, a homo sapiens dla fenotypu przyczynia się do chorób retrowirusowych. Zmniejszona ekspresja HERV w neandertalizowanym fenotypie przyczynia się do mózgu dominującego w móżdżku, a zwiększona ekspresja HERV w homo sapiens w fenotypie korowym przyczynia się do mózgu dominującego w móżdżku.

Badanie przeprowadzono w celu oceny: (l) szlaku izoprenoidalnego, (2) wzorca katabolicznego tryptofanu/tyrozyny, (3) metabolizmu Glvcoconjugate oraz (4) zmiany błony RBC jako odbicia zmiany błony komórkowej (szlak izoprenoidalny produkuje cztery metabolity istotne dla struktury błony i funkcji - cholesterol, dolichol, ubichinon i digoksyna). W pracy przedstawiono hipotezę sugerującą, że błona podstawna za pośrednictwem digoksyny Na+-K+ ATPaza hamuje wszystkie te zmiany w zespole nabytego niedoboru odporności.

**Wyniki**

(1) Aktywność reduktazy HMG CoA oraz stężenie digoksyny i dolicholu zostały zwiększone w zakażeniu HIV-1. Zmniejszono stężenie ubichinonu w surowicy, aktywność błony erytrocytarnej Na+-K+ ATPazy i magnezu w surowicy.

(2) Stężenie tryptofanu, kwasu chinolinowego i serotoniny w surowicy krwi tych pacjentów zostało zwiększone, podczas gdy stężenie tyrozyny, dopaminy i noradrenaliny uległo zmniejszeniu.

(3) Nikotyna i strychnina zostały wykryte w osoczu pacjentów z zakażeniem HIV-1, ale nie zostały wykryte w surowicy kontrolnej. Morfina nie została wykryta w osoczu tych pacjentów.

(4) Stężenie całkowitych glikozaminoglikanów (GAG) wzrosło w surowicy pacjentów zakażonych HIV-1. Zwiększono stężenie siarczanu heparyny (HS), siarczanu dermatanu (DS), siarczanów chondroityny (ChS) i kwasu hialuronowego (HA). U tych chorych zwiększono stężenie heksozy całkowitej, fukozy i kwasu sialowego w glikoproteinach surowicy. Stężenie gangliozydów, diglicerydów glikozylowych, móżdżków i siarczynów wykazało u tych chorych istotny wzrost stężenia w surowicy.

(5) Aktywność enzymów degradujących glikozaminoglikan (GAG) - beta-glukuronidazy, beta-N-acetyloheksozoaminidazy, hialuronidazy i katepsyny-D - była zwiększona w zakażeniu HIV-l w porównaniu z grupą kontrolną. Aktywność beta-galaktozydazy, beta-fukozydazy i beta-glukozydazy wzrosła w zakażeniu HIV-1.

(6) Stężenie całkowitego GAG oraz pozostałości heksozy i fukozy z glikoprotein w błonie RBC uległo znacznemu zmniejszeniu w zakażeniu HIV-1. Stężenie cholesterolu w błonie RBC wzrosło, natomiast stężenie fosfolipidu spadło. Stosunek stężenia cholesterolu błonowego RBC do fosfolipidów zwiększał się w zakażeniu HIV-l.

(7) Aktywność dysmutazy nadtlenkowej (SOD), katalazy, reduktazy glutationowej i peroksydazy glutationowej w erytrocytach znacznie spadła w zakażeniu HIV-l. Stężenie aldehydu malonowego (MDA), wodorotlenków, dienów sprzężonych i tlenku azotu (NO) zwiększyło się istotnie. W zakażeniu HIV-l zmniejszyło się stężenie zmniejszonego glutationu.

**Dyskusja**

**Archaeal digoksyna i błona Na+-K+ inhibicja ATPazy w odniesieniu do AIDS**

Do syntezy digoksyny przyczyniają się szlak sterydów archaicznych DXP oraz regulowany szlak fosforanu pentozy. Wzrost aktywności reduktazy HMG CoA w zakażeniu HIV-l sugeruje wzrost aktywności szlaku izoprenoidalnego. Obserwuje się wyraźny wzrost stężenia digoksyny i dolicholu w osoczu, a wzrost ten może być konsekwencją zwiększonego ukierunkowania pośredników szlaku izoprenoidowego na ich biosyntezę. W związku z tym wykazano, że włączenie $^{\text{octanu 14C}}$ do digoksyny w mózgu szczura wskazuje, że acetyl CoA jest prekursorem biosyntezy digoksyny również u ssaków. Wzrost endogennej digoksyny, silnego inhibitora błony Na+-K+ ATPazy, może zmniejszyć aktywność tego enzymu. W zakażeniu HIV-1 doszło do znacznego zahamowania działania błony RBC Na+-K+ ATPazy. Wiadomo, że hamowanie ATPazy Na+-K+ przez digoksynę powoduje wzrost poziomu wapnia wewnątrzkomórkowego wynikający ze zwiększonej wymiany Na+-Ca++, zwiększonego wnikania wapnia przez napięciowy kanał wapniowy oraz zwiększonego uwalniania wapnia z wewnątrzkomórkowych zapasów wapnia w siateczce śródplazmatycznej. Ten wzrost wewnątrzkomórkowego wapnia poprzez wypieranie magnezu z miejsc jego wiązania, powoduje zmniejszenie dostępności funkcjonalnej magnezu. Ten spadek dostępności magnezu może powodować zmniejszenie mitochondrialnego tworzenia ATP, co wraz z niską zawartością magnezu może powodować dalsze hamowanie ATPazy Na+-K+, ponieważ kompleks ATP-magnez jest rzeczywistym podłożem dla tej reakcji. Wolny od cytozyny wapń jest zwykle buforowany przez dwa mechanizmy: wyciskanie wapnia z komórki zależne od ATP i sekwestrację wapnia zależną od ATP w siatkówce endoplazmatycznej. Zaburzenia czynności mitochondriów związane z magnezem powoduje wadliwe wyciskanie wapnia z komórki. Istnieje zatem stopniowe hamowanie aktywności Na+-K+ ATPazy po raz pierwszy wywołane przez digoksynę. Niski poziom magnezu wewnątrzkomórkowego i wysoki poziom wapnia wewnątrzkomórkowego w wyniku hamowania Na+-K+ ATPazy wydaje się być kluczowe dla patofizjologii zakażenia HIV-l. Surowica magnezu została oceniona w zakażeniu HIV-l i stwierdzono jej redukcję.

**Archaeal digoksyna, aktywacja immunologiczna i AIDS**

Zwiększona ilość wapnia wewnątrzkomórkowego aktywuje zależną od wapnia ścieżkę transdukcji sygnału kalcyneuryny, która może wytwarzać aktywację komórek T i wydzielanie Interleukiny 3, 4, 5, 6 i TNF alfa (Tumour necrosis factor alpha). TNF alfa wiąże się ze swoim receptorem TNF RI i aktywuje czynniki transkrypcyjne NFKB i AP-1, prowadząc do indukcji genów prozapalnych i immunomodulacyjnych. Może to wyjaśniać aktywację immunologiczną we wczesnej fazie zakażenia HIV-l. Opisano aktywację i proliferację poliklonalnych komórek B we wczesnej fazie zakażenia HIV-l. Replikacja HIV-l jest ułatwiona dzięki aktywowanym krwinkom T. Dzieje się tak głównie dlatego, że wśród indukowalnych białek komórkowych, które sprzyjają wzrostowi HIV-l jest czynnik transkrypcyjny, NFKB. HIV-1 włączył do własnego genomu dwa takie elementy NFKB wiążące-nawarstwy, co pozwala na wyzwolenie transkrypcji HIV-l w obecności NFKB jądrowego. NFKB z kolei współpracuje z drugim, czynnikiem transkrypcyjnym, Spl, w celu promowania początkowego poziomu ekspresji genu wirusowego, co z kolei prowadzi do syntezy regulacyjnego białka HIV-l Tat. HIV-l Tat działa jako silny wzmacniacz ekspresji wszystkich genów wirusowych, w tym nef. Jedną z funkcji nef jest dalsze zwiększenie stanu aktywacji komórek T poprzez wzmocnienie transdukcji sygnału za pośrednictwem receptorów T-komórkowych zaangażowanych przez antygen. W ostatnich badaniach stwierdzono, że ekspozycja na toksynotwórczy antygen tężcowy, wspólny antygen przypominający doprowadził do znacznego (2-36 razy), ale przejściowy wzrost wiremii we krwi i wzrost całkowitej liczby zakażonych komórek we krwi lub węzłów chłonnych oraz zwiększoną łatwość izolacji HIV-l z krwi obwodowej komórek jednojądrowych. TNF alfa może również powodować apoptozę komórki. Wiąże się on ze swoim receptorem i aktywuje kaspazę-9, proteazę ICE, która przekształca prekursor IL-1 beta w IL-1 beta. Beta IL-1 produkuje apoptozę neuronów w demencji AIDS i komórki CD4 w zakażeniu HIV-1. Apoptoza komórek CD4 i zubożenie CD4 są ważne w patogenezie zakażenia HIV-1. Beta IL-1 może indukować ekspresję białka HIV-1 poprzez mechanizm związany z transkrypcją i przyczyniać się do patogenezy demencji AIDS. Interleukina-1 beta i TNF alfa mogą również sprzyjać wzrostowi chłoniaka ośrodkowego w przebiegu AIDS. Membrana Na+-K+ hamowanie ATPazy może wytwarzać aktywację immunologiczną i jest zgłaszane do zwiększenia proporcji CD4/CD8, co jest przykładem działania litu. Wirus HIV-1 wiąże się tylko z receptorem CD4. Wysoka wyjściowa CD4 może predysponować do zakażenia HIV-l i możliwe jest wystąpienie oporności na HIV-l u pacjentów z CD4 uszczuplonych. Ostatnio odnotowano, że aktywacja immunologiczna i wysoka liczba CD4 może predysponować do zakażenia HIV-l. Możliwe jest hipotezowanie stanu przed-HIV-l z wysoką liczbą CD4 z powodu podwzgórzowego wydzielania digoksyny. Le Vay zgłaszał zmiany strukturalne w podwzgórzu, u homoseksualistów predysponowanych do AIDS.

Proces zachorowania na chorobę wywołaną przez HIV jest blokowany przez kilka czynników żywicielskich. Należą do nich czynniki tłumiące CD5 T-komórkowe. W obecności podwyższonego poziomu digoksyny i inhibicji błony Na+-K+ ATPazy zmniejsza się liczba CD8 i zanika efekt ochronny. Ochronny jest również transformujący czynnik wzrostu-beta (TGF beta). Receptor TGF beta jest białkowym receptorem kinazy tyrozynowej. Jest on dysfunkcyjny w obecności wewnątrzkomórkowego niedoboru magnezu, który powoduje wadę fosforylacji.

**Archeologiczna digoksyna i regulacja syntezy neuroprzekaźników i funkcji w odniesieniu do AIDS**

Archaiczny szlak neurotransminoidalnego kwasu shikimowego przyczynia się do syntezy tryptofanu i tyrozyny oraz katabolizmu generującego neurotransmitery i neuroaktywne alkaloidy. Digoksyna oprócz wpływu na transport kationów ma również wpływ na transport różnych metabolitów przez błony komórkowe, w tym aminokwasów i różnych neurotransmiterów. Dwa z aminokwasów w tym względzie są ważne, tryptofan, prekursor strychniny i nikotyny i tyrozyny, prekursor morfiny. Wykazaliśmy już obecność endogennej morfiny w mózgu kotów obciążonych tyrozyną oraz endogennej strychniny i nikotyny w mózgu szczurów obciążonych tryptofanem. Wyniki wykazały, że stężenie tryptofanu, kwasu chinolinowego, nikotyny, strychniny i serotoniny było wyższe w osoczu pacjentów z zakażeniem HIV-l, natomiast stężenie tyrozyny, morfiny, dopaminy i noradrenaliny było niższe. Tak więc jest wzrost tryptofanu i jego katabolitów i zmniejszenie tyrozyny i jej katabolitów w surowicy pacjenta. Może to wynikać z faktu, że digoksyna może regulować neutralny system transportu aminokwasów z preferencyjną promocją transportu tryptofanu nad tyrozyną. Spadek aktywności membranowej Na+-K+ ATPazy w zakażeniu HIV-1 może wynikać z faktu, że hiperpolaryzujące neurotransmitery (dopamina, morfina i noradrenalina) są zmniejszone, a depolaryzujące neuroaktywne związki a (serotonina, strychnina, nikotyna i kwas chinolinowy) są zwiększone.

Schemat neuroprzekaźników schizoidalnych o zmniejszonej zawartości dopaminy, noradrenaliny i morfiny oraz zwiększonej zawartości serotoniny, strychniny i nikotyny jest wspólny dla zakażenia HIV-I i stanu schizoidalnego. Kwas chinolinowy, agonista NMDA może przyczynić się do NMDA excitotoxicity zgłaszane w stanie schizoidalnym. Strychnina poprzez blokowanie transmisji glicyninergicznych może przyczynić się do zmniejszenia hamującego przenoszenia w stanie schizoidalnym. Ostatnie dane sugerują, że początkowa nieprawidłowość w stanie schizoidalnym obejmuje stan hipodopaminergiczny i niski poziom dopaminy obecnie obserwowane zgadza się z tym. Nikotyna poprzez interakcję z receptorów nikotynowych może ułatwić uwolnienie dopaminy, promowanie transmisji dopaminergicznej w mózgu. To może wyjaśnić zwiększoną transmisję dopaminergiczną w mózgu w ustawieniach zmniejszonej syntezy dopaminy. Zwiększona aktywność serotoninergiczna i zmniejszenie odpływu noradenergicznego z locus coreuleus zgłaszane wcześniej w stanie schizoidalnym zgadza się z naszym stwierdzeniem podwyższonego poziomu serotoniny i noradrenaliny zmniejszone. Kwas chinolinowy został zaangażowany w aktywacji immunologicznej w innych chorób autoimmunologicznych, takich jak tru i może przyczynić się do tego samego w zakażeniu HIV-1. Receptory serotoninowe, dopaminowe i noradrenalinowe zostały wykazane w limfocytach. Zgłaszano, że podczas aktywacji immunologicznej serotonina jest zwiększona z odpowiednią redukcją dopaminy i noradrenaliny w jądrach monoaminergicznych pnia mózgu. W ten sposób podwyższony poziom serotoniny i obniżona noradrenaliny i dopaminy może przyczynić się do aktywacji immunologicznej w zakażeniu HIV-1. Niedobór endogennej morfiny jest zauważany u pacjentów z zakażeniem HIV-1. Morfina ma działanie immunosupresyjne, a jej niedobór może przyczyniać się do aktywacji immunologicznej w zakażeniu HIV-l. Kwas chinolinowy, jak również neuroprzekaźnik indukowany aktywacją immunologiczną mogą sprzyjać replikacji HIV-l. Tak więc wzór neuroprzekaźnika schizoidalnego może predysponować do zakażenia HIV-1. Neuroprzekaźnik wzór zmniejszonej dopaminy i noradrenaliny i zwiększonej serotoniny może przyczynić się do psychozy schizofrenii opisane w zakażeniu HIV-l.

W obecności hipomagnezemii blok Mg++ na receptorze NMDA jest usuwany, co prowadzi do pobudzenia NMDA. Zwiększona ilość presynaptycznego neuronu Ca++ może prowadzić do cyklicznej, zależnej od AMP fosforylacji synapsyn, co prowadzi do zwiększonego uwalniania neuroprzekaźników do połączenia synaptycznego i recyklingu pęcherzykowego. Zwiększone wewnątrzkomórkowe Ca++ w neuronie postsynaptycznym może również aktywować zależną od Ca+++ transdukcję sygnału NMDA. Neuroprzekaźnik błony plazmowej (na powierzchni komórki glejowej i neuronu presynaptycznego) jest sprzężony z gradientem Na+, który jest zaburzany przez hamowanie ATPazy Na+-K+, co powoduje zmniejszenie klirensu glutaminianu przez wychwyt presynaptyczny i glejowy pod koniec transmisji synaptycznej. Dzięki tym mechanizmom, hamowanie działania Na+-K+

ATPazy może wspomagać transmisję glutaminianu. Podwyższony poziom kwasu chinolinowego i serotoniny może również przyczyniać się do pobudzenia NMDA. Kwas chinolinowy i serotonina są pozytywnymi modulatorami receptora NMDA. Strychnina może również przyczyniać się do ekscytotoksyczności NMDA. Strychnina wypiera glicynę z miejsc jej wiązania i hamuje hamującą transmisję glicynolityczną w mózgu. Glicyna może swobodnie wiązać się z niewrażliwym na strychninę miejscem receptora NMDA i przyczyniać się do pobudzającej transmisji NMDA. Toksyczność wzbudzająca NMDA jest związana z degeneracją neuronów obserwowaną w przypadku demencji AIDS.

**Archeologiczna digoksyna i regulacja funkcji golgi/ lizosomalnej organizmu w odniesieniu do AIDS**

Glikozaminoglikoza i fruktozoidy z archaionów przyczyniają się do syntezy i katabolizmu glikokoniugatu w procesie fruktolizy. Zubożenie Mg++ może wpływać na metabolizm glikozaminoglikanów, glikoprotein i glikolipidów. Podwyższenie poziomu dolicholu może sugerować jego zwiększoną dostępność do N-glikozylacji białek. Niedobór magnezu może prowadzić do zwiększonej syntezy móżdżku i gangliozydów. W przypadku niedoboru Mg++ zablokowana jest glikoliza, cykl kwasu cytrynowego i fosforylacja oksydacyjna, a więcej glukozy 6-fosforanu jest kierowane do syntezy glikozaminoglikanów (GAG). Wyniki wskazują na wzrost stężenia całkowitych i różnicowych frakcji GAG w surowicy, glikolipidów i węglowodanowych składników glikoprotein w zakażeniu HIV-l. Wzrost zawartości składników węglowodanowych - heksozy ogółem, fukozy i kwasu sialowego w zakażeniu HIV-l nie wskazywał w takim samym stopniu na jakościową zmianę struktury glikoprotein. Aktywność enzymów degradujących GAG oraz aktywność glikwohydrolaz wykazywały istotny wzrost w surowicy krwi w zakażeniu HIV-l. Wewnątrzkomórkowy niedobór Mg++ powoduje również wadliwe, zależne od ubikwityny przetwarzanie proteolityczne glikokoniugatów, ponieważ wymaga ono Mg+++ do swojej funkcji. Wzrost aktywności glikkohydrolaz i enzymów degradujących GAG może być spowodowany zmniejszoną stabilnością lizosomalną i wynikającym z niej wyciekiem lizosomalnych enzymów do surowicy. Wzrost stężenia składników węglowodanowych glikoprotein i GAG pomimo zwiększonej aktywności glikwohydrolaz może wynikać z ich ewentualnej odporności na rozszczepienie przez glikwohydrolazy, co może być skutkiem jakościowej zmiany ich struktury. Kompleksy proteoglikanowe powstające w obecności zmienionych wewnątrzkomórkowo stosunków wapń/magnez mogą być strukturalnie nieprawidłowe i odporne na enzymy lizosomalne oraz mogą się kumulować. Strukturalnie nieprawidłowe glikoproteiny i proteoglikany są odporne na katabolizm przez enzymy lizosomalne i kumulują się prowadząc do degeneracji neuronów w demencji AIDS. Stwierdzono, że interakcje proteoglikanów HS i ChS z glikoproteinami neuronalnymi oraz zmniejszone trawienie proteolityczne tych kompleksów prowadzą do degeneracji neuronów i prawdopodobnie do demencji AIDS.

Defekt przetwarzania białka może prowadzić do wadliwej glikozylacji egzogennych antygenów glikoprotein wirusowych, a w konsekwencji do wadliwego wytworzenia kompleksu antygenów glikoprotein MHC. Transporter peptydowy powiązany z MHC, czyli glikoproteina P, która transportuje kompleks antygenu MHC do antygenu występującego na powierzchni komórki, posiada miejsce wiązania ATP. Transporter peptydowy jest dysfunkcyjny w obecności niedoboru magnezu. Powoduje to wadliwy transport kompleksu antygenów glikoprotein wirusowych MHC klasy 1 do antygenu prezentującego powierzchnię komórkową w celu rozpoznania przez komórkę CD4 lub CD8. Wadliwa prezentacja egzogennych antygenów wirusowych może powodować unikanie odporności przez wirusa, tak jak w przypadku zakażenia HIV-l i utrzymywania się wirusa. Może to być przyczyną utrzymywania się innych wirusów, takich jak HSV produkujący mięsak Kaposiego i wirus ebsteinbar produkujący chłoniaka innego niż Hodgkin. Pewna ilość fukozy i kwasu sialowego zawierających naturalne ligandy jest zaangażowana w adhezję limfocytów, produkując handel leukocytami i ekstrawazję do przestrzeni okołonaczyniowej, a te same zjawiska mogą przyczyniać się do patologii demencji AIDS. Nienormalnie glikozylowane antygeny nowotworowe mogą prowadzić do wadliwej prezentacji antygenu nowotworowego i utraty nadzoru immunologicznego przez naturalne komórki zabójcze. Zmienione glikoproteiny powierzchni komórkowej (sialoligandy i fukoligandy), glikolipidy i GAG mogą prowadzić do wadliwego hamowania kontaktu i onkogenezy. Wazoaktywne białka receptora polipeptydów jelitowych (VIP) i neuroleukiny (NLK) mają strukturalne podobieństwo do białka obwiedniowego HIV-l gp120. Ekspresja zwiększonej ilości białek receptora VIP lub NLK może mieć miejsce, jeśli są one wadliwie przetwarzane, opierają się lizosomalnemu trawieniu i kumulują się. Obserwuje się, że VIP ma działanie immunoregulacyjne u ludzi. VIP został zgłoszony do hamowania odpowiedzi limfocytów mirtu na Con A i PHA (fitohemaglutynina). VIP został również zgłoszony do zahamowania odpowiedzi człowieka krążących komórek jednojądrowych preparatu na mitogen pokeweed. VIP został również zgłoszony do hamowania aktywności komórek NK. VIP hamuje również produkcję interleukiny-1 w Con A stymulowane hodowli limfocytów mirtu. W przypadku AIDS immunosupresja może być związana ze zwiększoną ekspresją receptorów VIP.

**Archaeal digoksyna i zmiany w strukturze i powstawaniu błon w związku z AIDS**

Steroidelle archaiczne, glikozaminoglikol i fruktozoidy przyczyniają się do tworzenia błony komórkowej syntetyzującej cholesterol w drodze DXP i glikozaminoglikany w drodze fruktolizy. Zmiany w szlaku izoprenoidalnym, w szczególności cholesterol, jak również zmiany w glikoproteinach i GAG mogą wpływać na błony komórkowe. Zwiększenie regulacji szlaku izoprenoidowego może prowadzić do zwiększenia syntezy cholesterolu, a niedobór magnezu może hamować syntezę fosfolipidów. Degradacja fosfolipidów jest zwiększona dzięki wzrostowi wewnątrzkomórkowych fosfolipaz aktywujących wapń $_{A2}$ i D. Stosunek cholesterolu do fosfolipidów w błonie RBC został zwiększony w zakażeniu HIV-1. Stężenie całkowitego GAG, heksozy i fukozy glikoproteiny zmniejszyło się w błonie RBC i zwiększyło w surowicy, co sugeruje ich zmniejszone włączenie do błony i wadliwe tworzenie się. Glikoproteiny, GAG i glikolipidy błony komórkowej tworzą się w siateczce endoplazmatycznej, która następnie pęcherzykuje się jako pęcherzyk łączący się z kompleksem golgi. Glikokoniugaty są następnie transportowane przez kanał golgi, a pęcherzyk golgi łączy się z błoną komórkową. Handel ten jest uzależniony od gazów GTP i kinaz lipidowych, które są w znacznym stopniu zależne od magnezu i są wadliwe w niedoborze magnezu. Zmiany w strukturze błony komórkowej spowodowane zmianą proporcji glikokoniugatów i cholesterolu: fosfolipidów mogą prowadzić do zmian w budowie błony Na+-K+ ATPazy, a w konsekwencji do dalszego zahamowania rozwoju błony Na+-K+ ATPazy. Zmiany w błonie komórkowej CD4 i błonie komórkowej mikroskopijnej mogą powodować zmiany w budowie receptora CD4, powodując zwiększenie wiązania glikoproteiny wirusowej gp120 HIV-1. Zmiana błony komórkowej może również wpływać na konformację białka receptora VIP, zwiększając jego aktywność i wiążąc się z VIP-em, wytwarzając immunosupresję. Te same zmiany mogą wpływać na strukturę błony organelowej. Powoduje to wadliwą lizosomalną stabilność i wyciek glikkohydrolaz i enzymów degradujących GAG do surowicy. Wadliwe błony nadtlenosomalne prowadzą do dysfunkcji katalazy, co zostało udokumentowane w zakażeniu HIV-l.

**Archealna digoksyna i dysfunkcja mitochondriów w odniesieniu do AIDS**

Witaminocyt archaiczny przyczynia się do syntezy funkcji łańcucha transportu elektronów ubichinonu i mitochondriów. Funkcje mitochondrialne związane z wytwarzaniem wolnych rodników są regulowane przez archaiczne witaminyocyty syntetyzowanego tokoferolu i kwasu askorbinowego. Stężenie ubichinonu znacznie spadło w zakażeniu HIV-l, co może być wynikiem niskiego poziomu tyrozyny, w konsekwencji digoksyny efekt w preferencyjnym promowaniu transportu tryptofanu nad tyrozyną. Aromatyczna część pierścieniowa ubichinonu pochodzi z tyrozyny. Ubichinon, który jest ważnym składnikiem mitochondrialnego łańcucha transportu elektronów, jest antyoksydantem membranowym i przyczynia się do usuwania wolnych rodników. Wzrost poziomu wapnia wewnątrzkomórkowego może otworzyć mitochondrialny por PT, powodując załamanie gradientu wodoru na całej błonie wewnętrznej i rozproszenie łańcucha oddechowego. Wewnątrzkomórkowy niedobór magnezu może prowadzić do uszkodzenia funkcji syntazy ATP. Wszystko to prowadzi do defektów w mitochondrialnej fosforylacji oksydacyjnej, niepełnej redukcji tlenu i wytwarzania jonu nadtlenkowego, który wytwarza peroksydację lipidową. Niedobór ubichinonu prowadzi również do zmniejszenia zmiatania wolnych rodników. Wzrost wapnia wewnątrzkomórkowego może prowadzić do zwiększonego wytwarzania NO poprzez indukowanie enzymu syntazy tlenku azotu, który łączy się z rodnikiem nadtlenkowym tworząc nadtlenoazotyn. Podwyższony poziom wapnia może również aktywować fosfolipazę $_{A2}$, co prowadzi do zwiększonej generacji kwasu arachidonowego, który może ulec zwiększonej peroksydacji lipidów. Zwiększone wytwarzanie wolnych rodników, takich jak jon nadtlenkowy i rodnik hydroksylowy, może prowadzić do peroksydacji lipidów i uszkodzenia błony komórkowej, które mogą dalej inaktywować Na+-K+ ATPazę, wyzwalając cykl wytwarzania wolnych rodników ponownie. Niedobór magnezu może wpływać na działanie syntazy glutationu i reduktazy glutationowej. Mitochondrialny nadtlenek dismutazy wycieka i staje się dysfunkcyjny ze zwiększoną wewnątrzkomórkowego wapnia związane z otwarciem mitochondrialnego PT porów i pęknięciem błony zewnętrznej. Nadtlenosomalna błona jest wadliwa z powodu błony Na+-K+ ATPazy hamowanie związane z wadą tworzenia się błony i prowadzi do zmniejszenia aktywności katalazy. Nastąpił wzrost peroksydacji lipidów, o czym świadczy wzrost stężenia MDA, sprzężonych dienów, wodorotlenków i NO ze zmniejszoną ochroną antyoksydacyjną, na co wskazuje spadek ubichinonu i zmniejszenie glutationu w AIDS. Aktywność enzymów biorących udział w wymiataniu wolnych rodników, takich jak dysmutaza nadtlenkowa, katalaza, peroksydaza glutationowa i reduktaza glutationowa, jest zmniejszona w zakażeniu HIV-1, co wskazuje na zmniejszone wymiatanie wolnych rodników. Mitochondrialne dysfunkcje związane z wytwarzaniem wolnych rodników są związane z patogenezą zakażenia HIV-1, a także z degeneracją neuronów i onkogenezą wspólną w tym zespole.

Zwiększone wewnątrzkomórkowe, związane z wapniem i ceramidami, otwarcie mitochondrialnych porów PT prowadzi również do dysregulacji objętości mitochondriów, powodując hiperosmolalność macierzy i rozszerzenie przestrzeni macierzy. Błona zewnętrzna mitochondriów pęka i uwalnia do cytoplazmy czynnik wywołujący apoptozę i cytochrom C. Powoduje to aktywację kaspazy -9 i kaspazy -3. Kaspase-9 może powodować apoptozę komórki. Apoptoza komórki CD4 jest związana z zakażeniem HIV-l. Apoptoza jest również związana z degeneracją neuronów występującą w demencji AIDS. Aktywacja Caspase-3 może spowodować rozszczepienie P21 zaangażowanego w łączenie duplikacji DNA z podziałem komórkowym, co prowadzi do powstania komórki poliploidalnej i onkogenezy, często występującej w zespole HIV-l.

**Archeologiczna digoksyna i regulacja podziału komórek, proliferacji komórek i transformacji nowotworowej w odniesieniu do AIDS - Związek z aktywacją immunologiczną**

Archaiczny fruktozoid przyczynia się do fruktolizy i aktywacji immunologicznej. Fruktoza może przyczyniać się do indukcji NFKB i aktywacji immunologicznej. Zsyntetyzowana na archaikach steroidela digoksyna indukuje NFKB wytwarzając aktywację immunologiczną. Zwiększone stężenie wapnia wewnątrzkomórkowego aktywuje fosfolipazę C beta, co skutkuje zwiększoną produkcją diacyloglicerolu (DAG) z wynikającą z niej aktywacją kinazy białkowej C. Kinaza białkowa C (PKC) aktywuje kaskadę kinazy MAP, prowadząc do proliferacji komórek. Zmniejszone stężenie magnezu wewnątrzkomórkowego może powodować dysfunkcję aktywności GTPazy w podjednostce alfa białka G. Prowadzi to do aktywacji onkogenów RAS, ponieważ więcej RAS jest związanych z GTP niż PKB. Mechanizmy fosforylacyjne są niezbędne do aktywacji genu supresorowego guza P53. Aktywacja P53 jest upośledzona z powodu wewnątrzkomórkowego niedoboru magnezu, który powoduje defekt fosforylacyjny. Upregowanie ścieżki izoprenoidalnej może prowadzić do zwiększenia produkcji fosforanu farnezylu, który może farnezylować onkogen RAS produkujący jego aktywację.

**Archaea i wydzielane wiroidy RNA - Związek z AIDS**

Zakażenie HIV-1 może mieć podłoże ewolucyjne do jego pochodzenia. Retrowirusowy genom jest prawdopodobnie zintegrowany z genomem ssaków, w tym ludzi, jako pionowo przekazywane endogenne prowirusy. Te retroviralne sekwencje są możliwe do przeniesienia.

Te retroviral transpozycje są wyciszone przez metylowanie DNA. Zwiększone wydzielanie podwzgórzowego archaiczne digoksyna przyczynia się do wewnątrzkomórkowego niedoboru magnezu, co prowadzi do wady metylacji DNA. Metylacja DNA wymaga obfitych dostaw metioniny S-adenozylu, który wymaga magnezu do jego wytworzenia. W obecności hiperdigoksinemii, metylowanie DNA jest wadliwy i retroviral HIV-1 transpozony są aktywowane i wyrażone. Prowadzi to do transkrypcji białek HIV-l i gromadzenia się wirusa.

Tak więc ścieżka izoprenoidalna i endogenne hamowanie Na+-K+ ATPazy może odgrywać rolę w genezie zespołu nabytego niedoboru odporności przez następujące mechanizmy.

(1) Digoksyna i neuroprzekaźnik schizoidalny wzór indukowany membrana Na+-K+ ATPazy hamowanie prowadzące do aktywacji immunologicznej poprzez mechanizm NFKB i replikacji HIV-l.

(2) Eksytotoksyczność NMDA z powodu (1) błonowej hipomagnezemii związanej z hamowaniem ATPazy Na+-K+, (2) obecności agonistów NMDA takich jak kwas chinolinowy, strychnina i serotonina - prowadzących do zwyrodnienia neuronów i demencji AIDS.

(3) Hipomagnezemia wywołana digoksyną i podwyższone wady przetwarzania białka związane z dolicholem oraz wadliwa prezentacja antygenu glikoproteiny HIV-l prowadząca do uchylania się od immunitetu przez wirusa i utrzymywania się wirusa.

(4)Zaburzenia czynności mitochondriów z powodu niskich poziomów ubichinonu, digoksyny wywołane zmianą wewnątrzkomórkowego stosunku wapnia do magnezu i zwiększonym stężeniem ceramidów prowadzących do (l) apoptozy CD4 i zubożenia, (2) apoptozy neuronów powodujących zwyrodnienie w demencji AIDS, oraz (3) generacji wolnych rodników prowadzących do onkogenezy i zwyrodnienia neuronów.

(5) Membrana Na+-K+ ATPaza związana z hamowaniem aktywacji onkogenu rasowego i hamowaniem P53 prowadzącym do onkogenezy w zespole HIV-1.

(6) Wada metylacji DNA spowodowana hipomagnezemią wywołaną digoksyną i retroviral transposon ekspresji.

(7) Stanowi to dowód na istnienie związku między dysregulacją neuronową a cyklem komórek wirusowych u ludzi i reakcją immunologiczną na wirusa.

## Referencje

1. Kurup RK, Kurup PA. *Hypothalamic Digoxin, Cerebral Dominance and Brain Function in Health and Diseases*. Nowy Jork: Nova Medical Books, 2009.

## ROZDZIAŁ 12

# MIKROBIOLOGIA METABOLICZNA, WIRUSOLOGIA I RETROWIROLOGIA - ARCHEOLOGICZNY MODEL ENDOSYMBIOTYCZNY DIGOKSYNY ZA POŚREDNICTWEM KREUTZFELDTA JAKOBA

### Wprowadzenie

Archaiki endosymbiotyczne produkują inhibitor endogennej membrany Na+-K+ ATPazy, digoksynę, która jest glikozydem steroidowym. Digoksyna jest syntetyzowana za pomocą szlaku izoprenoidalnego. Podwyższony poziom digoksyny został udokumentowany w chorobach układu odpornościowego, takich jak choroba Kawasaki. Wirusowa teoria infekcyjna choroby Kawasaki została postulowana przez kilka grup pracowników. Hamowanie przez membranę Na+-K+ ATPazy prowadzi do stymulacji immunologicznej i zwiększenia wskaźników CD4/CD8, czego przykładem jest działanie litu. Digoksyna może również modulować transport aminokwasów i neuroprzekaźników. Saito zgłosił zwiększoną aktywność tryptofanu katabolicznego szlaku kynureniny w różnych tkankach po systemowej stymulacji immunologicznej, w połączeniu z naciekiem makrofagów dotkniętych tkanek. Wyniki te sugerują, że metabolity kynureniny mogą mieć pewien związek z reakcją immunologiczną. Poprzednie doniesienia wykazały indukcję indoleaminy 2,3-dioxygenazy i zwiększoną produkcję kwasu chinolinowego w chorobach o podłożu immunologicznym poprzez działanie interferonów. Ścieżka izoprenoidowa produkuje dwa inne metabolity - ubichinon i dolichol, ważne w metabolizmie komórkowym. Ubichinon funkcjonuje jako zmiatacz wolnych rodników, a dolichol jest ważny w N-glikozylacji białek.

Uznano zatem, że należy zbadać status digoksyny i syntezę digoksyny w CJD. W tych grupach chorób badano również metabolizm glikokoniugatów, metabolizm wolnych rodników i skład błony RBC. Parametry te badano również u chorych z dominacją prawej i lewej półkuli w celu ustalenia korelacji między dominacją półkuli a chorobami o podłożu immunologicznym. Wyniki przedstawiono w niniejszej pracy.

### Materiały i metody

Do badania włączono następujące grupy: (1) 7 przypadków CJD (CSF prion dodatni/charakterystyczne EEG), (2) 15 pacjentów z dominacją prawej półkuli, dominacją lewej półkuli i dominacją bi-hemisferyczną, odpowiednio wykrytych w dychotycznym teście odsłuchowym, (3) Każdy pacjent miał dopasowaną do wieku i płci bi-hemisferyczną dominującą kontrolę zdrowia. Na przeprowadzenie badania uzyskano zgodę Komisji Etycznej instytutu oraz świadomą zgodę pacjentów/krewnych.

Żaden z badanych nie był leczony w czasie usuwania krwi. Krew na czczo usuwano w probówkach z cytrynianami od każdej z wymienionych powyżej osób. Krążki krwi na czczo oddzielano w ciągu jednej godziny od pobrania krwi w celu oceny błony Na+-K+ ATPaza. Surowicę wykorzystano do analizy różnych parametrów. Metodologia badania była następująca: - Wszystkie biochemikalia użyte w badaniu zostały uzyskane z M/s Sigma Chemicals, USA. Aktywność reduktazy HMG CoA w surowicy określono metodą Rao i Ramakrishnana, określając stosunek HMG CoA do mewalonianu. Do określenia aktywności RBC Na+-K+ ATPazy w błonie erytrocytarnej wykorzystano procedurę opisaną przez Wołocha i Kamata. Digoksynę w surowicy oznaczono metodą opisaną przez Aruna i wsp. Do oceny zawartości ubichinonu i dolicholu w surowicy zastosowano metodę opisaną przez Palmera i wsp. Magnez w surowicy oceniano metodą spektrofotometrii absorpcji atomowej. Tryptofan oceniano metodą Bloxamu i Warrena, a tyrozynę metodą Wong i wsp. Serotoninę oceniano metodą Curzona i Greena, a katecholaminy metodą Well-Malherbe. Zawartość kwasu chinolinowego w surowicy oceniano metodą HPLC (kolumna C18 micro BondapakTM 4,6 x 140 mm), układu rozpuszczalnikowego 0,01 M buforu octanowego (pH 3,0) i metanolu (6:4), przepływu 1,0 ml/min i detekcji UV 250 nm). Morfinę, strychninę i nikotynę oceniano metodą opisaną przez Arun et al. Szczegóły procedur stosowanych do oceny całkowitych i poszczególnych GAG, składników węglowodanowych glikoprotein, aktywności enzymów biorących udział w degradacji GAG oraz aktywności glikwohydrolaz zostały opisane wcześniej. Oszacowano glikolipidy w surowicy zgodnie z metodami opisanymi w enzymologii. Cholesterol oceniano przy użyciu komercyjnych zestawów dostarczonych przez firmę Sigma Chemicals, USA. SOD oznaczano metodą Nishikich i wsp. modyfikowaną przez Kakkara i wsp. Aktywność katalazy oceniano metodą Maehly'ego i Chance'a, peroksydazy glutationowej metodą Paglia i Valentine'a modyfikowaną przez Lawrence'a i Burka, a reduktazy glutationowej metodą Horna i Burna. MDA oszacowano metodą testamentów i sprzężonych dienów oraz nadtlenków wodorowych metodą Briena. Zredukowany glutation oceniono metodą Beutlera i wsp. Tlenek azotu oceniono w osoczu metodą Gabora i Allona. Analizę statystyczną wykonano metodą "ANOVA".

**Wyniki**

(1) Wyniki wykazały, że aktywność reduktazy HMG CoA w surowicy, digoksyna i dolichol były zwiększone w CJD, wskazując na uporanie się ze szlakiem izoprenoidalnym, ale aktywność ubichinonu, magnezu i błony RBC Na+-K+ ATPazy w surowicy została zmniejszona.

(2) Wyniki wykazały, że stężenie tryptofanu, kwasu chinolinowego, serotoniny, strychniny i nikotyny było wyższe w surowicy pacjentów z CJD, natomiast tyrozyny, dopaminy, noradrenaliny i morfiny niższe.

(3) Nastąpił wzrost peroksydacji lipidów, o czym świadczy wzrost stężenia MDA, sprzężonych dienów, wodorotlenków i NO ze zmniejszoną ochroną antyoksydacyjną, na co wskazuje spadek stężenia ubichinonu i zmniejszenie glutationu w CJD. Aktywność enzymów biorących udział w usuwaniu wolnych rodników, takich jak dysmutaza nadtlenkowa, peroksydaza glutationowa, reduktaza glutationowa i katalaza, jest zmniejszona w CJD, co wskazuje na zmniejszoną ochronę antyoksydacyjną. Nastąpiło zmniejszenie peroksydacji lipidów przy zwiększonej ochronie antyoksydacyjnej, na co wskazuje wzrost stężenia ubichinonu i zmniejszenie ilości glutationu w nawracających zakażeniach dróg oddechowych. Aktywność enzymów biorących udział w wymiataniu wolnych rodników jest zwiększona w nawracających infekcjach układu oddechowego, co wskazuje na wzrost wymiatania wolnych rodników.

(4) Wyniki wskazują na wzrost stężenia całkowitej surowicy i poszczególnych frakcji GAG, glikolipidów i węglowodanowych składników glikoprotein w CJD. Aktywność enzymów degradujących GAG i glikolohydrolaz wykazała istotny wzrost stężenia glikoprotein w CJD.

(5) Stosunek cholesterolu do fosfolipidu w błonie RBC został zwiększony w CJD. Stężenie całkowitej zawartości GAG, heksozy i fukozy w glikoproteinie zmniejszało się w błonie RBC, a zwiększało w surowicy w CJD.

(6) Wyniki wykazały, że aktywność reduktazy HMG CoA w surowicy wzrosła u osób z przewagą digoksyny i dolicholu, a aktywność ubichinonu, magnezu i błony RBC Na+-K+ ATPazy w surowicy uległa zmniejszeniu u osób z dominującą leworęczną/prawą półkulistą. Uzyskane wyniki wykazały również obniżenie aktywności reduktazy HMG CoA w surowicy, obniżenie stężenia digoksyny i dolicholu oraz zwiększenie aktywności ubichinonu, magnezu i błony RBC Na+-K+ ATPazy w surowicy u osób z dominującą półkulą prawostronną/lewostronną. Wyniki badań wykazały, że stężenie tryptofanu,

serotoniny kwasu chinolinowego, strychniny i nikotyny było wyższe w surowicy osób z dominującą półkulą lewą i prawą, a tyrozyny, dopaminy, morfiny i noradrenaliny niższe. Wyniki badań wykazały również, że stężenie tryptofanu, serotoniny kwasu chinolinowego, strychniny i nikotyny było niższe w surowicy osób z dominującą półkulą prawą i lewą, a tyrozyny, dopaminy, morfiny i noradrenaliny wyższe.

## Dyskusja

### Archaeal digoksyna i błona Na+-K+ inhibicja ATPazy w odniesieniu do CJD

Do syntezy digoksyny przyczyniają się szlak sterydów archaicznych DXP oraz regulowany szlak fosforanu pentozy. Wzrost endogennej digoksyny, silnego inhibitora błony Na+-K+ ATPazy, może zmniejszyć aktywność tego enzymu w CJD. Stwierdzono zwiększoną syntezę digoksyny, o czym świadczy wzrost aktywności reduktazy HMG CoA. Wiadomo, że hamowanie ATPazy Na+-K+ przez digoksynę powoduje wzrost poziomu wapnia wewnątrzkomórkowego wynikający ze zwiększonej wymiany Na+-Ca++, która wypiera magnez z miejsca jego wiązania i powoduje zmniejszenie jego dostępności funkcjonalnej. Ten spadek dostępności magnezu może spowodować zmniejszenie tworzenia się mitochondrialnego ATP, co wraz z niską zawartością magnezu może spowodować dalsze stopniowe hamowanie ATPazy Na+-K+, ponieważ kompleks ATP-magnez jest faktycznym substratem dla tej reakcji. Niski poziom wewnątrzkomórkowego magnezu i wysoki poziom wewnątrzkomórkowego wapnia, będący konsekwencją hamowania Na+-K+ ATPazy, wydają się być kluczowe dla patofizjologii CJD.

Wewnątrzkomórkowy niedobór magnezu może prowadzić do zaburzeń w funkcjonowaniu rybosomów. Syntetyczne urządzenia białkowe i transkrypcja DNA zostają zatrzymane, ponieważ oba wymagają magnezu dla swojej funkcji. Kiedy normalne urządzenia do transkrypcji białek jest zatrzymany prymitywny z samoreplikacji białek, zwłaszcza metaloprotein wchodzi w grę. Priony są metaloproteinami zawierającymi miedź. Cząsteczki białek dielektrycznych mogą przechowywać informacje w stanie kwantowym. Postrzegany element w postrzeganiu kwantowym lub podprogowym może być zależny od materii pola elektrycznego i magnetycznego. Mózg funkcjonuje jako komputer kwantowy, a kwantowe elementy pamięci komputera składają się z nadprzewodnikowych kwantowych urządzeń zakłócających - SQUIDS, które mogą istnieć jako superpozycje stanów makroskopowych. Kondensacja Bose, podstawa nadprzewodnictwa jest osiągalna w temperaturze pokojowej w modelu Frohlicha w układach biologicznych. Cząsteczki białka dielektrycznego błony neuronowej są doskonałymi elektrycznymi oscylatorami dipolowymi, które istnieją pod stromym gradientem napięcia błony neuronowej. Poszczególne oscylatory są zasilane stałym źródłem energii pompowanej z zewnątrz, przez digoksynę wiążącą się z membraną Na+-K+ ATPase i wytwarzającą napadowe przesunięcie depolaryzacyjne w błonie neuronowej. Zapobiega to oscylatorom dipolowym, które nigdy nie osadzają się w równowadze termicznej z cytoplazmą i płynem śródmiąższowym, który jest zawsze utrzymywany w stałej temperaturze. Istnieją połączenia pomiędzy podwzgórzem a korą mózgową, a digoksyna może służyć jako neuroprzekaźnik dla tych synaps. Skondensowane stany Bose produkowane przez digoksynę za pośrednictwem dielektrycznego białka molekularnie pompowanego systemu fonicznego mogą być wykorzystywane do przechowywania informacji, które mogą być zakodowane - wszystko w trybie najniższej częstotliwości zbiorowej - poprzez odpowiednie dostosowanie amplitud i relacji fazowych między oscylatorami dipolowymi. Takie dielektryczne cząsteczki białka, zwłaszcza metaloproteiny, takie jak priony, mogą służyć jako wzorzec dla syntezy innych cząsteczek prionów lub mogą organizować ich autoreplikacje w neuronalnym stanie kwantowym. Tak więc autoreplikacja prionów może mieć miejsce w hiperdigoksynowym stanie kwantowym.

W CJD zwiększone stężenie wapnia wewnątrzkomórkowego w wyniku hamowania błony Na+-K+ ATPazy aktywuje zależną od wapnia ścieżkę transdukcji sygnału kalcyneuryny, która może wytwarzać aktywację komórek T i wydzielanie interleukiny 3, 4, 5, 6 oraz TNF alfa (czynnik martwicy nowotworów alfa). Ta aktywacja immunologiczna może przyczynić się do genezy CJD.

## Archeologiczna digoksyna i regulacja syntezy i funkcji neuroprzekaźnika w odniesieniu do CJD

Archaiczny szlak neurotransminoidalnego kwasu shikimowego przyczynia się do syntezy tryptofanu i tyrozyny oraz katabolizmu generującego neurotransmitery i neuroaktywne alkaloidy. Obserwuje się wzrost stężenia tryptofanu i jego katabolitów oraz redukcję tyrozyny i jej katabolitów w surowicy pacjentów z CJD. Może to wynikać z faktu, że digoksyna może regulować neutralny system transportu aminokwasów z preferencyjną promocją transportu tryptofanu nad tyrozyną. W obecności hipomagnezji blok magnezowy na receptorze NMDA jest usuwany, co prowadzi do jego eksitotoksyczności. Podwyższone poziomy kwasu chinolinowego, strychniny i serotoniny mogą również przyczyniać się do ekscytotoksyczności NMDA, ponieważ są one pozytywnymi modulatorami receptora NMDA. Mechanizmy pobudzające NMDA zostały postulowane, aby przyczynić się do śmierci neuronów w CJD. Kwas chinolinowy został zaangażowany w aktywację immunologiczną w chorobach o podłożu immunologicznym i może przyczynić się do tego samego w CJD. Receptory serotoniny, dopaminy i noradrenaliny zostały wykazane w limfocytach. Zgłaszano, że podczas aktywacji immunologicznej serotonina jest zwiększona z odpowiednim zmniejszeniem dopaminy i noradrenaliny i to może przyczynić się do aktywacji immunologicznej w CJD. Schizoid neuroprzekaźników wzór zmniejszone dopaminy, noradrenaliny i morfiny i zwiększone serotoniny, strychniny i nikotyny jest wspólne dla CJD i może predysponować do jego rozwoju. Schizoidalny typ osobowości może predysponować do rozwoju CJD. Wczesny początek formy CJD może mieć również w neuropsychiatrycznej prezentacji.

**Archeologiczna digoksyna i regulacja funkcji ciała golgi/lizosomów w odniesieniu do CJD**

Glikozaminoglikoza i fruktozoidy z archaionów przyczyniają się do syntezy i katabolizmu glikokoniugatu w procesie fruktolizy. Podniesienie poziomu dolicholu w CJD może sugerować jego zwiększoną dostępność do N-glikozylacji białek. Niedobór magnezu może prowadzić do zwiększonej syntezy glikolipidów i glikozaminoglikanów. Wewnątrzkomórkowy niedobór magnezu prowadzi również do wadliwego, zależnego od ubiquityny przetwarzania proteolitycznego glikokoniugatów, ponieważ do jego funkcjonowania potrzebny jest magnez. Wzrost aktywności glikwohydrolaz i enzymów degradujących GAG może być spowodowany zmniejszoną stabilnością lizosomalną i wynikającym z niej wyciekiem lizosomalnych enzymów do surowicy. Wzrost stężenia składników węglowodanowych glikoprotein i GAG pomimo zwiększonej aktywności wielu glikwohydrolaz może wynikać z ich ewentualnej odporności na rozszczepienie przez enzymy degradujące glikwohydrolazy/GAG w wyniku jakościowej zmiany ich struktury. Dotychczasowe doniesienia o nagromadzeniu nieprawidłowych glikoprotein obejmują beta amyloid w przypadku CJD.

Sam prion jest glikoproteiną, która jest wadliwie przetwarzana w wyniku defektu glikozylacji i jest odporna na katabolizm przez enzymy lizosomalne oraz gromadzi się w mózgu w CJD. W CJD odnotowano interakcję pomiędzy HS-proteoglikanem i ChS-proteoglikanem z takimi białkami jak beta amyloid i priony oraz zmniejszenie proteolitycznego trawienia tych kompleksów prowadzące do ich akumulacji w neuronach. Defekt przetwarzania białek może prowadzić do defektu glikosy1aionu endogennych neuronalnych antygenów glikoproteinowych i egzogennych antygenów glikoprotein prionowych z konsekwentnym wadliwym tworzeniem kompleksu antygenów MHC. Transporter peptydowy związany z MHC, glikoproteina P, która transportuje kompleks antygenu MHC do antygenu występującego na powierzchni komórki, posiada miejsce wiązania ATP. Transporter peptydowy jest dysfunkcyjny w obecności niedoboru magnezu. Powoduje to wadliwy transport kompleksu antygenu glikoproteinowego MHC klasy 1 do antygenu prezentującego powierzchnię komórkową do rozpoznania przez komórkę CD4 lub CD8. Wadliwa prezentacja egzogennych antygenów prionowych może powodować unikanie odporności przez prion, jak w CJD.

Wiele fukozy i kwasów sialowych zawierających naturalne ligandy jest zaangażowanych w handel leukocytami i podobne naruszenia bariery we krwi mózgu i wynikające z tego przyleganie i handel limfocytami oraz ekstrawazja do przestrzeni naczyniowej zostały opisane w CJD mózgu.

## Archeologiczna digoksyna i zmiany w strukturze i tworzeniu się błon w odniesieniu do CJD

Steroidelle archaiczne, glikozaminoglikol i fruktozoidy przyczyniają się do tworzenia błon komórkowych syntetyzujących cholesterol w drodze DXP oraz glikozaminoglikany w drodze fruktolizy. Zwiększenie regulacji szlaku izoprenoidowego może prowadzić do zwiększenia syntezy cholesterolu, a niedobór magnezu może hamować syntezę fosfolipidów w CJD. Degradacja fosfolipidów jest zwiększona dzięki wzrostowi wewnątrzkomórkowej fosfolipazy aktywującej wapń $_{A2}$ i D. Stosunek cholesterolu do fosfolipidu w błonie RBC został zwiększony w CJD. Stężenie całkowitego GAG, heksozy i fukozy glikoproteiny zmniejszyło się w błonie RBC i wzrosło w surowicy, co sugeruje ich zmniejszone włączenie do błony i wadliwe jej tworzenie. Ten handel glikokoniugatami i lipidami syntetyzowanymi w kompleksie golgi do błony komórkowej w siateczce endoplazmatycznej zależy od GTPaz i kinaz lipidowych, które są w znacznym stopniu zależne od magnezu i są wadliwe w jego niedoborze. Zmiana struktury błony spowodowana zmianą proporcji glikokoniugatów i cholesterolu: fosfolipidów może prowadzić do zmian w budowie błony Na+-K+ ATPazy, a w konsekwencji do dalszego zahamowania rozwoju błony Na+-K+ ATPazy. Te same zmiany mogą wpływać na strukturę lizosomalnej błony. Skutkuje to nieprawidłową stabilnością lizosomalną i wyciekiem glikkohydrolaz i enzymów degradujących GAG do surowicy. Prion jest białkiem błonowym, a zmiany w błonie neuronowej mogą wpływać na replikację prionów.

**Archaeal digoxin and mitochondrial dysfunction in relation to CJD**

Witaminocyt archaiczny przyczynia się do syntezy funkcji łańcucha transportu elektronów ubichinonu i mitochondriów. Funkcje mitochondrialne związane z wytwarzaniem wolnych rodników są regulowane przez archaiczne witaminyocyty syntetyzowanego tokoferolu i kwasu askorbinowego. Stężenie ubichinonu znacznie spadło w CJD, co może być wynikiem niskich poziomów tyrozyny, zgłaszane w większości zaburzeń, w wyniku efektu digoksyny w preferencyjnym promowaniu transportu tryptofanu nad tyrozyną. Aromatyczna pierścieniowa część ubichinonu pochodzi z tyrozyny. Ubichinon, który jest ważnym składnikiem mitochondrialnego łańcucha transportu elektronów, jest antyoksydantem błonowym i przyczynia się do usuwania wolnych rodników. Wzrost poziomu wapnia wewnątrzkomórkowego może otworzyć mitochondrialny por PT, powodując załamanie gradientu wodoru na całej błonie wewnętrznej i rozpięcie łańcucha oddechowego. Wewnątrzkomórkowy niedobór magnezu może prowadzić do uszkodzenia funkcji syntazy ATP. Wszystko to prowadzi do defektów w mitochondrialnej fosforylacji oksydacyjnej, niepełnej redukcji tlenu i generowania nadtlenku, który wytwarza peroksydację lipidową. Niedobór ubichinonu prowadzi również do zmniejszenia zmiatania wolnych rodników. Wzrost wapnia wewnątrzkomórkowego może prowadzić do zwiększonego wytwarzania NO poprzez indukowanie enzymu syntazy tlenku azotu, który łączy się z rodnikiem nadtlenkowym tworząc nadtlenoazotyn. Wzrost wapnia wewnątrzkomórkowego może również aktywować fosfolipazę A2, co prowadzi do zwiększonej generacji kwasu arachidonowego, który może ulec zwiększonej peroksydacji lipidów. Zwiększone wytwarzanie wolnych rodników, takich jak jon nadtlenkowy i rodnik hydroksylowy, może prowadzić do peroksydacji lipidów i uszkodzenia błony komórkowej, co może prowadzić do dalszej inaktywacji Na+-K+ ATPazy, wyzwalając cykl wytwarzania wolnych rodników ponownie. Niedobór magnezu może wpływać na syntezę glutationu i funkcję reduktazy glutationowej. Mitochondrialne nadtlenek dismutazy wycieka i staje się dysfunkcyjny z wapnia związane z otwarciem mitochondrialnego PT porów i pęknięciem błony zewnętrznej. Nadtlenosomalna błona jest wadliwa z powodu błony Na+-K+ ATPazy hamowanie związane z wadą tworzenia się błony i prowadzi do zmniejszenia aktywności katalazy. Dysfunkcja mitochondriów związana z wytwarzaniem wolnych rodników została zaangażowana w patogenezę chorób o podłożu immunologicznym, takich jak CJD. Wzrost wewnątrzkomórkowego wapnia i ceramidów związanych z otwarciem mitochondrialnego PT porów również prowadzi do zaburzenia regulacji objętości mitochondriów, powodując hiperosmolalność macierzy i rozszerzenie przestrzeni macierzy. Błona zewnętrzna mitochondriów pęka i uwalnia do cytoplazmy czynnik wywołujący apoptozę i cytochrom C. Powoduje to aktywację kaspasy -9. Kaspase-9 może wywołać apoptozę komórki. Apoptoza ma wpływ na genezę śmierci komórki w degeneracji neuronów i prawdopodobnie w CJD.

**Archeologiczna dominacja digoksyny i półkuli w odniesieniu do CJD**

Do dominacji półkulistej przyczyniają się spokrewnione z archaiczną tkanką organelle - steroidelle, neurotransminoid i witaminocyty. Tak więc mechanizmy odpornościowe i odpowiedź na atakujące bakterie/wirusy różnią się w stanie hipo i hiperdigoksynamicznym. Stan hipodigoksynamiczny jest związany z immunosupresją. W stanie hipodigoksinemicznym nie ma jednak odporności wirusowej. Stan hipodigoksynamiczny jest związany z aktywacją immunologiczną. Może on również prowadzić do trwałych infekcji, takich jak CJD i choroba prionowa.

Hipodigoksinemia jest związana z dominacją lewej półkuli i hiperdigoksinemią z dominacją prawej półkuli. Odpowiedź immunologiczna i choroba o podłożu immunologicznym w przypadku dominacji prawej i lewej półkuli różnią się od siebie. CJD jest prawdopodobnie związana z dominacją prawej półkuli i hiperdigoksinemią. Immunosupresja związana jest z dominacją lewej półkuli i hipodigoksinemią. Geschwind postuluje związek między lateralizacją mózgu a funkcją immunologiczną. Zaobserwowano wysoką częstość występowania leworęczności u pacjentów z zaburzeniami immunologicznymi. Bardos i wsp. wykazali, że zmiany w neokorycie lewym u myszy obniżają odporność komórek T, natomiast zmiany w neokorycie prawym wzmacniają odporność komórek T. Te wcześniejsze doniesienia są zgodne z naszymi badaniami. Hypothalamic archaeal digoxin i półkulista dominacja może regulować immunologiczną funkcję.

**Referencje**


1. Kurup RK, Kurup PA. *Hypothalamic Digoxin, Cerebral Dominance and Brain Function in Health and Diseases*. Nowy Jork: Nova Medical Books, 2009.

## ROZDZIAŁ 13

## MIKROBIOLOGIA METABOLICZNA, WIRUSOLOGIA I RETROWIROLOGIA - ARCHAIKI ENDOSYMBIOTYCZNE, CHOROBY FRUKTOZOWE I GLOBALNE OCIEPLENIE W STOSUNKU DO CHORÓB RETROWIRUSOWYCH I PRIONOWYCH

Globalne ocieplenie indukuje endosymbiotyczny wzrost archeologiczny i wiroidalny RNA. Porfiryny tworzą wzór dla tworzenia się wiroidów RNA, wiroidów DNA, prionów, izoprenoidów i polisacharydów. Mogą one symbiozować ze sobą, tworząc prymitywne archaiki. Archaiki mogą dalej indukować HIF alfa, reduktozę aldozy i fruktolizę, prowadząc do dalszej porfirynogenezy i samoreplikacji archeologicznej. Prymitywne DNA archaiczne jest zintegrowane z wiroidami RNA, które są przekształcane do odpowiadającego im DNA przez działanie stresu redoks wywołanego HERV odwróconą transkryptazą do ludzkiego genomu przez HERV wywołaną stresem redoks zintegrowanym. Archeologiczne sekwencje DNA, które są zintegrowane z ludzkim genomem tworzą endogenne archeologiczne sekwencje genomowe człowieka podobne do sekwencji HERV i mogą funkcjonować jako geny skokowe regulujące elastyczność genomowego DNA. Zintegrowane endogenne sekwencje genomowe mogą zostać wyrażone w obecności endosymbiotycznych cząstek endosymbiotycznych, które mogą funkcjonować jako nowa organella zwana archaeaonami. Archaeon może wyrazić ścieżkę fruktolityczną tworzącą organelle zwaną fruktosomem, ścieżkę kataboliczną cholesterolu i syntetyczną digoksynę tworzącą organelle zwaną steroidelle, ścieżkę kwasu shikimowego tworzącą organelle zwaną neurotransminoidem, przeciwutleniającą witaminę E i syntetyczną organelle zwaną witaminocytem oraz syntetyczną organelle glikozaminoglikanową zwaną glikozaminoglikonem. Archaea może wydzielać capsulated RNA wiroidalne cząsteczki które mogą funkcjonować jako blokujący RNAs modulujący metabolizm komórki i taki archaeaon organelle dzwonią wiroidelle. Archaea hamuje dehydrogenazę pirogronianów i promuje fruktolizę, co prowadzi do akumulacji pirogronianów, które dostają się do szlaku bocznicowego GABA, wytwarzając sukcynyl CoA i glicynę, substraty do syntezy porfiryn. Porfiryna stanowi wzorzec dla tworzenia się wiroidów RNA, wiroidów DNA, prionów i izoprenoidów, które mogą symbiotycznie tworzyć archaiki. Tak więc endosymbiotyczne archaiki mają abiogenną replikację. Archaiki związane ze szlakiem bocznicowym GABA i porfirynogenezą nazywane są porfirynoidami. Kolonia archaiczna tworzy sieć o różnych obszarach wykazujących zróżnicowaną specjalizację funkcji - fruktozoidy, steroidelle, witaminocyty, wiroidelle, neurotransminoidy, porfirynoidy i glikozaminoglikoidy. Tworzy to żywą zorganizowaną strukturę w obrębie ludzkich komórek i tkanek regulującą ich funkcje i redukującą organizm ludzki do zombie pracującego pod kierunkiem zorganizowanej kolonii archeologicznej. Zorganizowana kolonia archeologiczna posiada abiogenetyczną replikację i jest wieczna.

Zmniejszenie gęstości w środowisku kolonialnym i endosymbiotycznym prowadzi do umiarkowanego wzrostu syntezy digoksyny i zespołu nabytego niedoboru odporności. Dieta bogata w błonnik pokarmowy może prowadzić do zmniejszenia gęstości jelita grubego i zmniejszenia archaiczności endosymbiotycznej. Dieta wysokobłonnikowa wytwarza zwiększoną ilość maślanu, który wzmacnia barierę krwi jelitowej i mózgowej, prowadząc do zmniejszenia archaicznej gęstości jelita i upodobania do AIDS w populacji homo sapien. Dieta wysokobłonnikowa generuje maślan jelita grubego, który przenika do krwi i mózgu, wytwarzając hamowanie HDAC i endogenną ekspresję retrowirusową. Cząsteczki endogennego retroviralu mogą być odtworzone i zamknięte w błonach fosfolipidowych przyczyniając się do stanu retroviralnego. Dieta o niskiej zawartości błonnika prowadzi do zwiększenia gęstości populacji jelita grubego i zmniejszenia klastrów klostridalnych wytwarzających maślan. Niedobór maślanu prowadzi do przełamania bariery mózgowej krwi i jelitowej, co powoduje wzrost endosymbiotycznego wzrostu archeologicznego. Zmniejszenie ilości wytwarzanych maślanów w klostridiach jelitowych prowadzi do zmniejszenia zahamowania HDAC i ekspresji HERV. Zmniejsza się gęstość wiązanych fosfolipidów, które zamykają cząsteczki HERV w stanach krwi i tkanek. Wzrost endosymbiotycznego wzrostu archeologicznego w populacjach spożywających dietę o niskiej zawartości błonnika prowadzi do znacznego wzrostu digoksyny wytwarzającej stan hiperdigoksynamiczny. W populacjach stosujących dietę o niskiej zawartości błonnika również występuje bardzo duże zagęszczenie endosymbiotyczne. Niska mikroflora maślanowa indukowana hamowaniem HDAC przyczynia się do zmniejszenia ekspresji HERV i zmniejszenia wielkości kory mózgowej oraz dominującej funkcji móżdżku. Prowadzi to do powstania neandertalicznego mózgu i fenotypu w populacjach objętych dietą o niskiej zawartości błonnika. Neandertalizowany fenotyp przyczynia się w ten sposób do zwiększenia odporności na choroby retrowirusowe, a homo sapiens dla fenotypu przyczynia się do chorób retrowirusowych. Zmniejszona ekspresja HERV w neandertalizowanym fenotypie przyczynia się do mózgu dominującego w móżdżku, a zwiększona ekspresja HERV w homo sapiens w fenotypie korowym przyczynia się do mózgu dominującego w móżdżku.

Endosymbiotyczne archaiki aktynowców stanowią podstawę życia i mogą być uważane za trzeci element w komórce. Reguluje on komórkę, układ nerwowo-immunologiczno-endokrynny i świadomość/nieświadomość mózgu. Endosymbiotyczne aktynoidalne archaiki można nazwać eliksirem życia. Dla istnienia i przetrwania życia niezbędna jest określona populacja endosymbiotycznych archaicznych aktynowców. Większa gęstość endosymbiotycznej archaicznej populacji aktynowców może prowadzić do choroby człowieka. Tak więc aktynoidalne archaiki są ważne dla przetrwania ludzkiego życia i mogą być uważane za kluczowe dla niego. Symbioza aktynowców jest podstawą ewolucji ludzi i naczelnych. Wzrost endosymbiotycznego wzrostu archaicznego może prowadzić do indukcji homo neandertalis. Ta endosymbiotyczna archaika indukująca neandertalizację gatunku prowadzi do chorób ludzkich, takich jak zespół metaboliczny X, neurodegeneracja, schizofrenia i autyzm, choroba autoimmunologiczna i rak. Zmniejszenie wzrostu endosymbiotyków poprzez zastosowanie diety ketogennej o wysokiej zawartości błonnika, trójglicerydów o wysokim łańcuchu i białek roślin strączkowych, antybiotyków z roślin wyższych, takich jak Curcuma longa, Emblica officianalis, Allium sativum, Withania somnifera, Moringa pterygosperma i Zingeber officianalis oraz przeszczepienie mikroflory okrężnicy z normalnej populacji homo sapien może prowadzić do deneandertalizacji gatunku i leczenia wyżej wymienionych stanów chorobowych. Mikroflora jelita grubego w stanach chorobowych neandertalczyków, takich jak zespół metaboliczny X, neurodegeneracja, schizofrenia i autyzm, choroba autoimmunologiczna i nowotwory, po przeniesieniu do prawidłowego gatunku homo sapien, prowadzi do wytworzenia i indukcji homo neandertalisu. Tak więc ewolucja naczelnych i człowieka jest wydarzeniem symbiotycznym, które może być wywołane modulującym symbiotycznym wzrostem archeologicznym. Populacje ludzkie można podzielić na matrilinealną populację neandertalczyków w południowo-indyjskich Dravidianach, Celtach, Baskach, Żydach i Berberach oraz populację Cro-Magnona widzianą w Afryce i Europie. Symbiotyczna kolonizacja archeologiczna decyduje o tym, który gatunek - Neandertalczyk czy Cro-Magnon, do którego należy społeczeństwo. Kuszące jest postulowanie symbiotycznej mikroflory i archaiki określającej zachowania i cechy rodziny, jak również zachowania i cechy społeczne i kastowe. Komórka została postulowana przez Margulisa jako symbiotyczne połączenie bakterii i wirusów. Podobnie, rodzina, kasta, społeczność, narodowość i sam gatunek są zdeterminowane przez symbiozę archeologiczną i inne symbiozy bakteryjne.

Symbioza przez mikroorganizmy, zwłaszcza archaiczne, napędza ewolucję gatunku. W takim przypadku symbioza może być indukowana przez przenoszenie symbiontów mikroflory i indukowaną ewolucję. Endosymbioza przez archaiki, jak również symbionty w jelitach mogą modulować genotyp, fenotyp, klasę społeczną i grupę rasową jednostki. Symbiotyczne archaiki mogą mieć transmisję poziomą i pionową. Endosymbiotyczny wzrost archeologiczny prowadzi do neandertalizacji gatunku. Neandertalizowany gatunek jest społeczeństwem matriliniowym i obejmuje Dravidian, Celtów, Basków i Berberów. Zahamowanie endosymbiotycznego wzrostu archeologicznego prowadzi do ewolucji gatunku homo sapiens. Obejmuje to Afrykańczyków, najeźdźców aryjskich w północnych Indiach oraz ludność europejską wywodzącą się z Aryjczyków. Symbioza za pośrednictwem ewolucji zależy od flory jelitowej i diety. Zostało to wykazane w drosophila pseudoobscura. Drosophila kojarzy się tylko z innymi osobami jedzącymi tę samą dietę. Kiedy mikroflora jelitowa drosophila zmienia się przez podawanie antybiotyków, łączą się one z innymi osobami odżywiającymi się różnymi dietami. Dieta spożywana przez drosofilę reguluje jej mikroflorę jelitową i nawyki godowe. Połączenie ludzkiego genomu i symbiotycznego mikrobiologicznego genomu nazywane jest hologenomem. Hologenom ten, a zwłaszcza jego symbiotyczny składnik mikrobiologiczny, napędza zarówno ewolucję człowieka, jak i zwierząt. Odległość ewolucyjna pomiędzy gatunkami os zależy od mikroflory jelitowej. Mikroflora jelitowa człowieka reguluje układ endokrynny, genetyczny i neuronalny. Ewolucja człowieka i naczelnych zależy od endosymbiotycznych archai i mikroflory jelitowej. Endosymbiotyczny rozwój archeologiczny determinuje różnice rasowe pomiędzy matriliniowymi społeczeństwami Harappan/Dravidian i patriarchalnym społeczeństwem aryjskim. Macierzyste społeczeństwo Harappan/Dravidian było neandertalskie i zwiększyło endosymbiotyczny wzrost archeologiczny. Endosymbiotyczny wzrost i neandertalizacja mogą prowadzić do choroby autoimmunologicznej, zespołu metabolicznego X, neurodegeneracji, raka, autyzmu i schizofrenii. Neandertalska flora jelitowa i endosymbiotyczne archaiki zostały określone przez nie-wegetariańską dietę ketogenną o wysokiej zawartości tłuszczu i białka spożywaną przez nie w euroazjatyckich stepach. Homo sapiens w tym klasyczne plemiona aryjskie i afrykańskie zjadły dietę o wysokiej zawartości błonnika i miały niższy wzrost archeologiczny zarówno endosymbiotyczne i jelitowe. Spożycie błonnika pokarmowego determinuje różnorodność mikrobiologiczną jelit. Wysokie spożycie błonnika wiąże się ze zwiększonym wytwarzaniem krótkołańcuchowych kwasów tłuszczowych - kwasu masłowego przez florę jelitową. Maślan jest inhibitorem HDAC i prowadzi do zwiększonego wytwarzania i włączania endogennych sekwencji retrowirusowych. Wysokie spożycie błonnika pokarmowego związane ze zwiększonym spożyciem sekwencji HERV prowadzi do zwiększonej łączności synaptycznej i dominującej kory czołowej, jak widać u gatunków homo sapien. Gatunki neandertalczyków spożywają ketogenną, nie wegetariańską dietę o wysokiej zawartości tłuszczu i białka o niskiej zawartości błonnika pokarmowego. Prowadzi to do zmniejszenia generacji endogennych sekwencji HERV i zmniejszenia elastyczności genomowej u gatunków neandertalczyków. W ten sposób powstaje mniejsza kora mózgowa i dominująca kora mózgowa w mózgu neandertalczyka. Gatunki homo neandertalczyków, dzięki niskiemu spożyciu błonnika pokarmowego, głodują swoje mikrobiologiczne ja. Prowadzi to do zwiększonego wzrostu endosymbiotycznego i jelitowego. Błona śluzowa jelita rozrzedza się w miarę zjadania przez bakterie jelitowe błony śluzowej jelita. Powoduje to wyciek endotoksyny i artefaktów z jelita do krwi łamiącej barierę i wywołuje chroniczny immunostymulujący stan zapalny, który stanowi podstawę chorób autoimmunologicznych, zespołu metabolicznego, neurodegeneracji, zaburzeń onkogennych i psychicznych. Gatunki neandertalczyków odżywiają się dietą o niskiej zawartości błonnika i mają niedobór dostępnych dla mikrobioty węglowodanów generujących krótkołańcuchowe kwasy tłuszczowe. Niedobór maślanu wytwarzanego w jelitach z błonnika pokarmowego może powodować tłumienie przewlekłego procesu zapalnego. Neandertalczycy mają zespół niedoboru produktu ubocznego fermentacji. Indukcja gatunków neandertalczyków zależy od niskiego spożycia błonnika spowodowanego dużą gęstością endosymbiotyczną i mikroflory jelitowej. Gatunki homo sapiens spożywają dietę o wysokiej zawartości błonnika, generującą duże ilości krótkołańcuchowego maślanu kwasów tłuszczowych, który hamuje rozwój endosymbiotyczny i flory jelitowej. Ja mikrobiologiczne gatunku homo sapiens jest bardziej zróżnicowane niż u gatunków neandertalczyków, a gęstość populacji w archaikach jest mniejsza. Skutkuje to ochroną przed przewlekłym zapaleniem i indukcją chorób takich jak choroba autoimmunologiczna, zespół metaboliczny, neurodegeneracja, zaburzenia onkogenne i psychiczne. Gatunki homo sapien mają wyższe spożycie błonnika pokarmowego, które przyczynia się do około 40 g/dzień i zróżnicowaną mikrobiologiczną florę jelitową o mniejszej gęstości populacji archeologicznej. Maślan wytwarzany z błonnika wytwarza stan immunosupresyjny. W ten sposób symbiotyczna flora bakteryjna o mniejszej gęstości populacji archeologicznej wywołuje u gatunku homo sapien. Można to wykazać poprzez eksperymentalną indukcję ewolucji. Wysoka zawartość błonnika pokarmowego o wysokiej zawartości MCT, jak również antybiotyki pochodzące z wyższych roślin oraz transfer mikroflory kałowej z gatunków sapiens mogą hamować metabolizm i fenotyp neandertalczyków oraz indukować ewolucję gatunku homo sapiens. Dieta niskobłonnikowa o wysokiej zawartości tłuszczu i białka oraz transfer mikrobioty w kale z gatunków neandertalczyków może hamować metabolizm i fenotyp neandertalczyków oraz indukować ewolucję homo neanderthalis. Przenoszenie mikroflory jelita grubego z przewagą archai i modulacja endosymbiotycznych archai przez dietę paleo i antybiotyki z roślin wyższych może prowadzić do krzyżowania się gatunków ludzkich między homo neanderthalis i homo sapiens. Hologenom, zwłaszcza flora mikrobiologiczna, endosymbiotyk/jelito napędza ewolucję człowieka i zwierząt i może być eksperymentalnie indukowany. Symbiotyczna flora mikrobiologiczna napędza ewolucję. Każde zwierzę, każdy gatunek ludzki, różne społeczności, różne rasy i różne kasty mają swoją charakterystyczną endosymbiotyczną i jelitową mikroflorę, która może być przenoszona pionowo i poziomo. W ten sposób symbioza napędza ewolucję człowieka i zwierząt.

Można to interpretować na podstawie filaralnej hipotezy o tożsamości grupowej i współpracy kolektywów RNA. Symbioza archeologiczna w jelicie i przestrzeni tkankowej determinuje spekulacje człowieka jako homo sapiens i homo neanderthalis. Endosymbiotyczne archaiki mogą wydzielać wiroidy i wirusy RNA, a między nimi istnieje relacja wiroid-archaeal żywiciel. W archaikach może wystąpić dynamiczny stan lizy i trwałości wirusa, co sugeruje, że w archaikach może wystąpić uzależnienie od wirusów. Wiroidy RNA w archaeach koordynują swoje zachowanie poprzez wymianę informacji, modulację i innowacje, generując nowe treści oparte na sekwencji. Dzieje się tak ze względu na zjawisko symbiozy, w przeciwieństwie do koncepcji przeżycia najsilniejszego. Generowanie nowych sekwencji wiroidalnych RNA jest wynikiem praktycznych kompetencji żywych czynników do generowania nowych sekwencji poprzez symbiozę i dzielenie się nimi. Stanowi to wysoce produktywne konsorcja quasi-gatunkowe RNA dla ewolucji, zachowania i plastyczności środowisk genomowych. Motywy behawioralne RNA to struktury pojedynczej pętli macierzystej. Posiadają one możliwości samodzielnego składania i budowania grup w zależności od potrzeb funkcjonalnych. Proces ewolucji zależy od tego, co Villareal nazywa konsorcjami pętli macierzystej RNA. Cała jednostka może funkcjonować tylko wtedy, gdy uczestniczące grupy wiroidów RNA mogą uzyskać koordynacje ich funkcji. Istnieje kompetentne denovo generacji nowych sekwencji przez wspólne działania, a nie przez konkurencję. Te RNA wiroidalne grupy konsorcja mogą przyczyniać się do tożsamości gospodarza, tożsamości grupy i odporności grupy. Terminem używanym do tego celu jest socjologiczne zachowanie wiroidów RNA. Wiroidy RNA mogą budować grupy, które najeżdżają archaiczne i rywalizują jako grupa o ograniczone zasoby takich genomów gospodarza. Kluczowy motyw behawioralny jest w stanie zintegrować uporczywy styl życia w kolonii archaicznej z modułem uzależnienia tworzącym konkurencyjne grupy wiroidalne, które przeciwdziałają równoważeniu się wraz z systemem odpornościowym archaicznym/gospodarzem. Prowadzi to do stworzenia tożsamości kolonii archeologicznej i gospodarza homo neandertalczyka. Wiroidy mogą zabić swojego żywiciela, a także skolonizować go bez choroby i chronić go przed podobnymi wirusami i wiroidami. Wraz z lizą i ochroną widzimy skolonizowanego żywiciela wiroida, który jest zarówno symbiotyczny jak i innowacyjny, nabywając nowe kompetentne kody. Tak więc relacja wiroid-żywiciel jest wszechobecną, starożytną siłą w powstawaniu i ewolucji życia. Skumulowana ewolucja na poziomie wiroidów RNA jest jak efekt grzechotki używany do transmisji memy kulturowej. To uczenie się kumuluje się tak, że każda nowa generacja nie może powtarzać wszystkich innowacyjnych myśli i technik. Quasi-gatunki wiroidów RNA są kooperatywne i wykluczone z innych quasi-gatunków. Posiadają grupowe rozpoznanie różnicujące auto-grupy i nie-samodzielne grupy, co pozwala quasi-gatunkowym promować powstawanie tożsamości grupowej. W przypadku tożsamości grupowej za pośrednictwem przeciwstawnych modułów uzależnień muszą być obecne i działać w sposób spójny dwa przeciwstawne składniki oraz definiować grupę jako całość. Tożsamość biologiczna składa się z dynamicznych interakcji grup kooperacyjnych. Moduł uzależnienia od wirusów jest istotną strategią dla istnienia życia w wirosferze. Wirusy są zakaźne i mogą utrzymywać się w określonej populacji żywiciela, prowadząc do powstania formy odporności/tożsamości grupy, ponieważ identyczna, ale nieskolonizowana populacja żywiciela pozostaje podatna na zabójcze działanie wirusów litycznych. W ten sposób widzimy, że wirusy są niezbędne do zapewnienia przeciwstawnych funkcji dla uzależnienia (trwałość/ochrona i lityka/ zabijanie). Wiroidy mogą funkcjonować jako konsorcja, zasadnicza grupa interakcji i dostarczają mechanizmu, z którego może wyłonić się funkcja konsorcyjna w powstaniu życia protobiotycznego. Pasożyty genetyczne mogą działać jako grupa (qs-c). Aby jednak grupa ta była spójna, musi osiągnąć tożsamość grupową i zazwyczaj odbywa się to za pomocą strategii uzależnień. System antywirusowy i prowirusowy w archaikach same wyłaniają się u żywiciela z informacji pochodzących od wirusa. Same archaiczne wirusy pełnią krytyczną funkcję wymaganą do obrony antywirusowej. Funkcje przeciwstawne są podstawą modułów uzależnień. Tak więc pojawienie się tożsamości grupowej staje się istotnym i wczesnym wydarzeniem w powstawaniu życia. Jest to spójne z podstawowym zachowaniem grupowym wiroidów RNA w archaeach. Taki dobór grupy i jej tożsamość są potrzebne do stworzenia spójności informacji i tworzenia sieci oraz do stworzenia systemu komunikacji i interakcji kompetentnych w zakresie kodu. Tożsamość ta służy jako informacja również dla tych, którzy tej tożsamości nie podzielają. Jest to początek zdolności różnicowania siebie/nie-ja. W ten sposób wiroidy promują powstawanie tożsamości grupowej w koloniach archeologicznych i żywicieli ludzi.

Tożsamość kolonii archeologicznych zależy od kolonizującego zestawu wiroidów RNA produkujących spójną sieć, która obejmuje przeciwstawne funkcje i sprzyja przetrwaniu nowych informacji pochodzących od pasożytów. Na podstawie funkcji populacyjnych DNA RNA może być uznane za siedlisko dla konsorcjów RNA. W ten sposób wiroidy RNA z archaiki są zaangażowane w złożoną tożsamość wielokomórkową. Jest to nazywane przez Villarreal jako hipoteza Gangena. Gangen opisuje pojawienie się wspólnego użycia kodu, członkostwo w grupie i wspólną funkcję życiową wiroidów RNA. Komunikacja jest kodem zależnym od interakcji, a transmisja kodu zakaźnego określa pochodzenie wirosfery. Kwestia ta odnosi się do idei kolektywu wiroidów RNA z nieodłącznymi cechami toksycznymi i antytoksycznymi powinny być w stanie przekazać lub przekazać te czynniki i ich cechy do pobliskiej konkurencyjnej populacji. Zdecydowanie sprzyja to przetrwaniu populacji wiroidów RNA z kompatybilnymi modułami uzależnień, które będą hamować toksyczność czynnika i pozwolą na utrzymanie się nowych czynników. Jest to więc przetrwanie uporczywie skolonizowanego zestawu, który z natury jest procesem symbiotycznym i konsorcyjnym. Promuje on również zwiększenie złożoności i tożsamości / odporności zbiorowości gospodarza poprzez kolonizację nowego czynnika i stabilny dodatek. W ten sposób transmisja czynników RNA osiąga zarówno komunikację jak i uznanie przynależności do grupy. W ten sposób pojawienie się wirosfery musiało być wczesnym wydarzeniem w początkach życia i tożsamości grupowej. Wirusy i wiroidy są genetycznymi pasożytami i najliczniej żyjącymi bytami na ziemi. Wirosfera jest siecią zakaźnych czynników genetycznych. Ewolucja, zachowanie i plastyczność tożsamości genetycznych są wynikiem współpracy konsorcjów wiroidów RNA, które są kompetentne do komunikowania się. W ten sposób archeologiczne konsorcja wiroidów mogą symbiotycznie dzielić się i komunikować, tworząc nowe sekwencje i nadając kolonii archeologicznej tożsamość. Dieta oparta na niskiej zawartości błonnika i ekstremalnych temperaturach stepu euroazjatyckiego prowadzi do rozmnażania się i indukcji gatunku homo neanderthalis. Charakterystyka kolonii archeologicznej jest określana przez współpracujące konsorcja wiroidów RNA w archaeach, a tożsamość kolonii archeologicznej określa tożsamość gatunku homo neanderthalis. W ten sposób kolonie archeologiczne z ich quasi gatunkowymi konsorcjami wiroidów RNA określają tożsamość homo neanderthalis. Nowa generacja sekwencji przez konsorcja wiroidów RNA o charakterze symbiotycznym przyczynia się do różnorodności zachowań i kreatywności populacji homo neanderthalis. Archeologiczne wirusy i wiroidy RNA oraz same kolonie archeologiczne chronią populację homo neanderthalis przed zakażeniami retrowirusowymi. W ten sposób populacja homo neanderthalis jest odporna na zakażenia retrowirusowe, a quasi-gatunkowe konsorcja archaicznych i archaicznych wiroidów nadają im grupową tożsamość jako odpornym na zakażenia retrowirusowe. W ten sposób konsorcja quasi-gatunkowe wiroidów archaicznych i RNA nadają kolonii homo neanderthalis tożsamość i wyobrażenie o sobie. Homo neanderthalis jest odporny na infekcje retrowirusowe jak australijscy aborygenowie, a endogenne sekwencje retrowirusowe w genomie neandertalskim są ograniczone. Prowadzi to do braku plastyczności i dynamiki ludzkiego genomu i kory mózgowej w źle rozwiniętej z dominującą impulsywną korą mózgową w populacji homo neanderthalis. W ten sposób powstaje impulsywny, twórczy, surrealistyczny duchowy mózg neandertalczyka. W miarę jak temperatura spada i kończy się epoka lodowcowa, gęstość populacji archeologicznej również spada. Może to również wynikać ze spożycia diety o wysokiej zawartości błonnika na kontynencie afrykańskim. Dieta o wysokiej zawartości błonnika pokarmowego trawionego przez klastry klostridialne w okrężnicy sprzyja syntezie maślanu i maślan indukuje hamowanie HDAC i ekspresję sekwencji wstecznych w genomie naczelnego. Prowadzi to do wzrostu endogennych sekwencji retrowirusowych w ludzkim genomie, zwiększając dynamikę genomową i ewolucję skomplikowanej kory mózgowej dominującej mózgu z jego skomplikowaną łącznością synaptyczną w homo sapiens. To prowadzi do logicznego, zdroworozsądkowego, pragmatycznego i praktycznego homo sapiens mózgu. Homo sapiens z powodu braku archaiki i wiroidów RNA są podatne na zakażenie retrowirusowe. Tak więc kolonie archaiczne i wiroidalne quasi-gatunkowe konsorcja RNA określają ewolucję gatunku ludzkiego i sieci mózgowych. Tak więc ekstremalne temperatury, spożycie włókien, gęstość kolonii archeologicznych, RNA wiroidalne quasi-gatunki, tożsamość grupy i odporność retroviral decyduje o ewolucji homo sapiens i homo neanderthalis, jak również sieci mózgowych. Obecne ekstremalne wartości temperatury i niski pobór włókien w cywilizowanym społeczeństwie mogą prowadzić do wzrostu gęstości populacji archeologicznej i quasi-gatunkowych sieci wiroidalnych RNA, generując nowy homo neanderthalis w nowym neandertalskim wieku antropocenowym w przeciwieństwie do obecnego wieku antropocenowego homo sapiens. Gęstości populacji archeologicznej i quasi-gatunkowe sieci wiroidalne RNA określają homo sapien/homo neanderthalis, rasę, kastę, społeczność, narodowość, seksualną, metaboliczną, fenotypową, immunologiczną, genotypową, neuronalną, psychiatryczną, psychologiczną i indywidualną tożsamość. Archaea wydziela digoksynę trefonową, która może edytować wiroidy RNA i generować nowe sekwencje. Archaeal dipolar magnetytu i porfiryn w ustawieniach digoksyny indukowanej błony sodowej potasu ATPas inhibicji ATPas może produkować pompowany system fononowy pośredniczy kwantowy stan spostrzegawczy i kwantowej komunikacji w RNA wiroidalnego systemu symbiotycznego generowania nowych sekwencji przez steroidowego digoksyny enzymatycznej edycji działania. To daje podstawę do archeologicznych RNA wiroidalnych quasi-gatunkowych symbiotycznej różnorodności i tożsamości gatunku, rasy, kasty, płci, kultury, jednostki i tożsamości narodowej.

Korzenie zachodniej choroby cywilizacyjnej mogą być związane z głodowaniem mikroflory jelita grubego. Mikroflora jelita grubego jest uzależniona od węglowodanów złożonych pochodzących z błonnika pokarmowego. Przetworzona żywność o wysokiej zawartości białka, tłuszczu i cukrów jest trawiona i wchłaniana w żołądku i jelicie cienkim. Bardzo niewielka jej część dociera do jelita grubego, a powszechne stosowanie antybiotyków w medycynie spowodowało masowe wyginięcie mikroflory jelita grubego. Mikroflora jelita grubego jest niezwykle zróżnicowana, a jej różnorodność zostaje utracona. W jelicie grubym znajduje się 100 bilionów bakterii należących do 1200 gatunków. Regulują one układ odpornościowy poprzez indukowanie komórek T-regulacyjnych. Dieta o wysokiej zawartości błonnika przyczynia się do różnorodności mikrobioty jelita grubego. Interakcje ze zwierzętami gospodarskimi, takimi jak krowy i psy również przyczyniają się do zróżnicowania mikroflory jelita grubego. Typowa zachodnia dieta o wysokiej zawartości tłuszczu, białka i cukrów zmniejsza różnorodność mikroflory jelita grubego i zwiększa archaiczność jelita grubego/endosymbiotyczną, powodując metanogenezę. Archaiki jelita grubego żywią się śluzową wyściółką jelita grubego i powodują wyciek archaiki do krwi i układu tkankowego, co prowadzi do powstawania endosymbiotycznych archaiki. Prowadzi to do przewlekłego stanu zapalnego. Dieta z wysokim błonnikiem pokarmowym Afrykańczyków, Amerykanów Południowych i Hindusów produkuje zwiększoną różnorodność mikrobioty jelita grubego i wzrost klastrów klostridalnych generujących SCFA w jelitach. Dieta wysokobłonnikowa chroni przed syndromem metabolicznym i cukrzycą. Zespół metaboliczny jest związany z degeneracją, nowotworami, chorobami neuropsychiatrycznymi i autoimmunologicznymi. Dieta wysokobłonnikowa do 40 g/dzień może być nazywana dietą jelitową. Mikroflora jelita grubego, a w szczególności klaster klostridalny, trawi błonnik, wytwarzając krótkołańcuchowe kwasy tłuszczowe, które regulują odporność i przemianę materii. Dieta wysokobłonnikowa zwiększa wydzielanie błony śluzowej jelita grubego oraz grubość wyściółki śluzowej. Dieta bogata w błonnik pokarmowy powoduje wzrost ilości kłębków i wydzieliny śluzu. W ten sposób tworzy się silna bariera dla krwi jelitowej i zapobiega się endotoksemii metabolicznej, która wywołuje przewlekłą odpowiedź zapalną. Wysokie spożycie błonnika pokarmowego i różnorodność mikroflory jelita grubego z wyraźnymi skupiskami klostridalnymi wytwarzającymi SCFA są ze sobą powiązane. Klostridalne skupiska metabolizują złożone węglowodany zawarte w błonniku pokarmowym do krótkołańcuchowych maślanów, propionianów i octanów kwasów tłuszczowych. Zwiększają one funkcję regulatora T. Dieta bogata w błonnik pokarmowy zwiększa ilość bakterii i redukuje jędrność mikroflory jelita grubego. Dieta o wysokiej zawartości błonnika wiąże się z niskim wskaźnikiem masy ciała. Dieta o niskiej zawartości błonnika pokarmowego zwiększa wzrost tkanki jelita grubego, jak również tkanki endosymbiotycznej i archaiki krwi. W ten sposób powstaje więcej metanogenezy niż krótkołańcuchowej syntezy kwasów tłuszczowych przyczyniającej się do aktywacji immunologicznej. Dieta o niskiej zawartości błonnika wiąże się z wysokim wskaźnikiem masy ciała i przewlekłym ogólnoustrojowym stanem zapalnym. Myszy wolne od zarazków wykazują zanik serca, płuc i wątroby. Mikroflora jelitowa jest niezbędna do wytwarzania układów narządowych. Mikroflora jelitowa jest również potrzebna do generowania komórek T-regulacyjnych. Wysokie spożycie błonnika powoduje większe zróżnicowanie mikrobioty jelitowej oraz wzrost skupisk klostridalnych i fermentacji przez produkty takie jak maślan, który tłumi stan zapalny i zwiększa liczbę komórek regulujących T. Dieta o niskiej zawartości błonnika pokarmowego prowadzi do zwiększenia przyrostu archeologicznego, metanogenezy, zniszczenia wyściółki śluzowej i wycieku z archaicznych części jelita grubego, wytwarzających tkankę endosymbiotyczną i archaiczne części krwi. Powoduje to nadreaktywność immunologiczną przyczyniającą się do powstawania współczesnych plag cywilizacyjnych - zespołu metabolicznego, schizofrenii, autyzmu, nowotworów, autoimmunizacji i zwyrodnień. Mikrobiota jelitowa napędza ludzką ewolucję. Ludzie nie są gospodarzami mikrobioty jelitowej, ale mikrobiota jelitowa jest naszym gospodarzem. System ludzki stanowi rozbudowane laboratorium hodowlane dla rozmnażania się i przetrwania mikrobioty. System ludzki jest wywoływany przez mikrobiotę dla ich przetrwania i wzrostu. System ludzki istnieje dla mikrobioty, a nie na odwrót. Ten sam mechanizm sprawdza się w systemach roślinnych. Rośliny zaczęły kolonizować ziemię, ponieważ zaczęły symbiotyzować z bakteriami w systemach korzeniowych, które mogą pobierać substancje odżywcze z gleby. Ludzie tworzą mobilne laboratorium hodowlane dla bardziej efektywnego rozmnażania i przetrwania mikrobioty. Mikrobiota indukuje powstawanie wyspecjalizowanych komórek odpornościowych zwanych wrodzonymi komórkami limfoidalnymi. Wrodzone komórki limfoidalne kierują limfocyty tak, aby nie atakowały korzystnych bakterii. Tak więc endosymbiotyczne archaiki i archaiki jelitowe wywołują ewolucję człowieka, naczelnego i zwierzęcego, aby generować dla nich struktury umożliwiające przetrwanie i rozmnażanie się. Źródłem endosymbiotycznych archai, trzeciego elementu życia, są archaiki jelita grubego, które przeciekają do przestrzeni tkankowych i układów krwionośnych z powodu naruszenia bariery krwi jelitowej. Wzrost występowania archaicznych jelit spowodowany jest głodem mikroflory jelitowej wynikającym z diety o niskiej zawartości błonnika. Powoduje to zwiększenie wzrostu jelita grubego i zniszczenie klostridalnych skupisk i bakterioidów. Zwiększenie wzrostu jelita grubego w obecności głodu spowodowanego dietą o niskiej zawartości błonnika zjada wyściółkę śluzową i powoduje przełamania bariery krwi w jelitach. Archaiki jelita grubego przedostają się do krwioobiegu i wytwarzają endosymbiozę generując archaiki endosymbiotyczne oraz różne nowe organelle - fruktozoidy, steroidy, witaminocyty, wiroidelle, neurotransminoidy, porfirynoidy i glikozaminoglikoidy.

Wzrost endogennego EDLF, silnego inhibitora membranowego Na+-K+ ATPazy, może zmniejszyć aktywność tego enzymu. Wyniki wykazały zwiększoną syntezę endogennego EDLF, o czym świadczy zwiększona aktywność reduktazy HMG CoA, która funkcjonuje jako środek ograniczający prędkość drogi izoprenoidalnej. Badania w naszym laboratorium wykazały, że EDLF jest syntezowany przez ścieżkę izoprenoidalną. Endosymbiotyczne sekwencje archeologiczne w ludzkim genomie wyrażają się poprzez stres redoksowy i stres osmotyczny globalnego ocieplenia. Powoduje to indukcję HIF alfa, która reguluje fruktolizę i glikolizę. W warunkach stresu redoksowego cała glukoza zostaje przekształcona w fruktozę poprzez indukcję enzymów reduktazy aldozowej i dehydrogenazy sorbitolowej. Reduktaza aldozowa przekształca glukozę w sorbitol, a dehydrogenaza sorbitolowa w fruktozę. Ponieważ fruktoza jest preferencyjnie fosforylowana przez ketoheksokinazę, komórka jest wyczerpana z ATP, a fosforylacja glukozy zostaje zatrzymana. Fruktoza staje się dominującym cukrem, który jest metabolizowany przez fruktolizę w wyrażonych cząsteczkach archeologicznych w komórce funkcjonujących jako organelle zwane fruktozoidami. Fruktoza jest fosforylowana do 1-fosforanu fruktozy, który jest aktywowany przez aldolazę B, która przekształca ją w 3-fosforan gliceraldehydu i fosforan dihydroksy acetonu. 3-fosforan gliceraldehydu jest przekształcany na 1,3-bifosforan D, który następnie jest przekształcany na 3-fosforan. 3-fosfogliceran jest przekształcany na 2-fosfogliceran. 2-fosfogliceran jest przekształcany do pirogronianu fosfoenolu przez enolazę enzymatyczną. Pirwat fosfoenolowy jest przekształcany do pirogronianu przez enzym kinazę pirogronianową. Archaeaon indukuje HIF alfa, która reguluje fruktolizę i glikolizę, ale hamuje dehydrogenazę pirogronianu. Metabolizm pirogronianu zostaje zatrzymany. Depfosforylacja pirogronianu fosfoenolu jest hamowana w procesie hamowania kinaz pirogronianowych. Pyruwat fosfoenolowy wchodzi na drogę kwasu shikimowego, gdzie jest przekształcany w chorizmat. Kwas shikimowy jest syntetyzowany na drodze, która rozpoczyna się od 3-fosforanu gliceraldehydu. 3-fosforan gliceraldehydu łączy się z metabolitem szlaku fosforanu pentozy 7-fosforanu sedoheptulozy, który jest przekształcany na 4-fosforan erytrozy. Szlak fosforanu pentozowego jest regulowany w obecności tłumienia szlaku glikolitycznego. 4-fosforan erytrozy łączy się z pirogronianem fosfoenolu, tworząc kwas shikimowy. Kwas shikimowy łączy się z inną cząsteczką pirogronianu fosfoenolu w celu wytworzenia chorizmatu. Choryzmat jest przekształcany w kwas prefenowy, a następnie w kwas parahydroksyfenylo pirogronianowy. Kwas parahydroksyfenylo pirogronianowy jest przekształcany na tyrozynę i tryptofan, a także na neuroaktywne alkaloidy. Ścieżka kwasu shikimowego zbudowana jest z wyrażonych organeli archaicznych zwanych neurotransminoidem. Fruktolityczne półprodukty gliceraldehydu 3-fosforan i pirogronian są punktami wyjściowymi szlaku DXP syntezy cholesterolu. 3-fosforan gliceraldehydu łączy się z pirogronianem tworząc 1-deoksy D-ksylulozowy fosforan (DOXP), który jest następnie przekształcany w fosforan metyloeterytrytolu 2-C. Fosforan metyloeterytrytolu 2-C może być syntetyzowany z 4-fosforanu erytrozy, który jest metabolitem szlaku kwasu shikimowego. DXP łączy się z MEP, tworząc pirofosforan izopentylu, który jest przekształcany na cholesterol. Cholesterol jest katabolizowany przez archeologiczne oksydazy cholesterolowe w celu wytworzenia digoksyny. Cukry digoksynowe - digitoksoza i ramnoza - są syntetyzowane przez regulowaną ścieżkę fosforanu pentozy. Tłumienie glikolityczne prowadzi do upregowania szlaku fosforanu pentosu. Wyrażona organella archaiczna dotycząca katabolizmu cholesterolowego i syntezy digoksyny nazywana jest steroidellą. Tłumienie glikolizy i stymulacja fruktolizy prowadzi do upregowania szlaku heksozaminy. Fruktoza jest przekształcana przez ketoheksokinazy w 6-fosforan fruktozy. Fruktoza 6-fosforan jest przekształcany w glukozaminę 6-fosforan poprzez działanie glutaminianu fruktozy 6-fosforanu amidotransferazy (GFAT). Glukozamina 6-fosforan jest przekształcany w UDP N-acetylo-glukozaminę, która następnie jest przekształcana w N-acetylo-glukozaminę i różne aminocukry. Glukoza UDP jest przekształcana na kwas UDP D-glukuronowy. Kwas UDP D-glukuronowy jest przekształcany na kwas glukuronowy. Tworzy on syntetyczną ścieżkę kwasu uronowego. Kwasy uronowe i heksozaminy tworzą powtarzające się jednostki glikozaminoglikanów. W ustawieniu tłumienia glikolitycznego i metabolizmu fruktolitycznego fruktoliza prowadzi do zwiększenia syntezy heksozamin i syntezy GAG. GAG syntetyzujące cząsteczki archaiczne nazywane są glikozaminoglikozami. Wyrażone cząstki archaionów są zdolne do syntezy przeciwutleniającej witaminy C i E. UDP D-glukoza jest przekształcana w kwas UDP D-glukuronowy. UDP kwas D-glukuronowy jest konwertowany na kwas D-glukuronowy. Kwas D-glukuronowy jest przekształcany na L-gulonian przez enzymatyczne aldoketoreduktazy. L-gulonian jest przekształcany na L-gulonolakton przez laktonazę. L-gulonolakton jest przekształcany do kwasu askorbinowego pod wpływem działania archeologicznej L-gulooksydazy. Witamina E jest syntetyzowany z shikimate, który jest przekształcany do tyrozyny, a następnie do kwasu parahydroksyfenylo pirogronowego. Kwas parahydroksyfenylo pirogronowy jest przekształcany w homogenizat. Homogenentisat jest przekształcany do 2-metylo-6-fitylo-benzochinonu, który jest przekształcany do alfa-tokoferolu. 2-metylo 6-fitylo-benzochinon jest przekształcany do 2,3-metylo 6-ftylo-benzochinonu i gamma-tokoferolu. Witamina E może być również syntetyzowana przez ścieżkę DXP. 3-fosforan gliceraldehydu i pirogronian glicerolu połączone do postaci 1-deoksy D-ksylulozy 5-fosforanu, który jest przekształcany do 3-izopentenylopirofosforanu. Pirofosforan 3-izopentenylowy i pirofosforan dimetylowy połączone do utworzenia 2-metylo-6-tylo-benzochinonu, który jest przekształcany na tokoferole. Ubichinon, kolejny ważny przeciwutleniacz membranowy i część mitochondrialnego łańcucha transportu elektronów, jest syntetyzowany przez szlak kwasu shikimowego i szlak DXP. Izoprenoidalna część ubichinonu pochodzi ze szlaku DXP, a reszta z katabolizmu tyrozynowego. Tyrozyna jest generowana przez ścieżkę kwasu shikimowego. Cząsteczki archaiczne związane z syntezą witaminy C, witaminy E i ubichinonu, które są antyoksydantami, nazywane są witaminocytami.

Globalne ocieplenie indukuje endosymbiotyczny wzrost archeologiczny i wiroidalny RNA. Endosymbiotyczne archaiki i generowane wiroidy RNA indukują reduktazę aldozową, która przekształca glukozę w sorbitol. Archaiczne polisacharydy i lipopolisacharydy, jak również wiroidy i wirusy mogą indukować reduktazę aldozową. Sorbit jest aktywowany przez dehydrogenazę sorbitolową, która generuje fruktozę, która wchodzi w drogę fruktolityczną. Reduktaza aldozowa jest również indukowana przez stres osmotyczny globalnego ocieplenia i stresu redoks. Reduktaza aldozowa jest indukowana przez stymulację zapalną i immunologiczną. Archaeal zsyntetyzowana endogenna digoksyna może wytwarzać wewnątrzkomórkowy stres redoks i aktywować NFKB, który wytwarza aktywację immunologiczną. Zarówno stres redoksowy jak i aktywacja immunologiczna mogą aktywować reduktazę aldozową, która przekształca glukozę w fruktozę. Hipoksyczny stres lub warunki beztlenowe wywołują HIF alfa, która aktywuje ketoheksokinazę C, która fosforyluje fruktozę. Fruktoza jest aktywowana przez fruktokinazę, która przekształca fruktozę w 1-fosforan fruktozy. Fruktoza 1-fosforan jest przekształcana na fosforan dihydroksyoctonu i 3-fosforan gliceraldehydu, który jest przekształcany na pirogronian, acetyl CoA i cytrynian. Cytrynian jest wykorzystywany do syntezy lipidów. Odkładanie się tłuszczu występuje w organach trzewnych, takich jak wątroba, serce i nerki. Nie ma podskórnego depozytu tłuszczowego. Metabolizm fruktozy omija fosfhofruktokinazę, która jest hamowana przez cytrynian i ATP. Metabolizm fruktozy nie jest zatem pod kontrolą regulacyjną enzymu fosfhofruktokinazy. Transport i metabolizm fruktozy nie jest regulowany przez insulinę. Fruktoza jest transportowana przez receptor GLUT-5. Fruktoza nie zwiększa wydzielania insuliny i dlatego nie aktywuje lipazy lipoproteinowej. Prowadzi to do adipogenezy trzewnej. Fruktoza indukuje elementy ChREBP i SREBP. Prowadzi to do zwiększonej lipogenezy wątroby poprzez indukcję enzymu syntazy kwasów tłuszczowych, karboksylazy acetylo CoA i desaturacji sterolu CoA. Zwiększa to syntezę kwasów tłuszczowych i cholesterolu. Fruktoza jest lipofilnym węglowodanem. Fruktoza może być przetwarzana na 3-fosforan glicerolu i kwasy tłuszczowe biorące udział w syntezie trójglicerydów. Podawanie fruktozy prowadzi do wzrostu stężenia triglicerydów i VLDL. Spożycie fruktozy prowadzi do oporności na insulinę, gromadzenia się tłuszczu w narządach trzewnych, takich jak wątroba, serce i nerki, oporności na insulinę, dyslipidemii ze zwiększoną zawartością triglicerydów, VLDL i LDL oraz zespołu metabolicznego. Zespół metaboliczny X może być uważany za zespół fruktolityczny. Fruktoza zwiększa magazynowanie lipidów i zwiększa oporność na insulinę. Fruktoza może powodować dysfunkcję białek fruktozylowanych. Fruktoza nie ma wpływu na ghrelinę i leptynę w mózgu i może prowadzić do zwiększonych zachowań żywieniowych. Glukoza obniża poziom ghreliny i leptyny oraz zwiększa jej poziom. Prowadzi to do tłumienia apetytu. Tak więc fruktoza może modulować zachowania żywieniowe prowadzące do otyłości. Fruktoza powoduje aktywację NFKB i wydzielanie TNF alfa. TNF alfa może modulować receptor insulinowy wytwarzając insulinooporność i zespół metaboliczny X. Fruktoza może również prowadzić do oporności na leptynę i otyłości. Istnieje epidemia zespołu metabolicznego X w związku z globalnym ociepleniem.

Fruktoza może aktywować współczulny układ nerwowy. Prowadzi to do nadciśnienia i wzrostu częstości akcji serca. Fruktoza bierze udział w przerostie lewej komory, zwiększeniu masy lewej komory i zmniejszeniu frakcji wyrzutowej lewej komory w nadciśnieniu. Fruktoza tłumi układ nerwowy przywspółczulny. Fruktoza działa jako kluczowy czynnik indukujący niekontrolowaną proliferację i przerost mięśni serca w następstwie nadciśnienia. Serce wykorzystuje beta-oksydację kwasów tłuszczowych do generowania energii. W warunkach glikolizy beztlenowej, będącej następstwem zawału serca i hipertrofii serca, dochodzi do indukcji HIF alfa. Powoduje to wzrost ketoheksokinazy C w sercu, która fosforyluje fruktozę. Ketoheksokinaza C jest dominującym enzymem wątrobowym, ponieważ metabolizm fruktozy koncentruje się przede wszystkim w wątrobie. W procesie glikolizy beztlenowej ketoheksokinaza C jest wytwarzana również w mózgu i sercu. Ketoheksokinaza A jest dominującym enzymem w sercu i mózgu. W warunkach beztlenowej glikolizy ketoheksokinaza A, która w sposób uprzywilejowany metabolizuje glukozę, jest przekształcana w ketoheksokinazę C, która w wyniku splotu RNA ulega przemianie w fruktozę. Warunki beztlenowe mogą indukować HIF alfa, która aktywuje czynnik splatający SF3B1. W ten sposób HIF alfa indukowana przez glikolizę indukuje SF3B1, która indukuje ketoheksokinazę C produkującą fruktolizę w sercu. Fruktoza jest przekształcana w lipidy, glikogen i glikozaminoglikany w sercu, powodując przerost serca. Metabolizm fruktozy nie jest pod regulacyjną kontrolą kluczowego enzymu fosfhofruktokinazy przez cytrynian i ATP. Szlak fruktolityczny funkcjonuje jako szlak nieuczciwy, nie podlegający żadnej kontroli regulacyjnej. Fruktoza jest kluczowym czynnikiem przyczyniającym się do tego procesu. Nadpobudliwość współczulna i blokada przywspółczulna wynikająca z fruktozy może prowadzić do aktywacji immunologicznej. Nadpobudliwość współczulna i blokada przywspółczulna mogą prowadzić do dysregulacji układu nerwowego.

Fruktoza może aktywować NFKB i czynnik martwicy nowotworów alfa. Blokada pochwy wytwarzana przez fruktozę prowadzi również do zwiększenia aktywacji immunologicznej. Fruktoza może hamować fagocytozę neutrofilną. Zwiększone spożycie fruktozy może prowadzić do aktywacji immunologicznej i chorób układu oddechowego, takich jak przewlekłe zapalenie oskrzeli, POChP i astma oskrzelowa, a także choroby śródmiąższowe płuc. Ta aktywacja immunologiczna wywołana przez fruktozę nazywana jest zapaleniem fruktozowym. Fruktozylowane białka mogą służyć jako autoantygeny. Fruktozylowane białka mogą wiązać się z receptorami RAGE tworząc aktywację immunologiczną. Choroba fruktozowa wywołana globalnym ociepleniem jest podstawą epidemii chorób autoimmunologicznych, która rośnie wraz z globalnym ociepleniem.

Fruktoza zwiększa strumień na drodze fosforanu pentozowego. Zwiększa to dostępność cukrów heksozowych, takich jak ryboza, do syntezy kwasu nukleinowego. Zwiększa to syntezę DNA. W konsekwencji zwiększa się również synteza białek. Komórki nowotworowe mogą wydzielać fruktozę. Komórki nowotworowe wykorzystują fruktozę do proliferacji. Komórki płodowe, podobnie jak komórki nowotworowe, również wykorzystują fruktozę do proliferacji.

Fruktoza może sprzyjać powstawaniu złogów przerzutowych. Komórki nowotworowe wykorzystują fruktozę inaczej niż glukozę. Komórki nowotworowe wykorzystują fruktozę do wspomagania proliferacji i przerzutów. Fruktoza zwiększa syntezę kwasu nukleinowego. Fruktoza może wspomagać szybki wzrost komórek nowotworowych poprzez indukowanie enzymu transketolazy i szlaku fosforanu pentozy. Podawanie fruktozy zwiększa stres redoks, uszkodzenia DNA i zapalenie komórek, co przyczynia się do onkogenezy. Fruktoza jest najbardziej obfitym cukrem w tkankach płodowych i jest ważna w rozwoju płodu poprzez promowanie proliferacji komórek. Fruktoza jest 20 razy bardziej skoncentrowana we krwi płodowej niż glukoza. Plemniki i komórki jajowe również wykorzystują fruktozę do metabolizmu i energii. Tak więc wszystkie szybko rozmnażające się komórki - komórki nowotworowe, płodowe i reprodukcyjne - zależą od fruktolizy. Fruktoza jest głównym składnikiem diety komórek nowotworowych. Globalne ocieplenie i rozwój archeologiczny powoduje indukcję HIF alfa. HIF alfa indukuje wzrost nowotworu. HIF alfa zwiększa również glikolizę. Ale indukowana przez archeologów HIF alfa indukuje również reduktazę aldozy, która przekształca glukozę w fruktozę, a metabolizm przebiega wzdłuż szlaku fruktolitycznego. Fruktosylacja enzymów glikolitycznych zatrzymuje glikolizę. Fruktosylacja mitochondrialnej heksokinazy porowej PT może prowadzić do dysfunkcji porów PT i proliferacji komórek. Szlak fruktolityczny jest głównym szlakiem energetycznym dla szybko rozmnażających się komórek nowotworowych, komórek płodowych i komórek macierzystych. Globalne ocieplenie powoduje powstanie fenotypu Warburga odmiany fruktolitycznej. Prowadzi to do epidemii raka. Istnieje epidemia raka w związku z globalnym ociepleniem. Szlak fruktolityczny może prowadzić do zwiększonej syntezy DNA i RNA w wyniku przepływu przez szlak fosforanu pentosu. Szlak fruktolityczny może być skierowany do bocznicy GABA generującej sukcynyl CoA i glicynę. Są to substraty dla szablonów porfirynowych do tworzenia wiroidów RNA. Indukowane przez archeologa naprężenia redoks mogą indukować endogenną ekspresję HERV i odwrotną ekspresję transkryptazy. Wiroidy RNA są przekształcane przez odwróconą transkryptazę HERV na odpowiadające im DNA i integrowane z genomem przez integrase HERV. Zintegrowane DNA związane z wiroidami RNA może funkcjonować jako przeskakujące geny produkujące plastyczność genomową i zmiany genomowe.

Fruktoza, jak wspomniano wcześniej, indukuje zależny od tiaminy strumień transketolazy. Zwiększa on zarówno oksydacyjną jak i nieoksydacyjną drogę fosforanu pentozy. Zwiększa to syntezę kwasów nukleinowych i glikozaminoglikanów. Fruktoza jest przekształcana w 1-fosforan fruktozy, na który działa aldolaza B, przekształcając go w aldehyd glikeraldehyd i fosforan dihydroksyoctonu. Aldehyd glikeraldehyd jest przekształcany na 3-fosforan glikeraldehydu za pomocą triokinazy. DHAP może być przekształcany na 3-fosforan gliceraldehydu za pomocą enzymu izomerazy fosforanu triozy. 3-fosforan gliceraldehydu może być przekształcany w pirogronian. Ten pirogronian może być kierowany do glukoneogenezy i magazynowania glikogenu poprzez działanie enzymu pirogronianu karboksylazy. Powoduje to konwersję 3-fosforanu gliceraldehydu do pirogronianu i poprzez pirogronian karboksylazy do 1-fosforanu glukozy. Glukozowy 1-fosforan jest przekształcany w polimery glikogenu. W ten sposób fruktoliza powoduje magazynowanie glikogenu. Wytworzony w procesie fruktolizy pirogronian jest przekształcany w glutaminian, który może dostać się do szlaku bocznicowego GABA. Ścieżka bocznicowa GABA generuje glicynę i sukcynyl CoA, które są substratami do syntezy ALA. W ten sposób fruktoliza stymuluje syntezę porfiryn. Porfiryny mogą się samodzielnie organizować tworząc nadcząsteczkowe tablice zwane porfirynami. Porfiryny mogą się samoczynnie replikować, wykorzystując inne porfiryny jako szablony. Porfiryny mogą mieć syntezę energetyczną i ATP poprzez transport elektronowy lub fotonowy. Porphyriony są cząsteczkami dipolarnymi, a w otoczeniu digoksyny indukowanej błoną sodowo-potasową inhibicja ATPazy potasowej może generować pompowany układ fononowy indukowany stanem kwantowym i postrzeganiem kwantowym. Mogą one funkcjonować jako komputery kwantowe z możliwością przechowywania informacji. Porfiryny są podstawowymi, samoreplikującymi się żywymi strukturami. Porfiryny mogą działać jako szablon do tworzenia RNA, DNA i białek. Wiroidy RNA, wiroidy DNA i białka generowane przez abiogenezę na szablonach porfiryn mogą się same organizować tworząc prymitywne archaiki. W ten sposób archaiki są zdolne do abiogenicznej replikacji na szablonach porfirynowych. Archaiki mogą indukować HIF alfa i dalszą indukcję reduktazy aldozowej promującej fruktolizę.

Fruktoza jest substancją uzależniającą. Fruktoza działa na ośrodki hedoniczne w mózgu z przyjemnością i satysfakcją. W skali uzależnienia fruktoza jest bardziej uzależniająca niż kokaina i konopie indyjskie. Fruktoza obniża BDNF. Niski poziom BDNF powoduje zmiany w mózgu, które prowadzą do schizofrenii i depresji. Fruktoza może również produkować przewlekłe zapalenie związane z schizofrenią. Droga fruktolityczna jest ważne w genezie zaburzeń psychicznych. Zwiększona fruktoliza może prowadzić do fruktosylacji lipoprotein, zwłaszcza apoproteiny E i apoproteiny B. Apo B może ulegać fruktosylacji lizyny prowadzącej do wadliwego wychwytywania LDL i cholesterolu przez mózg. Prowadzi to do autyzmu i schizofrenii. Fruktoliza prowadzi do obniżenia poziomu cholesterolu w mózgu. Cholesterol jest niezbędny do tworzenia się połączeń synaptycznych i kory mózgowej. Prowadzi to do zaniku kory mózgowej i dominacji w mózgu w obecności zubożenia cholesterolu. Może to przyczynić się do powstania mózgowego zespołu poznawczo - afektywnego, będącego podstawą schizofrenii i autyzmu. Istnieje epidemia schizofrenii i autyzmu korelujące z globalnym ociepleniem. Fruktosylacja LDL i obniżenie poziomu cholesterolu w mózgu może prowadzić do dysfunkcji transportu synaptycznego. Istnieje więcej uwalniania glutaminianu do synaptyki z neuronu presynaptycznego w wyniku dysfunkcji błony presynaptycznej neuronu w wyniku wyczerpania cholesterolu. Przyczynia się to do ekscytotoksyczności glutaminianu. Ekscytotoksyczność glutaminianu może przyczyniać się do zwyrodnienia neuronów. Fruktoza może również powodować niedobór cynku. Zwiększone spożycie fruktozy powoduje zubożenie cynku, co prowadzi do wadliwego tworzenia się metalotionin, które prowadzą do wadliwego wydalania metali ciężkich. Prowadzi to do toksyczności rtęci, kadmu i glinu w mózgu, co prowadzi do zaburzeń psychicznych, takich jak autyzm i zwyrodnienia takie jak choroba Alzheimera. Niedobór cynku wynikający z nadmiaru fruktozy może prowadzić do nadmiaru miedzi. Neurony zawierające cynk w korze mózgowej nazywane są neuronami gluzinergicznymi. Kora mózgowa, zwłaszcza kora przedczołowa, zaniknie, powodując dominację pnia mózgu i pnia mózgu. Miedź jest niezbędna do dominacji podkorowych struktur poznawczych. Spożycie fruktozy może również prowadzić do niedoboru wapnia, który może produkować wadliwy sygnał wapniowy. Spożycie fruktozy prowadzi do fruktolizy i powstawania reaktywnych gatunków 3-deoksyglukozonu, ważnych w dotarciu do krzyżówki i fruktozylacji białek neuronalnych, co prowadzi do ich wadliwego działania. Zaburzenia neuropsychiatryczne i neurodegeneracyjne można określić jako choroby fruktozowe. Topiramat analogu fruktozy jest stosowany w leczeniu chorób neuronów ruchowych. Mutacja aldolazy B dwufosforanowej fruktozy występuje w schizofrenii, zaburzeniach dwubiegunowych i depresji. W schizofrenii obserwowano zaburzenia 6-fosphofrukto 2-kinazy i 2,6-bifosfotazy fruktozowej. Zaburzenia metabolizmu fruktozy stwierdzono w schizofrenii, psychozie depresyjnej maniakalnej i autyzmie. Fruktoza hamuje plastyczność mózgu. Fruktoza hamuje zdolność neuronów do komunikacji ze sobą. Okablowanie i ponowne okablowanie neuronów jest zahamowane. Fruktoza prowadzi do zespołu odłączenia neuronów.

Fruktoza może zwiększać strumień na drodze fosforanu pentozowego i heksozaminy, prowadząc do syntezy glikozaminoglikanów. Nagromadzenie glikozaminoglikanów w tkankach może prowadzić do mukopolisacharydozy i zwłóknienia. Zwiększone nagromadzenie siarczanu heparyny w mózgu prowadzi do tworzenia się płytek amyloidowych i choroby Alzheimera. Nagromadzenie tkanki łącznej w płucach prowadzi do choroby śródmiąższowej płuc, w nerkach powoduje zanik cewek i przewlekłą niewydolność nerek podobną do nefropatii mezo-amerykańskiej. Nagromadzenie tkanki łącznej w sercu może prowadzić do kardiomiopatii restrykcyjnej. Nagromadzenie GAG, zwłaszcza kwasu hialuronowego w kościach i stawach, prowadzi do choroby zwyrodnieniowej stawów i spondylozy. Nagromadzenie GAG w narządach hormonalnych może powodować dysfunkcję tarczycy, prowadzącą do powstania MNG i zapalenia tarczycy, dysfunkcję trzustki powodującą przewlekłe wapniowe zapalenie trzustki oraz dysfunkcję nadnerczy powodującą hipoadrenalię. Nagromadzenie GAG w tkankach naczyniowych może prowadzić do angiopatii śluzówkowej przyczyniającej się do choroby wieńcowej i udaru mózgu. Nagromadzenie lipidów na drodze fruktolitycznej wraz z glikozaminoglikanami może prowadzić do stłuszczenia wątroby. Może to później prowadzić do marskości wątroby. Fruktoza jest głównym winowajcą wątroby tłustej i marskości wątroby. Glicyna syntetyzowana z fruktolitycznego pośredniego fosfogliceryanu może odgrywać rolę hamującą wątrobę tłuszczową. Istnieje epidemia przewlekłej niewydolności nerek spowodowanej zwłóknieniem rurkowym, angiopatycznymi chorobami naczyń śluzowych, kardiomiopatią, mnogimi niewydolnościami hormonalnymi, marskością wątroby, śródmiąższową chorobą płuc, zwyrodnieniowymi chorobami kości i stawów oraz zwyrodnieniowymi chorobami mózgu, takimi jak choroba Alzheimera i choroba Parkinsona, będącymi konsekwencją globalnego ocieplenia.

Rosnący wzrost archaiki powoduje zwiększenie wydzielania wiroidów RNA. Mogą one zakłócać funkcję mRNA i zaburzać metabolizm komórkowy. Dzieje się tak za sprawą mechanizmu blokady mRNA. Wiroidalne RNA może łączyć się z białkami wytwarzającymi białka prionowe. W ten sposób powstaje defekt konformacji białek. Prowadzi to do choroby białek prionowych. Nieprawidłowa budowa białek beta amyloidu, alfa synukleiny, rybonukleoprotein, polipeptydu amyloidowego związanego z wysepką i białka tłumiącego nowotwory może prowadzić do epidemii choroby Alzheimera z powodu nagromadzenia beta amyloidu, nagromadzenia alfa synukleiny produkującej chorobę Parkinsona, prionów takich jak rybonukleoproteiny produkujące motoryczną chorobę neuronową, zespołu metabolicznego X z powodu wadliwego wydzielania insuliny w wyniku IAPP i nieprawidłowego prionowego białka tłumiącego nowotwory. Te choroby prionowe wywołane przez wiroidy RNA są również zakaźne. Tak więc fruktoliza związana z globalnym ociepleniem prowadzi do indukowanej przez archeologiczne wiroidalne RNA choroby prionowej i amyloidozy. Podnosi to spektakl syndromu wymierania człowieka Cassandry.

Fruktoza jest fosforylowana do 1-fosforanu fruktozy przez ketoheksokinazę C lub fruktokinazę. Fruktoza 1-fosforan jest przekształcany do gliceraldehydu, który następnie jest przekształcany do 3-fosforanu gliceraldehydu i fosforanu dihydroksyoctonu (DHAP). Fruktoza 1-fosforan jest rozszczepiany do DHAP i 3-fosforanu gliceraldehydu. DHAP może wchodzić w drogę glikolityczną lub przechodzić w drogę glukoneogenetyczną. DHAP generowane z 1-fosforanu fruktozy pod wpływem działania aldolazy B jest aktywowane przez izomerazę fosforanu triozy przekształcającą go w 3-fosforan gliceraldehydu. 3-fosforan gliceraldehydu może być fruktolizowany do pirogronianu i acetylu CoA. Acetyl CoA może być używany do syntezy cholesterolu do przechowywania. Pirogronian wytworzony z 3-fosforanu gliceraldehydu może być przekształcony w cytrynian, który może być wykorzystany do syntezy kwasu tłuszczowego poprzez działanie enzymów: karboksylazy acetylo CoA, syntazy kwasu tłuszczowego i dehydrogenazy malonowej. Gliceraldehyd jest aktywowany przez dehydrogenazę alkoholową, która przekształca go w glicerol. Glicerol jest aktywowany przez glicerolalkinazę, która przekształca go w fosforan glicerolu używany do syntezy fosfoglicerydów i triglicerydów. Gliceraldehyd może być również aktywowany przez triokinazę, przekształcając go w 3-fosforan gliceraldehydu, który następnie jest przekształcany do DHAP przez izomerazę fosforanu triozy. Fosforan glicerynowy i fosforan dihydroksy acetonowy są wzajemnie konwertowalne pod wpływem działania enzymu dehydrogenazy fosforanu glicerolu. Glicerol i kwasy tłuszczowe wytwarzane w procesie fruktolizy przyczyniają się do syntezy lipidów i magazynowania tłuszczu. Fruktoza nie zwiększa wydzielania insuliny i nie potrzebuje jej do transportu do komórki. Fruktoza jest transportowana przez transporter fruktozy GLUT 5. Ketoheksokinaza C występuje wyłącznie w wątrobie, która jest głównym miejscem metabolizmu fruktozy. W obecności hipoksji i stanów beztlenowych dochodzi do indukcji HIF alfa, która może indukować ketoheksokinazę C lub fruktokinazę w wątrobie, nerkach, przewodzie pokarmowym, mózgu i sercu. Fruktoza 1-fosforanowa omija enzym fosfostruktokinazy, który jest kluczowym enzymem regulacyjnym szlaku glikolitycznego. Fosphofruktokinaza jest hamowana przez ATP i cytrynian. Dlatego też fruktoliza wywołana stresem jest szlakiem nieregulowanym, który nie jest podatny na zmiany metaboliczne. Fruktoza nie jest uzależniona od insuliny w zakresie jej transportu i fruktolizy. Dlatego też fruktoliza nie jest pod kontrolą insuliny ani hormonalną. Jest to szlak nieuregulowany.

Fosforylacja fruktozy wyczerpuje komórkę ATP. Ketoheksokinazy uprzywilejowują fruktozę w stosunku do glukozy, jeśli jest ona dostępna. W obecności stresu redoksowego, stresu osmotycznego i archaicznych/wirusów aldoza reduktaza jest indukowana przekształcając całą glukozę w fruktozę. Szlak glikolityczny zostaje zatrzymany, ponieważ nie jest dostępny ATP do fosforylacji glukozy, a glukoza jako taka zostaje przekształcona w fruktozę. Fosforylacja fruktozy wyczerpuje komórki ATP. ATP jest przekształcany w ADP i AMP, który jest skażony do produkcji kwasu moczowego. Fruktoza zwiększa strumień w drodze fosforanu pentozy, zwiększając syntezę kwasu nukleinowego. Degradacja purynu prowadzi do hiperurykemii. Fruktoliza powoduje więc wzrost odkładania się kwasu moczowego w organizmie. Kwas moczowy hamuje fosforylację oksydacyjną mitochondriów, a także powoduje dysfunkcję śródbłonka. Wyczerpanie ATP przez fosforylację fruktozową powoduje zahamowanie błonowej ATPazy potasowo-sodowej. Powoduje to zmniejszenie zapotrzebowania energetycznego komórki, ponieważ 80 procent ATP generowanego przez metabolizm jest wykorzystywane do utrzymania pompy sodowo-potasowej. Powoduje to zahamowanie działania membranowej ATPazy, generowanej w stanie hibernacji. Trójfosforan gliceraldehydu generowany w procesie fruktolizy może być przekształcony w pirogronian i acetyl CoA wykorzystywane do syntezy cholesterolu. Zsyntetyzowany cholesterol jest wykorzystywany do syntezy digoksyny. Digoksyna posiada również część aglikonową, która zawiera cukry takie jak digitoksoza i ramnoza. Digitoksyna i ramnoza są generowane przez strumień indukowany przez fruktozę i ulepszenie szlaku fosforanu pentozowego. W ten sposób fruktoliza powoduje stan hiperdigoksynowy i hamowanie ATPazy potasowej sodowej. Prowadzi to do ochrony komórek i hibernacji.

Fruktoza wytwarza strumień na drodze fosforanu pentozowego i heksozaminy. Prowadzi to do syntezy GAG i kwasu nukleinowego. Fruktoza jest przekształcana na 1-fosforan fruktozy, który następnie jest przekształcany na 5-fosforan rybulozy. 5-fosforan rybulozy jest aktywowany przez izomerazę przekształcającą go w 5-fosforan ksylulozy i 5-fosforan rybulozy. 5-fosforan ksylulozy i 5-fosforan rybozy oddziałują na siebie, wytwarzając 3-fosforan gliceraldehydu i 7-fosforan sedoheptulozy, który następnie jest przekształcany w 6-fosforan fruktozy i 4-fosforan erytrozy. Droga fosforanu pentozy generuje rybozę do syntezy kwasu nukleinowego. Ścieżka ta generuje również heksozaminy do syntezy GAG. Ścieżka fosforanu pentosu generuje również cyfoksozę i ramnozę do syntezy digoksyny.

Globalne ocieplenie powoduje endosymbiotyczny wzrost archeologiczny. Archaea może indukować reduktazę aldozową, która przekształca glukozę w fruktozę. Fruktoliza promuje strumień na drodze fosforanu pentosu, generując kwasy nukleinowe i glikozaminoglikany. Fruktoliza generuje również 3-fosforan gliceraldehydu i dalszy pirogronian. Pirogronian może wejść w schemat pirogronianowej karboksylazy, generując glukoneogenezę i syntezę glikogenu. W ten sposób fruktoliza może doprowadzić do zmagazynowania glikogenu. Pirogronian może być przekształcony w cytrynian do syntezy lipidów. Pirogronian może być również przekształcony do acetylo CoA w celu syntezy cholesterolu. Strumień na drodze fosforanu pentozowego generuje cukry digoksynowe, cyfoksydę i ramnozę. Cholesterol może być przekształcony w digoksynę, tworząc stan hiperdigoksynowy. Digoksyna wytwarza błonową inhibicję ATPazy potasowo-sodowej. Selektywna fosforylacja fruktozy przez fruktokinazę powoduje zubożenie komórki ATP produkującej membranową inhibicję ATPazy sodowo-potasowej. Prowadzi to do wytworzenia stanu hibernacji. Wytworzony w wyniku fruktolizy pirogronian może zostać przekształcony w glutaminian, który może dostać się do szlaku bocznicowego GABA produkując sukcynyl CoA i glicynę do syntezy porfiryn. Porfiryny mogą tworzyć samoreplikujące się porfiryny lub pełnić rolę wzorca do tworzenia wiroidów RNA, wiroidów DNA i prionów, które mogą symbiotycznie tworzyć archaiki. W ten sposób archaiki są zdolne do samoreplikacji na szablonach porfiryn. Fruktoliza powoduje tym samym powstanie zespołu hibernacji z syntezą i przechowywaniem tłuszczu, glikogenu i kwasu nukleinowego. W wyniku fruktolizy powstaje gatunek hibernacyjny, homo neandertalczyk. Fruktoliza generuje błonowe inhibicje ATPazy potasowo-sodowej, co prowadzi do hibernacji komórek i oszczędzania ATP. Brak inhibicji ATP i digoksyny indukowanej błonową inhibicją ATPazy sodowo-potasowej powoduje zahamowanie korowe i dominację móżdżku. Powoduje to stan somnolentny i zaburzenia poznawcze móżdżku. Porfiriony generowane przez fruktolizę wytwarzają postrzeganie kwantowe i dominację w móżdżku. Magazynowanie glikogenu, tłuszczu i GAG prowadzi do otyłości. Mózgowy zespół afektywno-naukowy prowadzi do stanu hiperseksalnego. Fruktoliza i fruktoza mogą aktywować NFKB wytwarzając aktywację immunologiczną. Fruktozylacja białek glikolitycznych i mitochondrialnych hamuje normalną energię organizmu, która zależy od glikolizy i mitochondrialnej fosforylacji oksydacyjnej. Fruktosylacja białek prowadzi do blokady glikolizy i fosforylacji oksydacyjnej mitochondriów. Potrzeby energetyczne organizmu są generowane przez fruktolizę, łańcuch transportu elektronów za pośrednictwem macierzy porfirynowej i syntezę ATP oraz błonową inhibicję ATPaz potasowo-potasowej zależności ATP. W ten sposób powstaje nowy gatunek w wyniku symbiozy archeologicznej, będącej konsekwencją globalnego ocieplenia - homo neandertalis. Można to nazwać tropikalnym zespołem hibernacyjnym będącym konsekwencją globalnego ocieplenia.

Można to nazwać również chorobą fruktozową. Endosymbiotyczne archaiki i wiroidy indukują reduktazę aldozową i przekształcają glukozę w fruktozę, prowadząc do uprzywilejowanej fosforylacji fruktozy przez ketoheksokinazę C. Fruktoliza powoduje, że aldolaza B oddziałuje na 1-fosforan fruktozy, tworząc gliceraldehyd i fosforan dihydroksy acetonu. Aldehyd glikeraldehyd może być przekształcony w 3-fosforan glikeraldehydu, co przyczynia się do powstania pirogronianu. Pirogronian przedostaje się do bocznicy GABA powodując powstawanie sukcynylu CoA i glicyny. Są one substratami do syntezy porfiryn i tworzenia porfiryn. Porfiryny stanowią wzorzec dla tworzenia się wiroidów RNA, wiroidów DNA, prionów, izoprenoidów i polisacharydów. Mogą one symbiozować ze sobą tworząc prymitywne archaiki. Archaiki mogą dalej indukować HIF alfa, reduktozę aldozy i fruktolizę, prowadząc do dalszej porfirynogenezy i samoreplikacji archeologicznej. W wyniku metanogenezy archaiki przyczyniają się do globalnego ocieplenia, które prowadzi do dalszego rozwoju archaiki i błędnego cyklu bez zmian regulacyjnych. Droga fruktolityczna indukowana przez archaiczne omija regulacyjny enzym fosfhofruktokinazy i jest praktycznie nieregulowana. Szlak fruktolityczny przyczynia się do syntezy i przechowywania glikogenu, lipidów, cholesterolu, cukrów heksozowych i mukopolisacharydów. Prowadzi to do stanu hibernacji i zmiany gatunkowej wywołanej symbiozą archeologiczną, co prowadzi do neandertalizacji gatunku homo sapien. Zubożenie ATP wywołane digoksyną i fosforylacją fruktozową prowadzi do zahamowania błonowej ATPazy sodowo-potasowej, oszczędzania ATP i hibernacji tkankowej, ponieważ większość potrzeb energetycznych organizmu jest przeznaczona na pracę pompy sodowo-potasowej. Cholesterol syntetyzowany przez fruktolizę to katabolizowane oksydazy cholesterolowe dla archeologicznych energetyków. Archaea czerpie swoją energię również z prymitywnej formy łańcucha transportu elektronów, funkcjonującego w samoreplikujących się porfirynowych tablicach. Indukowane przez archeologiczną digoksynę inhibicje ATPazy potasowo-sodowej mogą prowadzić do błonowej syntezy ATP. Archaiczne archaiki i nowy fenotyp gatunku ludzkiego czerpią energię z tego mechanizmu. Enzymy glikolityczne i mitochondrialna heksokinaza porowa PT są fruktozylowane, co powoduje ich dysfunkcję. Fruktozylowane enzymy glikolityczne prowadzą do powstawania przeciwciał antyglikolitycznych i stanów chorobowych. Podstawowa metoda energetyczna organizmu ludzkiego polegająca na glikolizie tkankowej i fosforylacji oksydacyjnej zostaje zatrzymana. Organizm ludzki zostaje przejęty przez zarastające archaiki endosymbiotyczne i przechodzi w stan hibernacji z gromadzeniem się glikogenu, lipidów, mukopolisacharydów i kwasów nukleinowych. Zatrzymują się drogi kataboliczne do generowania energii związanej z glukozą, glikolizą i schematem oxphos. Organizm ludzki może być uzależniony od ketogenezy z tłuszczu i białek. Ścieżka fruktolityczna w górę generuje fosfoglicerynę, która przekształca się w fosfoserynę i glicynę. Mogą być one przekształcane na inne aminokwasy i wykorzystywane do ketogenezy. W organizmie zakłada się wysoki wskaźnik BMI i otyłość z trzewnym przechowywaniem tłuszczu i otyłością zbliżoną do neandertalskiego fenotypu metabolicznego. Indukowane digoksyną błonowe inhibicje ATPazy potasowo-sodowej prowadzą do dysfunkcji korowej. Porfiryny mózgowe mogą tworzyć ilościowo przepompowywany układ fononowy, co prowadzi do ilościowej percepcji i niskiego poziomu absorpcji EMF. Prowadzi to do zaniku kory przedczołowej i dominacji kory mózgowej. Fruktoza sama w sobie prowadzi do nadpobudliwości współczulnej i blokady przywspółczulnej. Prowadzi to do funkcjonalnej formy poznania móżdżku i percepcji kwantowej, w wyniku czego powstaje nowy fenotyp mózgu. Mózgowy zespół poznawczy prowadzi do zrobotyzowanego fenotypu człowieka. Fenotyp ten jest impulsywny, ma postrzeganie pozazmysłowe i mniej produkuje mowę. Komunikacja odbywa się za pomocą symbolicznych aktów. Fenotyp móżdżku nie ma kontroli korowej i przyczynia się do powstawania surrealistycznych wzorców zachowań. Powoduje to impulsywne zachowania i epidemię surrealizmu, gdzie racjonalna kora przedczołowa wymiera. Prowadzi to do skrajności duchowości, agresywnych i terrorystycznych zachowań i stanów hiperseksalnych przyczyniających się do stanu trancesji podkreślonego i wzmocnionego przez percepcję kwantową. Fenotyp Cerebellar ze względu na swoje postrzeganie kwantowe zachowuje się jak wspólnota, a nie jak jednostka. W ten sposób powstają nowe fenotypy społeczne i psychologiczne. Fruktoza indukuje NFKB i aktywację immunologiczną. Powoduje to aktywację immunologiczną fenotypu. Hodowane komórki T-reg na diecie o wysokiej zawartości fruktozy mają 62% mniejsze wydzielanie IL-40 niż komórki kontrolne. Powoduje to stan hiperimmunologiczny z fruktozylowanymi białkami działającymi jako antygeny. Droga fruktolityczna może prowadzić do zwiększonej syntezy DNA i RNA w wyniku przepływu przez szlak fosforanu pentozy. Szlak fruktolityczny może być skierowany do bocznicy GABA generującej sukcynyl CoA i glicynę. Są to substraty dla szablonów porfirynowych do tworzenia wiroidów RNA. Indukowane przez archeologa naprężenia redoks mogą indukować endogenną ekspresję HERV i odwrotną ekspresję transkryptazy. Wiroidy RNA są przekształcane przez odwróconą transkryptazę HERV na odpowiadające im DNA i integrowane z genomem przez integrase HERV. Zintegrowane DNA związane z wiroidami RNA może funkcjonować jako przeskakujące geny produkujące plastyczność genomową i zmiany genomowe. W ten sposób powstaje nowy genotyp. Fruktozylacja białek i enzymów w organizmie skutkuje defektem przetwarzania białek, który prowadzi do utraty funkcji białka. Fruktozylacja białek, defekty w przetwarzaniu białek i defekty konformacji białek zatrzymują funkcję komórek ludzkich. Ścieżka fruktolityczna generuje porfirynowe tablice indukujące produkcję ATP, błonowe hamowanie syntezy ATP potasowo-sodowej ATP indukujące syntezę ATP i generowanie ATP indukujące fruktolizę. Dostarcza to energii do replikacji wzorca porfirynowego indukowanego przez archeologów. Zubożenie ATP wywołane digoksyną i fosforylacją fruktozową powoduje zahamowanie błony komórkowej ATPazy sodowo-potasowej i stan hibernacji. Prowadzi to do somnolentnego stanu senności. Katabolizm cholesterolu przez oksydazy cholesterolowe dla archeologicznych energetyków prowadzi do wadliwej syntezy hormonów płciowych. To prowadzi do aseksualnego stanu androgynicznego. Mózgowy zespół poznawczy spowodowany przedczołowym zanikiem korowym wynikającym z porfirii wywołanej niskim poziomem percepcji EMF wytwarza stan hiperseksalny. Prowadzi to do zrównania płci męskiej i żeńskiej oraz zmian w zachowaniach seksualnych populacji. Tak więc choroba fruktozowa będąca następstwem globalnego ocieplenia powoduje powstanie nowego fenotypu neuronalnego, odpornościowego, metabolicznego, seksualnego i społecznego. Organizm ludzki zostaje przekształcony w zombie, aby związane z globalnym ociepleniem archaiki endosymbiotyczne mogły się rozwijać. Fenotyp neuronalny, metaboliczny, seksualny i społeczny tworzy niezbędne środowisko endosymbiotycznego namnażania się archaicznego, a organizm ludzki zostaje przekształcony w fenotyp zombie. Można to nazwać syndromem hibernacji zombie. Ze względu na nowy seksualny i społeczny fenotyp z bezpłciowością i hiperseksualnością oraz równouprawnieniem płci żeńskiej i męskiej populacja ludzka spada. Globalne ocieplenie i archeologiczna indukcja HIF alfa, której wynikiem jest fenotyp Warburga, prowadzi do zmian w schemacie metabolicznym komórek produkujących komórki ciała, które przekształcają się w komórki macierzyste. Komórki macierzyste uzależnione są od glikolizy lub fruktolizy na potrzeby energetyczne. Fenotyp Warburga wytwarza kwaśne pH, które może prowadzić do przemiany komórek ciała w komórki macierzyste. Konwersja komórek macierzystych prowadzi do utraty funkcji tkanek. Połączenie synaptyczne kory mózgowej zostaje utracone i staje się dysfunkcją prowadzącą do podkorowej dominacji móżdżku. Odporne komórki macierzyste proliferują produkując chorobę autoimmunologiczną. Różne komórki tkankowe wyspecjalizowana funkcja jak neuron, nefron i komórka mięśniowa wszystko z powodu konwersji komórek macierzystych staje się dysfunkcyjna. W ten sposób powstaje zespół komórek macierzystych, w którym ludzkie komórki somatyczne są przekształcane w komórki macierzyste z utratą funkcji i niekontrolowaną proliferacją. Fruktozylacja białek prowadzi do zaburzeń funkcji białka. Fruktozylacja LDL prowadzi do wadliwego transportu cholesterolu do komórek. Prowadzi to do defektów w syntezie hormonów steroidowych. Cholesterol jest niezbędny do tworzenia się połączeń synaptycznych, co prowadzi do dysfunkcji kory mózgowej. Hemoglobina ulega fruktozylowaniu i wpływa na transport tlenu. Prowadzi to do niedotlenienia i stanów anerobowych. Hipoksja i stany beztlenowe wywołują HIF alfa i fenotyp fruktolityczny Warburga. HIF alfa indukuje również reduktazę aldozową przekształcającą glukozę w fruktozę i indukującą schemat fruktolityczny. Fruktoliza indukuje ścieżkę bocznicową GABA i syntezę porfiryn, co skutkuje dalszą, archeologiczną replikacją wzorca porfiryny. Powoduje to dalszą archektolizę fruktolizującą i kontynuację błędnego, nieodwracalnego cyklu. Niekontrolowany wzrost archaiki prowadzi do dalszego globalnego ocieplenia. Świat endosymbiotycznych, wiecznych archaicznych archaicznych archaicznych przejmuje i utrzymuje się podczas ekstremalnych zmian klimatycznych globalnego ocieplenia. Istota ludzka istnieje jako neandertalskie zombie służące mnożeniu archaicznemu. Homo sapiens zostaje przekształcony w nowy fenotyp, genotyp, immunotyp, typ metaboliczny i typ mózgu. Nazywa się to hibernacyjnym zombie związanym z globalnym ociepleniem - homo neoneandertalczykiem.

**Tabela 1**

| | Serum fruktoza | | Serum fruktokinazy | | Aldolaza B | | Ogółem GAG | |
|---|---|---|---|---|---|---|---|---|
| | Mean | ± SD | Mean | ± SD | Mean | ± SD | Mean | ± SD |
| Normalny | 2.50 | 0.195 | 8.5 | 0.405 | 3.50 | 1.304 | 3.50 | 0.707 |
| Sy X | 21.20 | 5.201 | 18.91 | 2.942 | 8.01 | 1.244 | 18.46 | 4.623 |
| CAD | 31.40 | 3.212 | 21.18 | 2.267 | 9.02 | 0.667 | 21.41 | 1.653 |
| CVA | 29.98 | 4.002 | 24.96 | 3.829 | 11.72 | 1.397 | 21.65 | 2.755 |
| DCM/EMF | 32.04 | 4.955 | 21.37 | 2.050 | 10.89 | 1.344 | 20.12 | 2.855 |
| Tumour | 27.94 | 3.732 | 22.29 | 1.237 | 9.46 | 1.386 | 20.89 | 1.651 |
| Schizo | 31.14 | 4.446 | 22.19 | 2.634 | 11.63 | 3.081 | 21.50 | 1.714 |
| Autyzm | 28.66 | 5.089 | 24.09 | 2.146 | 12.30 | 1.621 | 22.60 | 3.054 |
| AD | 33.13 | 2.754 | 19.87 | 1.646 | 11.37 | 1.406 | 22.97 | 3.662 |
| PD | 30.24 | 4.551 | 22.72 | 1.955 | 11.93 | 2.999 | 20.13 | 1.507 |
| MS | 29.88 | 5.150 | 22.29 | 1.641 | 10.87 | 1.895 | 23.47 | 2.878 |
| Lupus | 33.11 | 4.509 | 20.24 | 1.639 | 11.59 | 0.767 | 20.62 | 3.504 |
| CRF | 30.24 | 3.209 | 22.52 | 3.196 | 11.76 | 1.596 | 20.55 | 2.164 |
| ILD | 32.04 | 5.295 | 22.37 | 1.585 | 11.84 | 0.963 | 21.49 | 1.544 |
| COPD | 26.68 | 4.266 | 21.78 | 2.253 | 10.62 | 1.703 | 22.84 | 2.965 |
| BA | 33.59 | 3.938 | 22.45 | 2.472 | 11.30 | 0.783 | 23.50 | 3.225 |

| | | | | | | | | |
|---|---|---|---|---|---|---|---|---|
| Marskość wątroby | 32.53 | 6.737 | 23.00 | 1.722 | 10.49 | 1.373 | 20.57 | 1.878 |
| IBD | 31.75 | 5.236 | 21.89 | 2.292 | 11.63 | 1.304 | 22.46 | 4.030 |
| MAO | 31.53 | 4.507 | 22.07 | 2.324 | 11.32 | 1.343 | 23.89 | 2.936 |
| IBS | 29.90 | 4.299 | 22.52 | 1.995 | 10.93 | 1.498 | 22.09 | 2.797 |
| PUD | 32.49 | 6.487 | 21.89 | 3.431 | 10.85 | 1.606 | 25.27 | 3.693 |
| EMF | 30.79 | 4.740 | 21.47 | 3.056 | 11.65 | 1.427 | 20.54 | 2.192 |
| CCP | 31.16 | 3.635 | 22.42 | 3.126 | 10.49 | 1.476 | 17.94 | 2.276 |
| MNG | 32.24 | 5.864 | 20.46 | 2.864 | 9.82 | 1.135 | 21.42 | 2.662 |
| Muc ANG | 30.40 | 6.405 | 23.30 | 4.089 | 11.08 | 1.360 | 22.16 | 3.543 |
| DBJD | 33.06 | 5.970 | 22.42 | 3.714 | 11.21 | 1.660 | 17.76 | 3.556 |
| Spondylosis | 32.70 | 4.430 | 21.92 | 1.840 | 14.10 | 2.423 | 26.80 | 3.679 |
| Wartość F | 17.373 | | 13.973 | | 13.903 | | 21.081 | |
| p wartość | < 0.01 | | < 0.01 | | < 0.01 | | < 0.01 | |

**Tabela 2**

| | Razem TG | | Poziomy ATP w surowicy | | Kwas moczowy | | Antyaldolaza | |
|---|---|---|---|---|---|---|---|---|
| | Mean | ± SD | Mean | ± SD | Mean | ± SD | Mean | ± SD |
| Normalny | 124.00 | 3.688 | 2.50 | 0.405 | 5.70 | 0.369 | 7.50 | 1.704 |
| Sy X | 262.40 | 32.790 | 0.82 | 0.143 | 6.21 | 0.452 | 2.20 | 0.583 |
| CAD | 252.44 | 35.388 | 0.85 | 0.085 | 9.00 | 0.485 | 2.23 | 0.567 |
| CVA | 297.64 | 36.410 | 0.79 | 0.081 | 9.34 | 1.641 | 2.02 | 0.303 |
| DCM/EMF | 302.00 | 25.166 | 0.77 | 0.151 | 9.26 | 1.048 | 1.41 | 0.310 |
| Tumour | 277.60 | 34.613 | 0.80 | 0.136 | 7.88 | 0.847 | 1.45 | 0.415 |
| Schizo | 244.00 | 31.383 | 0.72 | 0.102 | 8.65 | 0.701 | 1.35 | 0.319 |
| Autyzm | 284.30 | 19.743 | 0.87 | 0.072 | 8.14 | 0.538 | 1.35 | 0.218 |
| AD | 244.70 | 22.106 | 0.82 | 0.121 | 8.74 | 0.687 | 1.70 | 0.361 |
| PD | 284.30 | 19.945 | 0.83 | 0.090 | 8.90 | 0.579 | 2.03 | 0.232 |
| MS | 289.89 | 23.406 | 0.74 | 0.115 | 9.59 | 0.783 | 1.80 | 0.402 |
| Lupus | 294.00 | 39.903 | 0.78 | 0.161 | 8.34 | 0.712 | 1.81 | 0.691 |
| CRF | 272.10 | 31.057 | 0.86 | 0.101 | 7.76 | 0.798 | 1.67 | 0.363 |
| ILD | 292.10 | 26.337 | 0.78 | 0.135 | 8.40 | 0.442 | 1.72 | 0.360 |
| COPD | 306.40 | 24.419 | 0.74 | 0.136 | 9.62 | 0.952 | 1.63 | 0.440 |
| BA | 293.80 | 31.555 | 0.72 | 0.134 | 9.51 | 1.059 | 2.10 | 0.572 |
| Marskość wątroby | 271.80 | 37.818 | 0.79 | 0.150 | 8.12 | 0.747 | 1.67 | 0.377 |
| IBD | 287.50 | 20.414 | 0.77 | 0.102 | 9.44 | 0.924 | 1.30 | 0.223 |
| MAO | 316.20 | 31.283 | 0.76 | 0.103 | 9.32 | 0.864 | 1.41 | 0.307 |
| IBS | 279.10 | 27.606 | 0.77 | 0.095 | 9.68 | 1.060 | 1.44 | 0.350 |
| PUD | 285.70 | 22.628 | 0.76 | 0.126 | 9.77 | 0.957 | 1.14 | 0.134 |
| EMF | 270.10 | 28.792 | 0.81 | 0.079 | 8.76 | 0.881 | 1.31 | 0.329 |
| CCP | 293.00 | 28.111 | 0.78 | 0.145 | 8.30 | 0.966 | 1.31 | 0.265 |
| MNG | 262.70 | 30.324 | 0.83 | 0.091 | 8.04 | 0.667 | 1.55 | 0.493 |
| Muc ANG | 275.40 | 30.351 | 0.77 | 0.138 | 8.83 | 0.633 | 1.47 | 0.466 |
| DBJD | 282.60 | 27.573 | 0.79 | 0.136 | 8.28 | 0.978 | 1.89 | 0.315 |
| Spondylosis | 295.30 | 16.600 | 0.72 | 0.108 | 10.21 | 1.310 | 1.54 | 0.377 |
| Wartość F | 16.378 | | 59.169 | | 14.166 | | 55.173 | |
| p wartość | < 0.01 | | < 0.01 | | < 0.01 | | < 0.01 | |

Tabela 3

| | Antyenolaza | | Anty-pirwatekinaza | | Anti-GAPDH | |
|---|---|---|---|---|---|---|
| | Mean | ± SD | Mean | ± SD | Mean | ± SD |
| Normalny | 1.50 | 0.358 | 50.40 | 5.960 | 5.20 | 0.363 |
| Sy X | 0.51 | 0.185 | 17.04 | 3.556 | 1.73 | 0.371 |
| CAD | 0.55 | 0.154 | 16.06 | 6.811 | 1.78 | 0.349 |
| CVA | 0.66 | 0.182 | 21.79 | 4.567 | 1.50 | 0.307 |
| DCM/EMF | 0.49 | 0.197 | 18.68 | 4.585 | 1.54 | 0.471 |
| Tumour | 0.42 | 0.182 | 19.93 | 2.421 | 1.39 | 0.253 |
| Schizo | 0.40 | 0.142 | 22.02 | 11.954 | 1.31 | 0.235 |
| Autyzm | 0.20 | 0.060 | 19.27 | 2.201 | 1.20 | 0.205 |
| AD | 0.38 | 0.205 | 18.87 | 3.899 | 1.37 | 0.305 |
| PD | 0.42 | 0.208 | 20.11 | 3.220 | 1.44 | 0.342 |
| MS | 0.39 | 0.124 | 18.93 | 6.447 | 1.78 | 0.355 |
| Lupus | 0.42 | 0.116 | 18.59 | 3.721 | 1.48 | 0.258 |
| CRF | 0.55 | 0.220 | 17.06 | 3.449 | 1.32 | 0.358 |
| ILD | 0.52 | 0.202 | 18.80 | 3.221 | 1.41 | 0.355 |
| COPD | 0.59 | 0.159 | 18.14 | 3.500 | 1.71 | 0.509 |
| BA | 0.36 | 0.177 | 15.33 | 3.212 | 1.72 | 0.277 |
| Marskość wątroby | 0.48 | 0.273 | 18.60 | 2.915 | 1.52 | 0.287 |
| IBD | 0.43 | 0.163 | 17.06 | 4.366 | 1.40 | 0.298 |
| MAO | 0.44 | 0.230 | 19.08 | 3.396 | 1.48 | 0.220 |
| IBS | 0.57 | 0.242 | 19.99 | 2.637 | 1.39 | 0.289 |
| PUD | 0.51 | 0.221 | 20.63 | 5.116 | 1.42 | 0.329 |
| EMF | 0.42 | 0.182 | 14.55 | 3.133 | 1.24 | 0.239 |
| CCP | 0.50 | 0.149 | 17.82 | 2.889 | 1.44 | 0.234 |
| MNG | 0.47 | 0.151 | 17.59 | 2.469 | 1.44 | 0.270 |
| Muc ANG | 0.36 | 0.114 | 18.63 | 3.147 | 1.48 | 0.271 |
| DBJD | 0.54 | 0.211 | 22.48 | 4.638 | 1.33 | 0.302 |
| Spondylosis | 0.40 | 0.134 | 19.91 | 5.099 | 1.49 | 0.282 |
| Wartość F | 14.091 | | 21.073 | | 58.769 | |
| p wartość | < 0.01 | | < 0.01 | | < 0.01 | |

## Referencje


1. Kurup RK, Kurup PA. *Global Warming, Archaea and Viroid Induced Symbiotic Human Evolution and the Fructosoid Organelle*. Nowy Jork: Open Science, 2016.

# ROZDZIAŁ 14

# MIKROBIOLOGIA METABOLICZNA, WIRUSOLOGIA I RETROWIROLOGIA - MÓZG LUDZKI I EWOLUCJA, WYMIERANIE I ROZMNAŻANIE SIĘ WSZECHŚWIATA - ARCHEOLOGICZNE I RNA WIROIDALNE CHMURY W PRZESTRZENI MIĘDZYGWIEZDNEJ ORAZ EWOLUCJA CZŁOWIEKA

## Wprowadzenie

Przestrzeń międzygwiezdna wypełniona jest gwiezdnym pyłem, który jest postulowany jako biologiczny. Fred Hoyle w swojej hipotezie o chmurze życia zaproponował pozaziemskie pochodzenie dla życia na Ziemi. Istnienie pozaziemskiej siły kontrolującej genezę i ewolucję życia na Ziemi zostało przedstawione przez wielu autorów. Teoria biokosmosu postuluje, że warunki we wszechświecie zostały tak dostosowane, aby umożliwić istnienie życia na Ziemi i we wszechświecie. Prowadzi to do postulatu, "e wszechświat istnieje i rozmna"a się z powodu "ycia, które działa jako obserwator ilościowy. W artykule omówiono rolę archaidów ekstremofilnych i wiroidów RNA wyrzucanych z komórek archeologicznych jako prymitywnych obserwatorów antropomorficznych, umożliwiających istnienie i ewolucję wszechświata. Rasa ludzka dzieli się na dwa gatunki homo sapiens i homo neanderthalis. Homo neanderthalis krzyżuje się z homo sapiens w celu uzyskania gatunku mieszańca. W związku z tym istnieją gatunki o bardziej neandertalskim pochodzeniu i gatunki homo sapiens na ziemi. Poprzednie badania wykazały istnienie społeczeństw matrilinicznych o bardziej neandetycznym pochodzeniu, w przeciwieństwie do patrilinicznych. Pochodzenie towarzystw neandertalistycznych i homo sapien przypisywano symbiozie. Gatunki neandertalczyków mają więcej skrajnych archeologicznych symbioz występujących w ekstremalnych warunkach klimatycznych, takich jak epoka lodowcowa i globalne ocieplenie. Gatunek homo sapien ma więcej wewnątrzgenomowej symbiozy wiroidowo-retrowirusowej RNA, która przyczynia się do dynamiki genomu homo sapien. Gatunki neandertalczyków były odporne na działanie retrowirusów. Pochodzenie wiroidów archaicznych i RNA prawdopodobnie pochodzi z przestrzeni międzygwiezdnej jako chmury archeologiczne i kwantowe chmury obliczeniowe RNA, które funkcjonują jako pozaziemskie inteligencje. Wiroidy RNA są wytłaczane przez komórki archeologiczne. Dotarłyby one do Ziemi poprzez uderzenia meteoroidów i zasiane życie na Ziemi. Archaeal colonies would have organized into the homo neanderthalic species in Eurasia and RNA viroidal colonies would have led to the evolution of homo sapien species in Africa. [1-16] W artykule omówiono tę hipotezę.

**Materiały i metody/wyniki**

Próbki krwi pobrano z gatunku homo neandertalskiego matrilineal i homo sapien. Oszacowania wykonane w pobranych próbkach krwi obejmują aktywność cytochromu F420. Badano generację wiroidów RNA w osoczu. Wyniki wykazały, że gatunki matrilinealne pochodzenia neandertalskiego miały więcej symbiozy archaicznej, natomiast gatunki homo sapien miały więcej symbiozy wiroidalnej RNA.

**Tabela 1. Aktywność cytochromu F420**

| | | Sudra | Non-Sudra | Wartość F | Wartość P |
|---|---|---|---|---|---|
| **CYT F420 %** (Zwiększyć za pomocą Ceru) | Mean | 23.46 | 4.48 | 306.749 | < 0.001 |
| | ± SD | 1.87 | 0.15 | | |
| **RNA % zmiana** (Zwiększyć za pomocą Rutylu) | Mean | 4.37 | 23.59 | 427.828 | < 0.001 |
| | ± SD | 0.13 | 1.83 | | |
| **RNA % zmiana** (Spadek z Doxy) | Mean | 18.38 | 65.69 | 654.453 | < 0.001 |
| | ± SD | 0.48 | 3.94 | | |

**Dyskusja**

Forma fali kwantowej lub pole Higgsa daje masę i energię takim cząstkom jak protony, neutrony i elektrony, gdy wchodzą z nimi w interakcję. Formy fal kwantowych mogą generować porfiryny. Porfiryny mogą mieć istnienie makrocząsteczkowe i falowe, które są wzajemnie konwertowalne. Tablice porfiryn mogą się same organizować i samoreprodukować. Makrocząsteczkowe tablice porfirynowe mogłyby funkcjonować jako inteligentne organizmy w przestrzeni międzygwiezdnej. Porfiryny żelazne mogą podlegać fotoutlenianiu i generować pole magnetyczne. Oddziaływanie fotoniczne z porfirynami magnetycznymi może generować czarne dziury, które mogą zapadać się do punktu poprzedzającego gęstość jednostkową. W tym momencie może ona ulec odbiciu, tworząc nowe uniwersum. Organizm porfirynowy ze swoją kwantową funkcją obliczeniową służył jako początkowy obserwator antropomorficzny lub lotos Brahmy. Porfiryny tworzyłyby szablon do tworzenia wiroidów i prionów RNA. Wygenerowałoby to prymitywne formy archeologiczne. Prymitywne komórki archeologiczne mogą wytłaczać wiroidy RNA generujące chmury wiroidalne RNA. Międzygalaktyczne pole magnetyczne generowane przez archaiczne i magnetyczne organizmy porfirynowe przyczyniłoby się do ewolucji układów gwiezdnych i galaktyk. Chmury archaiczne i wiroidalne chmury RNA służyłyby jako inteligencja międzygwiezdna kierująca tworzeniem układów gwiezdnych i galaktyk, a także funkcjonowałyby jako obserwatorzy antropomorficzni. Uderzenia meteorytowe spowodowałyby przeniesienie kolonii wiroidalnych archaicznych i RNA na Ziemię. Zorganizowałyby się one w gatunki roślin i zwierząt, a także homo sapien i homo neandertalczyków. Gatunki homo neandertalczyków dominują w archeologii. Gatunki homo sapien mają dominację wiroidalną RNA. [1-16]

Kosmologia big bang postuluje ewolucję wszechświata z pola Higgsa. Pole Higgsa składa się z bozonu Higgsa i kwarków górnych. Boson Higgsa może istnieć w dwóch stanach. Stabilny stan, który ma wysoką energię, niską gęstość zgodną z obecnym istnieniem wszechświata i niestabilny stan, który ma niską energię i wysoką gęstość. Wszechświat znajduje się obecnie na krawędzi stanu stabilnego. Stan niskiej energii o wysokiej gęstości jest niestabilny i może spowodować katastrofalną ekspansję próżniową prowadzącą do końca wszechświata. Model kwantowej funkcji mózgu Frohlicha postuluje istnienie kondensatów Bose-Einsteina w mózgu w normalnej temperaturze. W mózgu znajdują się cząsteczki dipolarnego magnetytu i porfiryn, które w kontekście błonowego hamowania ATPazy potasowo-sodowej mogą prowadzić do przepompowywanego systemu fononowego wytwarzającego kondensat Bose-Einsteina i bozony w mózgu. Ten bozon może stać się niestabilny, prowadząc do katastrofalnego załamania próżni i ewentualnego wyginięcia wszechświata. Model Frohlicha kondensatu Bose-Einsteina utworzonego z magnetycznych porfiryn dipolarnych i archaicznego magnetytu w komórkowych emulsjach lipidowych może oddziaływać z fotonami wytwarzającymi czarne dziury. Ta czarna dziura może zapadać się do osobliwości. Jednak załamanie to następuje tylko do określonego punktu, po którym gęstość lub pojedynczość ulegają odbiciu, tworząc nowy wszechświat z nowym zestawem uniwersalnych stałych. W ten sposób kwantowy model funkcji mózgu może prowadzić do zniszczenia i reprodukcji wszechświatów. W przypadku homo neandertalczyków mózg może być uważany za wielokomórkową kwantową sieć komputerową. Sieci synaptyczne mózgu są równoległe do sieci galaktycznych wszechświata. Mózg funkcjonuje jako uniwersalny komputer kwantowy i antropomorficzny obserwator tworzący i niszczący, a także odtwarzający wszechświaty. Występuje to w mniejszym stopniu w mózgu homo sapien. [1-16]

Gatunek homo neanderthalis zgadzałby się z biblijnymi upadłymi aniołami i gatunkiem homo sapien reprezentującym Boga aniołka. Są to w zasadzie wizytacje pozaziemskiej inteligencji jako archeologiczne i RNA kolonie wiroidalne. Homo neanderthalis jest rozwiniętą siecią kolonii archeologicznych. Archaeea wytłacza wiroidy RNA. Gatunek homo sapien jest wiroidem RNA dominującym z wiroidami RNA zintegrowanymi z genomowym DNA.

Organizacja systemu rasowego i kastowego w Indiach wskazuje na takie pochodzenie. Gatunek homo neandertalczyk miał pierwotne miejsce zamieszkania na kontynencie Oceanu Indyjskiego, który uległ katastrofalnemu wyginięciu w wyniku ekspansji archeologicznej w skorupie oceanu, co spowodowało niebezpieczne tsunami podczas epoki lodowcowej. Neandertalczycy wyemigrowali do euroazjatyckiej masy lądu tworząc cywilizację Harappy, Sumerii i Egiptu. Są to Asuras z Rig veda. Gatunki homo neandertalczyków są uczciwe, matrilinealne, bezpłciowe, duchowe, altruistyczne i zorganizowane społecznie. Te cywilizacje były w zasadzie matrilinealne i twórcze. Były pogańskie, świeckie i ateistyczne. Były świadome ekologicznie, żyły w kwantowej interakcji z otaczającym je światem, tworząc poczucie duchowej świadomości ekologicznej. Społeczeństwo utworzone na tej podstawie funkcjonowało jako organiczna całość w kwantowej interakcji ze sobą. To było równe, sprawiedliwe i funkcjonował jako prymitywna forma społeczeństwa socjalistycznego. Gatunek homo neanderthalis był zasadniczo bezpłciowy z równością płci i matrilinarnością. Archeologiczne zarastanie wynikające z globalnego ocieplenia może prowadzić do neandertalizacji gatunku ludzkiego i mózgu. Kora neuronalna mózgu kurczy się z powodu ilościowego postrzegania pól elektromagnetycznych, które zanieczyszczają zglobalizowany, ciepły świat. Istnieje również konsekwencja przerostu móżdżku. Przerost móżdżku może prowadzić do schizofrenii i autystycznych sposobów zachowania. Przerost móżdżku może prowadzić do dysfunkcji móżdżku i ataksji ruchowej. Ataksja ruchowa i niezdarność ruchu i mowy doprowadziłaby do ewolucji malarstwa abstrakcyjnego, tańca, muzyki, mowy symbolicznej i ostatecznie mowy w neandertalczyków. Neandertalizacja ludzkiego mózgu, będąca konsekwencją globalnego ocieplenia, prowadzi do ewolucji muzyki rockowej, tańca i nowoczesnych form malarstwa abstrakcyjnego. Mózg neandertalczyka dzięki magnetytowi pośredniczącemu zwiększone postrzeganie kwantowe jest bardziej duchowe. Społeczność neandertalczyków dzięki postrzeganiu kwantowemu funkcjonuje jako jedna całość prowadząc do altruizmu, duchowości, socjalizmu, równości płci i eko-duchowości. Reprezentuje to sposób cywilizacyjny wschodniego świata. Społeczeństwa te wyłoniły się z możliwej lemurskiej masy lądu. Wyewoluowały one z pozaziemskich kolonii archeologicznych i inteligencji, a ich poziom rozwoju i inteligencji był wysoki. Posiadały one oryginalny język i jako pierwsze w swojej cywilizacji rozwinęły koncepcję ludzkiej głowy boskiej. Rig veda jest najstarszą duchową księgą ludzkości. Większość bogów opisanych w Rig veda była pochodzenia asuryjskiego, nawet Varuna, główny bóg. Główne filozoficzne jednostki buddyzmu i dżinizmu, które są w zasadzie religiami ateistycznymi głoszącymi równość społeczną, jedność i sprawiedliwość, zostały rozwinięte przez Asuras. Homo sapiens ewoluowali w Afryce i wyemigrowali do Eurazji. Mieli oni w zasadzie symbiozę wiroidalną RNA w mózgu, która dała początek praktycznemu, mniej kreatywnemu mózgowi. Gatunki homo sapiens są patrilinealne, zdroworozsądkowe i indywidualistyczne. Społeczność homo sapien tworzy Devas literatury wedyjskiej, a Rig veda opisuje starcia i wojny pomiędzy asurystycznymi mieszkańcami Harappy i najeżdżającymi Devas. Przejęli oni neandertalskie cywilizacje i stworzyli rasowe społeczeństwo z homo sapiens jako klasą rządzącą i neandertalczykami jako podziemną kastą Sudra. Sudry stworzyły dyskryminowane podbrzusze cywilizacji. Literatura, język i święte księgi Asurasów zostały przejęte przez niecywilizowanych homo sapiens Devas, którzy uczynili je swoimi. Przyszłym pokoleniom Sudrów uniemożliwiono naukę języka i czczenie ich bogów, które zostały przejęte przez homo sapienickich Devas. Homo sapienicowe Devy były teistyczne, indywidualistyczne, niealtruistyczne i nie miały świadomości społecznej ani wspólnotowej. Oznacza to cywilizacyjny tryb życia w zachodnim świecie. Archeologiczny wzrost homo sapiens jest mniejszy. Prowadzi to do mniejszej ilości magnetytowej percepcji kwantowej i uniwersalnej jedności. Przyczynia się to do indywidualizmu, egoizmu, niealtruistycznych zachowań, nieokiełznanego kapitalizmu i patriarchalnego nierównego płciowo społeczeństwa świata homo sapiens. [1-16]

Homo neandertalskie społeczeństwo dzięki zwiększonej percepcji kwantowej jest duchowe i odczuwa jedność świata i pobożność poszczególnych istot ludzkich. To prowadzi do filozofii buddyzmu z jego poczuciem ateizmu i ludzkich wartości. Buddyzm i dżinizm, jak również imperium mauryjskie reprezentują zwycięstwo asurycznych neandertalczyków lub Sudrów. Buddyjskie i hinduistyczne społeczeństwo świata neandertalskiego uważało dobro i zło za część tego samego kwantowego świata reprezentującego uniwersalną duszę. Godhead i upadły anioł należą do tego samego kwantowego świata duszy uniwersalnej. Pojęcie dobra i zła nie są absolutnymi przeciwwskazaniami, ale częścią tego samego świata kwantowego. Percepcja kwantowa tworzy przechowywanie informacji po śmierci i idei reinkarnacji. Zwiększony świat percepcji kwantowej pośredniczy w jedności, a katabolizujące cholesterol zarośnięcie archeologiczne prowadzące do niedoboru hormonów płciowych produkuje świat aseksualny równy płciowo. Seksualność nie jest uważana za coś innego niż religia, o czym świadczą tantryczne szkoły hinduizmu i buddyzmu. Uważano ją za formę doświadczania jedności, na co wskazują takie idee jak Kundalini. Zwiększona percepcja kwantowa prowadzi do poczucia jedności, która tworzy uniwersalną jedność. Nie ma wojny, ale powszechny pokój. Społeczeństwa wschodnie, takie jak Chiny i Indie, są w zasadzie społeczeństwami potulnymi kwantowo, w których wojna jest rzadkością. Główne wojny w historii hinduizmu, takie jak wojna Mahabharata i Ramajana, to te pomiędzy kolonizującym homo sapien Devas a rdzennymi pokojowymi neandertalczykami. Pandava wojsko być homo sapien Devas i Kaurava wojsko neandertalczyk rdzenny. The Bóg Rama być the głowa homo sapien Devas i the Ravana the lider the rodzinny Neandertalczyk. Devas być the głowa the kolonizujący homo sapiens od Europa. Móc the Mahabharata i Ramayana wojna i the sudric neandertalczyk rodzimy populacja renderować niewolnictwo dla pokolenie przychodzić. Walka o niepodległość i stosunek Gandhiego do niższej kasty i Harijanów były częścią tego samego zjawiska. Natomiast świat homo sapienski z powodu zredukowanej percepcji kwantowej był indywidualistyczny. Dobro i zło były zupełnie inne, jak Bóg i upadły anioł. Nie było wiary w reinkarnację, a seksualność była uważana za tabu. Społeczeństwo homo sapien dzięki zredukowanej percepcji kwantowej i indywidualistycznej naturze odkryło wojny i niewolnictwo. Wojny są zasadniczo cechą semickich społeczeństw i religii. Homo sapien Devas są kapitalistyczne i prawicowe w swoim stosunku do społeczeństwa, podczas gdy homo neandertalczyk jest komunistyczny i socjalistyczny. Wojna pomiędzy kapitalizmem i socjalizmem jest reprezentatywna dla wojny pomiędzy neandertalczykami i homo sapiens. Zjawiska globalnego ocieplenia, archaicznego zarastania i neandertalizacji homo sapiens doprowadzą do bardziej pokojowego, zglobalizowanego, duchowego, równoprawnego płci i altruistycznego społeczeństwa. Ale neandertalska dominacja wynikająca z globalnego ocieplenia może doprowadzić do upadku samego społeczeństwa. [1-16]

Zjawiska zmian klimatycznych i globalnego ocieplenia prowadzą do archeologicznego rozmnażania się i neandertalizacji rasy ludzkiej. Wzrost archeologiczny występuje w ekstremalnych warunkach klimatycznych - w epoce lodowcowej i w czasie globalnego ocieplenia. Skutkuje to powrotem do kultury i cywilizacji asurystycznej z jej duchową, świadomą ekologicznie, socjalistyczną, aseksualną i grupową tożsamością. Współczesny świat jest reprezentowany przez jugę Kali, gdzie sudry czy neandertalczycy wracają do pozycji władzy i globalnego znaczenia. Reprezentuje to powstanie asurystycznych neandertalskich niewolników sudrycznych. Reprezentuje to wzrost neandertalskich społeczeństw wschodnich Chin i Indii, a także upadek homo sapien West i Afryki. Neandertalizacja homo sapiens na skutek rozwoju archeologicznego może prowadzić do chorób człowieka i w końcu do jego wyginięcia. Archaeea katabolizuje cholesterol do generowania digoksyny. Digoksyna funkcjonuje jako hormon neandertaliczny. Digoksyna wytwarza błonową inhibicję ATPazy potasowo-sodowej i zwiększa wewnątrzkomórkowy poziom wapnia i obniżoną zawartość magnezu. Niedobór magnezu prowadzi do dysfunkcji mitochondriów, skurczu naczyń, dyslipidemii i zespołu metabolicznego X. Wzrost wewnątrzkomórkowego wapnia prowadzi do aktywacji onkogenów i nowotworów złośliwych. Wzrost wapnia wewnątrzkomórkowego może aktywować NFKB prowadząc do aktywacji immunologicznej i choroby autoimmunologicznej. Wzrost wapnia wewnątrzkomórkowego może aktywować kaskadę kaspazy prowadząc do śmierci komórki i zwyrodnień. Wzrost wewnątrzkomórkowego wapnia może zwiększyć synaptyczne uwalnianie monoaminowych neuroprzekaźników produkujących schizofrenię i autyzm. Wzrost wzrostu archeologicznego może spowodować powstanie fenotypu Warburga o zwiększonej glikolizy i dysfunkcji mitochondriów. Zwiększona glikoliza może aktywować limfocyty produkujące chorobę autoimmunologiczną, ponieważ limfocyty są zależne od glikolizy na potrzeby energetyczne. Komórki nowotworowe są również uzależnione od glikolizy w zakresie potrzeb energetycznych. Fenotyp Warburga może prowadzić do wzrostu zachorowań na nowotwory złośliwe. Fenotyp Warburga i zwiększona glikoliza mogą prowadzić do śmierci i zwyrodnienia komórek za pośrednictwem polibenozylowanego gliceraldehydu 3-fosforanowego, za pośrednictwem dehydrogenazy. Fenotyp Warburga może prowadzić do niedoboru magnezu związanego z insulinoopornością i dysfunkcją mitochondriów prowadzącą do schizofrenii. Tak więc hiperdigoksinemia za pośrednictwem archeologii i fenotyp Warburga mogą prowadzić do chorób cywilizacyjnych w fenotypie neandertalskim, prowadząc do jego wyginięcia. Archeologiczne zarastanie skorupy oceanicznej na skutek globalnego ocieplenia może prowadzić do uwolnienia dużych ilości metanu produkującego oceaniczne trzęsienia ziemi, tsunami oraz zniszczenia i podziału kontynentów. Prowadzi to do katastrofalnego końca świata. Podobnie jak archeologiczna porfiryna i magnetytowy model Frohlicha, kondensaty Bose-Einsteina w bozonach generowanych przez mózg mogą ulec katastrofalnemu rozpadowi próżni prowadzącemu do powszechnego wyginięcia. Magnetyczne porfiryny dipolarne i magnetyt w emulsji lipidowej komórek mózgowych mogą być fotonicznie wzbudzone generując czarne dziury. Te czarne dziury nie osiągają absolutnej osobliwości, ale w pobliżu tego punktu mogą ulec zjawisku zwanemu odbiciem odtwarzającym wszechświat. Tak więc neandertalizacja ludzkiego mózgu i generowanie kondensatu Bose-Einsteina w modelu Frohlicha może prowadzić do wyginięcia i reprodukcji wszechświata. [1-16]

## Referencje

1. Weaver TD, Hublin JJ. Neandertal Birth Canal Shape and the Evolution of Human Childbirth. *Proc. Natl. Acad. Sci. USA* 2009; 106:8151-8156.

2. Kurup RA, Kurup PA. Endosymbiotic Actinidic Archaeal Mediated Warburg Phenotype Mediates Human Disease State. *Advances in Natural Science* 2012; 5(1):81-84.

3. Morgan E. The Neanderthal theory of autism, Asperger and ADHD; 2007, www.rdos.net/eng/asperger.htm.

4. Graves P. New Models and Metaphors for the Neanderthal Debate. *Current Anthropology 1991;* 32(5): 513-541.

5. Sawyer GJ, Maley B. Neanderthal zrekonstruowany. *The Anatomical Record Part B: The New Anatomist* 2005; 283B(1):23-31.

6. Bastir M, O'Higgins P, Rosas A. Facial Ontogeny in Neanderthals and Modern Humans. *Proc. Biol. Sci.* 2007; 274:1125-1132.

7. Neubauer S, Gunz P, Hublin JJ. Endocranial Shape Changes during Growth in Chimpanzees and Humans: Analiza morfometryczna Unique and Shared Aspects. *J. Hum. Evol.* 2010; 59:555-566.

8. Courchesne E, Pierce K. Brain Overgrowth in Autism during a Critical Time in Development: Implikacje dla rozwoju Neuronu Piramidalnego i Interneuronu i łączności. *Int. J. Dev. Neurosci.* 2005; 23:153–170.

9. Green RE, Krause J, Briggs AW, Maricic T, Stenzel U, Kircher M, Patterson N, Li H, Zhai W, *et al.* A Draft Sequence of the Neandertal Genome. *Science* 2010; 328:710-722.

10. Mithen SJ. *The Singing Neanderthals: The Origins of Music, Language, Mind and Body*; 2005, ISBN 0-297-64317-7.

11. Bruner E, Manzi G, Arsuaga JL. Encephalization and Allometric Trajectories in the Genus Homo: Dowody z linii neandertalskiej i nowoczesnej. *Proc. Natl. Acad. Sci. USA* 2003; 100:15335-15340.

12. Gooch S. *The Dream Culture of the Neanderthals: Strażnicy Starożytnej Mądrości.* Inner Traditions, Wildwood House, Londyn; 2006.

13. Gooch S. *The Neanderthal Legacy: Obudzenie naszych genetycznych i kulturowych korzeni.* Inner Traditions, Wildwood House, Londyn; 2008.

14. Kurtén B. *Den Svarta Tigern*, ALBA Publishing, Stockholm, Sweden; 1978.

15. Spikins P. Autyzm, Integracja "Różnicy" i Pochodzenie Nowoczesnego Zachowania Człowieka. *Cambridge Archaeological Journal* 2009; 19(2):179-201.

16. Eswaran V, Harpending H, Rogers AR. Genomika odrzuca wyłącznie afrykańskie pochodzenie człowieka. *Journal of Human Evolution* 2005; 49(1):1-18.

## ROZDZIAŁ 15

## MIKROBIOLOGIA METABOLICZNA, WIRUSOLOGIA I RETROWIROLOGIA - ENDOSYMBIOTYCZNE, PATOGENNE ARCHAIKI I POCHODNE ARCHEOLOGICZNE WIROIDÓW RNA WYWOŁANE EWOLUCYJNĄ ZMIANĄ GATUNKÓW U LUDZI - INTERKONWERSJA HOMO SAPIENS I HOMO NEANDERTHALIS - METODA SYMBIOZY ARCHEOLOGICZNEJ MODULOWANEJ EWOLUCJĄ CZŁOWIEKA W CELACH TERAPEUTYCZNYCH

### Wprowadzenie

Symbioza archeologiczna prowadzi do neandertalizacji gatunku homo sapien. Można to określić jako symbiozę zapośredniczoną w ewolucji. Homo neoneandertalis ma zwiększoną predyspozycję do zespołu metabolicznego X, udarów, CAD, hiperlipidemii, cukrzycy, autoimmunologicznego, neuropsychiatrycznego, neurodegeneracyjnego, nowotworów i jest oporny na leczenie retrowirusowe. Homo neandertalczyk ma odmienną osobowość i cechy społeczne o podwyższonej kreatywności, równość płci, matriarchalne, bezpłciowe i naprzemienne cechy seksualne, duchowe, intuicyjne, surrealistyczne i skupione wokół społeczności. Gatunek homo sapien jest odporny na zespół metaboliczny X, udary mózgu, CAD, hiperlipidemię, cukrzycę, autoimmunologiczną, neuropsychiatryczną, neurodegeneracyjną, nowotworową i jest wrażliwy na działanie retrowirusowe. Gatunek homo sapien jest mniej kreatywny, patriarchalny, nierówny płciowo, heteroseksualny, logiczny i indywidualistyczny. Metabolizm neandertalczyków jest przede wszystkim zapośredniczony przez archeologiczną metabolomikę i archeologiczną symbiozę. Posiadają one katabolizm cholesterolowy, szlak kwasu shikimowego, więcej glikolizy beztlenowej, zwiększają syntezę tkanki łącznej, fruktolizę, syntezę kwasu nukleinowego i dysfunkcję mitochondriów. Metabolizm homo sapien jest przede wszystkim aerobowy i mitochondrialny. Zmianę gatunkową stanowi mikroflora jelitowa i flora endosymbiotyczna zapośredniczona, którą można określić jako indukowaną ewolucję. Indukcja zmiany gatunkowej między homo sapiens i homo neanderthalis została wywołana przez karmienie: (1) naturalny organiczny probiotyk z ludzkiej flory jelitowej homo sapiens flora versus flora neanderthalis w zależności od cech fenotypowych. Homo sapien flora może indukować konwersję neandertalczyków na gatunki sapiens, a flora neandertalczyków może indukować konwersję sapiens na gatunki neandertalczyków, (2) nowa dieta o wysokiej zawartości włókna paleo, wysokiej zawartości trójglicerydów o średnim łańcuchu, dieta ketogeniczna o wysokiej zawartości białka roślin strączkowych w porównaniu z dietą o wysokiej zawartości białka tłuszczu. Dieta ketogeniczna o wysokiej zawartości błonnika pokarmowego MCT o wysokiej zawartości białka roślin strączkowych przekształca gatunki sapiens w gatunki sapiens, a dieta o niskiej zawartości błonnika pokarmowego o wysokiej zawartości białka i tłuszczu przekształca gatunki sapiens w gatunki neanderthalis, (3) naturalny organiczny probiotyk z gnoju indyjskiej krowy Bos primigenius, który przekształca neanderthalis w fenotyp homo sapien, oraz (4) naturalne antybiotyki antyoksydacyjne pochodzące z surowych ekstraktów Curcuma longa, Moringa pterygosperma, Emblica officinalis, Zingiber officinale, Allium sativum i Withania somnifera w celu modulacji wzrostu endosymbiotyków w archaikach i syntezy endogennej digoksyny, co prowadzi do fenotypowych zmian metabolicznych i genotypowych u gatunków ludzkich z homo sapiens na homo neanderthalis. Archaiki kolonialne i endosymbiotyczne oraz inne mikroorganizmy, takie jak skupiska klostridialne, określają gatunek, rasę, kastę, zbiorowisko i tożsamość osobniczą jednostki. Tożsamość jednostki - osobista, wspólnotowa, kastowa, rasowa, narodowościowa i gatunkowa jest określana przez koloniczne i endosymbiotyczne skupiska archeologiczne i klostridialne. Dominująca symbioza archeologiczna wytwarza homo neanderthalis, a mniej widoczna symbioza archeologiczna i dominujące skupiska klostridialne w jelitach wytwarzają gatunek homo sapien. Każdy osobnik, rasa, narodowość, kasta, wyznanie i społeczność ma podpisy endosymbiotycznych i kolonialnych mikrobiotów. Ta koloniczna i endosymbiotyczna sygnatura mikrobioty jest przenoszona przez zmianę endosymbiotycznej i kolonicznej mikrobioty z jednej grupy na drugą. W ten sposób można wywołać ewolucję i tożsamość opartą na indywidualności, rasie, narodowości, kastie i wyznaniu.

Przeprowadzone przez nas na przestrzeni lat prace badawcze wykazały, że pacjenci z wymienionymi zaburzeniami wykazują:

1. Spadek aktywności enzymu opartego na błonie komórkowej znanego jako ATPaza potasowo-sodowa. Zahamowanie działania ATPazy sodowo-potasowej powoduje wzrost poziomu wapnia wewnątrzkomórkowego i spadek poziomu magnezu wewnątrzkomórkowego.
2. Membranowo-sodowa inhibicja ATPazy potasowej jest produkowana przez endogenną digoksynę, która jest syntetyzowana z cholesterolu przez archaiki aktynowców, które działają jak endosymbionty w komórce. Archaiki syntetyzują digoksynę z cholesterolu.
3. Aktywidowy wzrost archeologiczny został wykryty w zespole metabolicznym X, chorobach wieńcowych, udarach, cukrzycy, hiperlipidemii, autoimmunologicznym, neuropsychiatrycznym, neurodegeneracyjnym, nowotworach i infekcjach.

4. Probiotyk paleo z ludzkiej flory kolonialnej jest środkiem antyarcheotycznym. Probiotyk paleotyczny blokuje szlak mewolaniny arktycznej. Zmniejsza to syntezę digoksyny z cholesterolu i leczy te przewlekłe zaburzenia.

**Wykrywanie endogennych archaicznych archaicznych aktynowców**

Endogenne archaiki aktynowców zostały wykryte w zespole metabolicznym X, cukrzycy, CAD, udarze mózgu, autyzmie, autoimmunologicznym, neuropsychiatrycznym, neurodegeneracyjnym, nowotworach i infekcjach. Archaea są wykrywane za pomocą spektrofotometrii dla cytochromu F420, metanogenicznego cytochromu we krwi. Endogenne aktynoidalne archaiki syntetyzują cholesterol w drodze mewalonianowej. Cholesterol jest katabolizowany do digoksyny. Digoksyna hamuje błonową ATPazę potasowo-sodową i zwiększa poziom wapnia wewnątrzkomórkowego oraz wyczerpuje zapasy magnezu w komórce. Prowadzi to do zespołu metabolicznego X, cukrzycy, CAD, udaru mózgu, autyzmu, autoimmunologicznego, neuropsychiatrycznego, neurodegeneracyjnego, nowotworów i infekcji. Syntezę digoksyny można wykazać u pacjentów poprzez dodanie substratu cholesterolowego i ceru do surowicy pacjenta oraz sprawdzenie wzrostu aktywności cytochromu F420 i stężenia digoksyny. Poziomy digoksyny są oznaczane przez Elisę, a cytochrom F420 przez spektrofotometrię. Test jest dostępny w Centrum Zaburzeń Metabolicznych. Pacjent, u którego wykazano endogenną archaiczną syntezę digoksyny, otrzymuje suplementy diety modulujące działanie archaicznych i digoksyny. Pomaga to w leczeniu chorób przewlekłych, takich jak zespół metaboliczny X, cukrzyca, CAD, udar mózgu, autyzm, autoimmunologiczne, neuropsychiatryczne, neurodegeneracyjne, nowotwory i infekcje. Aktywność cytochromu F420 we krwi określa gatunek homo neanderthalis, a brak aktywności cytochromu F420 we krwi określa gatunek homo sapien. Homo neoneanderthalis ma zwiększoną predyspozycję do zespołu metabolicznego X, udarów, CAD, hiperlipidemii, cukrzycy, autoimmunologicznego, neuropsychiatrycznego, neurodegeneracyjnego, nowotworów i jest oporny na leczenie retrowirusowe. Homo neandertalczyk ma odmienną osobowość i cechy społeczne o podwyższonej kreatywności, równość płci, matriarchalne, bezpłciowe i naprzemienne cechy seksualne, duchowe, intuicyjne, surrealistyczne i skupione na społeczności. Gatunek homo sapien jest odporny na zespół metaboliczny X, udary mózgu, CAD, hiperlipidemię, cukrzycę, autoimmunologiczną, neuropsychiatryczną, neurodegeneracyjną, nowotworową i jest wrażliwy na działanie retrowirusowe. Gatunek homo sapien jest mniej kreatywny, patriarchalny, nierówny płciowo, heteroseksualny, logiczny i indywidualistyczny. Metabolizm neandertalczyków jest przede wszystkim zapośredniczony przez archeologiczną metabolomikę i archeologiczną symbiozę. Posiadają one katabolizm cholesterolowy, szlak kwasu shikimowego, więcej glikolizy beztlenowej, zwiększają syntezę tkanki łącznej, fruktolizę, syntezę kwasu nukleinowego i dysfunkcję mitochondriów. Metabolizm homo sapien jest przede wszystkim aerobowy i mitochondrialny. Zmianę gatunkową stanowi mikroflora jelitowa i flora endosymbiotyczna, którą można określić jako indukowaną ewolucję.

**Główne cele badania**

Mikroflora jelitowa reguluje funkcje organizmu. Mikroflora moduluje układ odpornościowy, neuronowy i hormonalny. Zmiany w mikroflorze jelitowej oraz bakterie endosymbiotyczne związane są z chorobami ludzkimi i ewolucją gatunku ludzkiego. Wzrost wzrostu archeologicznego związany jest z zaburzeniami psychicznymi, nowotworami, chorobami autoimmunologicznymi, zespołem metabolicznym i zwyrodnieniami. Archaiki tworzą znaczną część mikroflory jelitowej. Archaiki mogą wymywać się do układów tkankowych tworząc endosymbionty, które mogą funkcjonować jak organelle komórkowe i mogą katabolizować cholesterol. Symbiotyczne archaiki mogą wytwarzać fenotyp Warburga i przekształcać komórki macierzyste. Może to prowadzić do chorób ludzkich - zaburzeń psychicznych, nowotworów, chorób autoimmunologicznych, zespołu metabolicznego i zwyrodnień. Przerost symbiotycznych archaicznych może prowadzić do zmian w typie gatunkowym człowieka i stworzyć gatunek z metabolizmem neandertalskim. Ten proces chorobowy prowadzący do zaburzeń psychicznych, nowotworów, chorób autoimmunologicznych, zespołu metabolicznego i zwyrodnień może zostać odwrócony poprzez zmianę mikroflory jelitowej i zasiedlenie jej fenotypami niemającymi charakteru anarchaealnego. Można to zrobić przez doustne podanie mikroflory kałowej pochodzącej od zdrowej populacji.

Symbioza przez mikroorganizmy, zwłaszcza archaiczne, napędza ewolucję gatunku. W takim przypadku symbioza może być modulowana poprzez przenoszenie symbiontów mikroflory i indukowaną ewolucję. Endosymbioza przez archaiki, jak również symbionty w jelitach mogą modulować genotyp, fenotyp, klasę społeczną i grupę rasową jednostki. Symbiotyczne archaiki mogą mieć transmisję poziomą i pionową. Endosymbiotyczny wzrost archeologiczny prowadzi do neandertalizacji gatunku. Zahamowanie endosymbiotycznego wzrostu endosymbiotycznego prowadzi natomiast do ewolucji homo sapiens. Ewolucja za pośrednictwem symbiozy zależy od flory jelitowej i diety. Połączenie ludzkiego genomu z symbiotycznym genomem mikrobiologicznym nazywane jest hologenomem, który napędza ewolucję człowieka i zwierząt. Endosymbiotyczny wzrost i neandertalizacja mogą prowadzić do choroby autoimmunologicznej, zespołu metabolicznego X, neurodegeneracji, raka, autyzmu i schizofrenii. Neandertalska flora jelitowa i endosymbiotyczne archaiki zostały określone przez nie-wegetariańską dietę ketogeniczną o wysokiej zawartości tłuszczu i białka spożywaną przez nie w euroazjatyckich stepach. Homo sapiens w tym klasyczne plemiona aryjskie i afrykańskie zjadły dietę o wysokiej zawartości błonnika i miały niższy wzrost archeologiczny zarówno endosymbiotyczne i jelitowe. Spożycie błonnika pokarmowego determinuje różnorodność mikrobiologiczną jelit. Wysokie spożycie błonnika wiąże się ze zwiększonym wytwarzaniem krótkołańcuchowych kwasów tłuszczowych - kwasu masłowego przez florę jelitową. Maślan jest inhibitorem HDAC i prowadzi do zwiększonego wytwarzania i włączania endogennych sekwencji retrowirusowych, które działają jak skaczące geny. Wysokie spożycie błonnika pokarmowego związane ze zwiększonym spożyciem genomowych sekwencji HERV prowadzi do dynamicznego genomu, zwiększonej łączności synaptycznej i dominującej kory czołowej, jak widać u gatunków homo sapien. Gatunki neandertalczyków spożywają ketogenną, nie wegetariańską dietę o wysokiej zawartości tłuszczu i białka o niskiej zawartości błonnika. Prowadzi to do zmniejszenia generacji endogennych sekwencji HERV i zmniejszenia elastyczności genomowej u gatunków neandertalczyków. W ten sposób powstaje mniejsza kora mózgowa i dominująca kora mózgowa w mózgu neandertalczyka. Gatunki homo neandertalczyków, dzięki niskiemu spożyciu błonnika pokarmowego, głodują swoje mikrobiologiczne ja. Prowadzi to do zwiększonego wzrostu endosymbiotycznego i jelitowego. Błona śluzowa jelita rozrzedza się w miarę zjadania przez bakterie jelitowe błony śluzowej jelita. Zmniejszone wytwarzanie maślanu jelita grubego w wyniku zwiększonego wzrostu jelita grubego niszczy również barierę krwi i mózgu jelita grubego. Powoduje to wyciek endotoksyn i artefaktów z jelita do krwi łamiąc barierę i wytwarza chroniczny immunostymulujący stan zapalny, który stanowi podstawę chorób autoimmunologicznych, zespołu metabolicznego, neurodegeneracji, zaburzeń onkogennych i psychicznych. Gatunki neandertalczyków odżywiają się dietą o niskiej zawartości błonnika i mają niedobór dostępnych dla mikrobioty węglowodanów, generujących krótkołańcuchowy kwas tłuszczowy. Niedobór maślanu wytwarzanego w jelitach z błonnika pokarmowego może powodować tłumienie przewlekłego procesu zapalnego. Neandertalczycy mają zespół niedoboru produktu ubocznego fermentacji. Indukcja gatunków neandertalczyków zależy od niskiego spożycia błonnika spowodowanego dużą gęstością endosymbiotyczną i mikroflory jelitowej. Gatunki homo sapiens spożywają dietę o wysokiej zawartości błonnika, generującą duże ilości krótkołańcuchowego maślanu kwasów tłuszczowych, który hamuje rozwój endosymbiotyczny i flory jelitowej. Ja mikrobiologiczne gatunku homo sapiens jest bardziej zróżnicowane niż u gatunków neandertalczyków, a gęstość populacji w archaikach jest mniejsza. Skutkuje to ochroną przed przewlekłym zapaleniem i indukcją chorób takich jak choroba autoimmunologiczna, zespół metaboliczny, neurodegeneracja, zaburzenia onkogenne i psychiczne. Gatunki homo sapien mają wyższe spożycie błonnika pokarmowego, które przyczynia się do około 40 g/dzień i zróżnicowaną mikrobiologiczną florę jelitową o mniejszej gęstości populacji archeologicznej. Maślan wytwarzany z błonnika wytwarza stan immunosupresyjny. W ten sposób symbiotyczna flora bakteryjna o mniejszej gęstości populacji archeologicznej wywołuje u gatunku homo sapien. Można to wykazać poprzez eksperymentalną indukcję ewolucji. Wysoka zawartość błonnika pokarmowego o wysokiej zawartości MCT, jak również antybiotyki pochodzące z wyższych roślin oraz transfer mikroflory kałowej z gatunków sapiens mogą hamować metabolizm i fenotyp neandertalczyków oraz indukować ewolucję homo sapiens. Dieta niskobłonnikowa o wysokiej zawartości tłuszczu i białka oraz transfer mikrobioty w kale z gatunków neandertalczyków może hamować metabolizm i fenotyp neandertalczyków oraz indukować ewolucję homo neanderthalis. Przenoszenie mikroflory jelita grubego z przewagą archai i modulacja endosymbiotycznych archai przez dietę paleo i antybiotyki z roślin wyższych może prowadzić do krzyżowania się gatunków ludzkich między homo neanderthalis i homo sapiens. Hologenom, zwłaszcza flora mikrobiologiczna, endosymbiotyk/jelito napędza ewolucję człowieka i zwierząt i może być eksperymentalnie indukowany. Symbiotyczna flora mikrobiologiczna napędza ewolucję. Każde zwierzę, każdy gatunek ludzki, różne społeczności, różne rasy i różne kasty mają swoją charakterystyczną endosymbiotyczną i jelitową mikroflorę, która może być przenoszona pionowo i poziomo. W ten sposób symbioza napędza ewolucję człowieka i zwierząt.

**Metody zmiany gatunkowej - Podawanie probiotyków flory okrężnicy z homo sapiens i homo neanderthalis zidentyfikowanych na podstawie aktywności cytochromu krwi F420**

Prowadzone przez nas od lat prace badawcze wykazały, że u pacjentów występują te zaburzenia lub stan ten wykazuje znaczną poprawę w stosunku do naturalnego organicznego paleo probiotyku, gdy wykazano u nich endogenny wzrost archeologiczny i syntezę digoksyny. Populacje są badane pod kątem aktywności endosymbiotycznej w surowicy poprzez analizę aktywności cytochromu F420. Populacja, która jest ujemna dla aktywności cytochromu F420 jest wybierana do kolekcji próbek. Populacja cytochromu F420 ujemna została pobrana jako fenotyp homo sapien. Populację karmiono paleosterową dietą o wysokiej zawartości błonnika pokarmowego, triglicerydów o wysokim średnim łańcuchu i białka tętniczego/legumatycznego. Prawidłowe pobranie kału wykonano od zdrowego osobnika spokrewnionego genetycznie, wybranego przez pacjenta, a podanie organicznego naturalnego probiotyku wyizolowanego od osobnika spokrewnionego genetycznie było dobrowolne i decyzją pacjenta. Uzyskano zgodę Komisji Etyki Instytutu - Centrum Badań Zaburzeń Metabolicznych, Trivandrum. Pobrano świeżą masę kałową od zdrowego człowieka. Do przygotowania produktu użyto około 100 g substancji organicznej. 100 g substancji organicznej jest rozcieńczane solą fizjologiczną i odwirowywane z prędkością 2500 obr/min. Substancja szorstka tworzy osad i zbierany jest supernatant. Supernatant jest konserwowany przez dodanie 25 g trehalozy, która może chronić bakterie probiotyczne. Ten supernatant z dodatkiem trehalozy jest liofilizowany i pakowany w podwójne żelatynowe kapsułki. Ta kapsułka może być podawana doustnie. Populacja o cechach homo sapien otrzymała preparat flory jelita grubego w kale z fenotypów neandertalskich w sposób opisany powyżej. Fenotypy neandertalczyków miały we krwi cytochrom F420 dodatni. W ten sposób możliwa była interkonwersja gatunków poprzez podanie probiotyku z flory jelita grubego homo sapiens i homo neanderthalis zidentyfikowanych na podstawie aktywności cytochromu F420 we krwi.

**Metody zmiany gatunku - dieta o wysokiej zawartości błonnika pokarmowego w porównaniu z dietą o niskiej zawartości błonnika pokarmowego**

Wysoki wzrost archeologiczny powoduje neandertalizację gatunku ludzkiego. Metabolizm neandertalczyków prowadzi do przewlekłych chorób, takich jak zespół metaboliczny X, cukrzyca, CAD, udar mózgu, autyzm, autoimmunologiczne, neuropsychiatryczne, neurodegeneracyjne, nowotwory i infekcje. Pacjent, u którego wykazano występowanie endogennej archaiki i syntezy digoksyny, otrzymuje dietę ketogenną o wysokiej zawartości błonnika, białka roślin strączkowych i wysokoenergetycznych trójglicerydów ketogennych wraz z naturalnymi antybiotykami Curcuma longa, Moringa pterygosperma i Emblica officinalis w celu modulowania skutków archaiki i digoksyny. Pomaga to w przekształceniu fenotypu neandertalskiego w fenotyp homo sapien. Prowadzone przez nas od lat prace badawcze wykazały, że gatunki neandertalczyków z chorobami cywilizacyjnymi, jak wspomniano powyżej, wykazują znaczną poprawę w stosunku do następującej kombinacji, gdy endogenny archaiczny wzrost i synteza digoksyny są hamowane przez wysokobłonnikową dietę ketogeniczną, z której pochodzi: (1) Curcuma longa, (2) Emblica officinalis, (3) sproszkowany pterygosperma Moringa, (4) cały proszek kokosowy, (5) sproszkowany czarny gram, oraz (6) sproszkowany suszony popiół gourda. Poszczególne materiały były mrożone, suszone i sproszkowane, aby uzyskać rozmiar 100-200 mikronów. Następnie były one mieszane w stężeniu: (1) 10 g Curcuma longa - A, (2) 10 g Emblica officinalis - B, (3) 100 g całego proszku kokosowego - C, (4) 100 g suszonych liści łuszczynowca Moringa - D, (5) 100 g sproszkowanego suchego czarnego grama - E, oraz (6) 100 g sproszkowanego suchego płota jesionowego - F. Składniki A, B, C, D, E i F zostały zmieszane do postaci paczki 420 g. Następnie dokładnie wymieszano je i przygotowano 420 g paczki. Zostały one ocenione przed rozpoczęciem leczenia poprzez badanie kliniczne i badania laboratoryjne. Czas trwania leczenia wahał się od 6 miesięcy do 2 lat. Stwierdzono, że w tym przypadku próbowano stosować dietę ketogenną z wysokim błonnikiem, białkiem roślin strączkowych i ketogenną dietą trójglicerydową o wysokim łańcuchu średnim wraz z naturalnymi antybiotykami Curcuma longa, Moringa pterygosperma i Emblica officinalis, które wykazały istotne efekty lecznicze. Żadna z zastosowanych substancji ani informacje użyte w połączeniu, jak opisano powyżej, w opisanym celu użycia, nie były wcześniej stosowane. Spożywanie diety bogatej w błonnik pokarmowy doprowadziło do konwersji gatunku homo neanderthalis w gatunek homo sapien. Spożywanie diety o wysokiej zawartości błonnika pokarmowego prowadzi do ograniczenia wzrostu jelit i zmniejszenia wzrostu endosymbiotycznego. Zwiększa się produkcja maślanu jelitowego oraz wzmacnia barierę krwi jelitowej i barierę mózgową krwi. Gatunki homo sapien, karmione dietą o niskiej zawartości błonnika i wysokiej zawartości tłuszczu oraz białka nie wegetariańskiego, zwiększyły gęstość mikroflory jelitowej i zmniejszyły wzrost endosymbiotyczny. Wytwarzanie maślanu jelita grubego jest zmniejszona, a bariera krwi jelitowej i bariera mózgowa krwi jest naruszona. Prowadzi to do wzrostu endosymbiotycznych archaików, a gatunek homo sapien zostaje przekształcony w gatunek homo neanderthalis.

**Metoda interkonwersji gatunków ludzkich poprzez podawanie mikroflory okrężnicy z krowiego obornika**

Symbioza archeologiczna prowadzi do neandertalizacji gatunku ludzkiego i chorób cywilizacyjnych takich jak zespół metaboliczny X z cukrzycą i chorobami naczyniowymi, autoimmunologicznymi, neuropsychiatrycznymi, neurodegeneracyjnymi, nowotworowymi i infekcjami. Wynalazek ten odnosi się do formuły, która będzie działać jako naturalny organiczny paleo probiotyk z gnoju indyjskiej krowy, Bos primigenius dla różnych chorób, które będą hamować wzrost archeologiczny i przekształcić homo neanderthalis do homo sapiens. Ten proces chorobowy prowadzący do zaburzeń psychicznych, nowotworów, chorób autoimmunologicznych, zespołu metabolicznego i zwyrodnień może zostać odwrócony poprzez zmianę mikroflory jelitowej i zasiedlenie jej fenotypami nie-archeologicznymi. Można to zrobić poprzez doustne lub doodbytnicze podawanie mikroflory kałowej krowy indyjskiej, Bos primigenius. Wybraną do tego celu krową była krowa indyjska Bos primigenius. Krowa indyjska karmiona ekologiczną dietą z trawy i siana została wybrana do tego celu. Podanie organicznego naturalnego probiotyku wyizolowanego z osobnika spokrewnionego genetycznie było dobrowolne i stanowiło decyzję pacjenta. Uzyskano zgodę Komisji Etycznej Instytutu - Centrum Badań Zaburzeń Metabolicznych, Trivandrum. Pobrano świeżą masę kałową od zdrowej krowy indyjskiej, Bos primigenius. Do przygotowania produktu wykorzystuje się około 100 g substancji organicznej. 100 g substancji organicznej jest rozcieńczane zwykłą solą fizjologiczną i odwirowywane z prędkością 2500 obrotów na minutę. Substancja szorstka tworzy osad i zbierany jest supernatant. Supernatant jest konserwowany przez dodanie 25 g trehalozy, która może chronić bakterie probiotyczne. Ten supernatant z dodatkiem trehalozy jest liofilizowany i pakowany w podwójne żelatynowe kapsułki. Kapsułki te mogą być podawane doustnie lub jako lewatywa doodbytnicza. W ten sposób odżywianie mikroflory jelita grubego z obornika krowiego powoduje przemianę metabolizmu neandertalczyków w metabolizm homo sapien.

**Metoda interkonwersji gatunków - antybiotyki przeciwutleniające**

Symbioza archeologiczna prowadzi do neandertalizacji gatunku ze zwiększoną częstością występowania zespołu metabolicznego X, cukrzycy, CAD, udaru mózgu, autyzmu, autoimmunologicznego, neuropsychiatrycznego, neurodegeneracyjnego, nowotworów i infekcji. Pacjentowi, u którego wykazano endogenną archaiczną syntezę digoksyny, podaje się naturalne antybiotyki antyoksydacyjne pochodzące z surowych ekstraktów Curcuma longa, Moringa pterygosperma, Emblica officinalis, Zingiber officinale, Allium sativum i Withania somnifera w celu modulowania efektów archaicznych i digoksyny. To przekształca fenotyp neandertalczyka w fenotyp homo sapien. Prowadzone przez nas od lat prace badawcze wykazały, że u pacjentów z tymi zaburzeniami lub stanem chorobowym wykazują znaczną poprawę w stosunku do poniższego połączenia, gdy u pacjentów wykazano endogenny wzrost archaiczny i syntezę digoksyny: (1) Curcuma longa, (2) Emblica officinalis, (3) Sproszkowany pterygosperma Moringa, (4) Sproszkowany Zingiber officinale, (5) Sproszkowany Allium sativum, oraz (6) Sproszkowany Withania somnifera korzenie i liście. Poszczególne materiały były mrożone, suszone i sproszkowane, aby uzyskać rozmiar 100-200 mikronów. Następnie były one mieszane w stężeniu: (1) 10 g Curcuma longa - A, (2) 10 g Emblica officinalis - B, (3) 10 g sproszkowanego pterygosperma Moringa - C, (4) 10 g sproszkowanego Zingiber officinale - D, (5) 10 g sproszkowanego Allium sativum - E, oraz (6) 10 g sproszkowanych korzeni i liści Withania somnifera - F. Składniki A, B, C, D, E i F zostały wymieszane, aby stworzyć opakowanie 60 g. Następnie dokładnie wymieszano je i przygotowano opakowanie 60 g. Zostały one ocenione przed rozpoczęciem leczenia poprzez badanie kliniczne i badania laboratoryjne. Czas trwania leczenia wahał się od 6 miesięcy do 2 lat. Stwierdzono, że w przypadku wypróbowania naturalnych antybiotyków antyoksydacyjnych pochodzących z surowych ekstraktów Curcuma longa, Moringa pterygosperma, Emblica officinalis, Zingiber officinale, Allium sativum i Withania somnifera wykazały istotne efekty lecznicze. Żadna z zastosowanych substancji ani informacje użyte w połączeniu, jak opisano powyżej, w opisanym celu użycia, nie były wcześniej stosowane.

**Szczegóły dotyczące procesu**

Symbioza archeologiczna prowadzi do neandertalizacji gatunku homo sapien. Można to określić jako symbiozę zapośredniczoną w ewolucji. Homo neoneandertalis ma zwiększoną predyspozycję do zespołu metabolicznego X, udarów, CAD, hiperlipidemii, cukrzycy, autoimmunologicznego, neuropsychiatrycznego, neurodegeneracyjnego, nowotworów i jest oporny na leczenie retrowirusowe. Homo neandertalczyk ma odmienną osobowość i cechy społeczne o podwyższonej kreatywności, równość płci, matriarchalne, bezpłciowe i naprzemienne cechy seksualne, duchowe, intuicyjne, surrealistyczne i skupione na społeczności. Metabolizm neandertalczyków jest przede wszystkim zapośredniczony przez archeologiczną metabolomikę i archeologiczną symbiozę. Posiadają one katabolizm cholesterolowy, szlak kwasu shikimowego, więcej glikolizy beztlenowej, zwiększają syntezę tkanki łącznej, fruktolizę, syntezę kwasu nukleinowego i dysfunkcję mitochondriów. Samodzielne podawanie naturalnego organicznego paleo probiotyku z ludzkiej flory jelitowej i krowiego łajna, antybiotyku o działaniu antyoksydacyjnym i diety o wysokiej zawartości błonnika o wysokiej zawartości MCT do neandertalazy o patologicznych fenotypach następujących zaburzeń: (1) pierwotna padaczka uogólniona, (2) schizofrenia, (3) choroba Parkinsona, (4) stwardnienie rozsiane, (5) oporny glejak ośrodkowego układu nerwowego, (6) starzenie się neuronów i demencja typu Alzheimera, (7) zespół Downa, (8) zespół nabytego niedoboru odporności, (9) autyzm, (10) CAD, (11) udar mózgu, (12) cukrzyca, oraz (13) starzenie się. Pacjenci byli oceniani przed rozpoczęciem leczenia klinicznego oraz przez wszystkie wymagane badania laboratoryjne. Czas trwania leczenia wahał się od 6 miesięcy do 2 lat. Ich stan oceniano w trakcie leczenia oraz po jego zakończeniu klinicznie i przy wykorzystaniu wszystkich niezbędnych badań laboratoryjnych. Doprowadziło to do zmiany fenotypu homo neandertalis na fenotyp homo sapien.

Gatunki homo sapien są odporne na zespół metaboliczny X, udary mózgu, CAD, hiperlipidemię, cukrzycę, autoimmunologiczną, neuropsychiatryczną, neurodegeneracyjną, nowotworową i są podatne na leczenie retrowirusowe. Gatunek homo sapien jest mniej kreatywny, patriarchalny, nierówny płciowo, heteroseksualny, logiczny i indywidualistyczny. Metabolizm homo sapien jest przede wszystkim aerobowy i mitochondrialny. Zmiana gatunkowa to mikroflora jelitowa i flora endosymbiotyczna zapośredniczona zmianą, którą można określić jako indukowaną ewolucję. Żywienie się fenotypem homo sapien o niskiej zawartości błonnika o wysokiej zawartości tłuszczu i białka o wysokiej zawartości białka nie wegetariańskiego doprowadziło do zwiększenia gęstości mikroflory jelitowej i endosymbiotycznego wzrostu archeologicznego we krwi mierzonego aktywnością cytochromu F420 oraz neandertalizacji gatunku homo sapien. To sprawia, że gatunek homo sapien jest neandertalizowany z innym fenotypem, genotypem, typem psychologicznym i odporny na działanie retrowirusów.

**Populacja pacjentów włączona do wielkoskalowej próby fenotypu neandertalicznego**

Są to typowe przykłady dużej liczby pacjentów wypróbowanych w każdym przypadku. Liczba pacjentów włączonych do badania jest następująca. Fenotypy neandertalizowane były karmione wysokim błonnikiem, dietą wegetariańską o wysokiej zawartości MCT, probiotykiem z mikroflory jelita grubego pochodzącym z populacji homo sapienów F420 o ujemnej aktywności homo sapienów, mikroflorą jelita grubego pochodzącą z pierwotnego obornika krowy indyjskiej Bos oraz antybiotykiem antyoksydacyjnym przez 6 miesięcy wykazywały konwersję na fenotypy homo sapienów o niskiej aktywności cytochromu F420 i statystycznie istotnej remisji choroby. Postacie psychologiczne zmieniły się z neandertalczyków o zwiększonej kreatywności, równości płci, matriarchalnych, aseksualnych i naprzemiennych cechach seksualnych, duchowych, intuicyjnych, surrealistycznych i skupionych wokół społeczności na homo sapien mniej kreatywnych, patriarchalnych, nierównych płciowo, heteroseksualnych, logicznych i indywidualistycznych. Fenotyp metaboliczny zmienił się z katabolizmu cholesterolu neandertalskiego, szlaku kwasu shikimowego, bardziej glikolizy beztlenowej, zwiększenia syntezy tkanki łącznej, fruktolizy, syntezy kwasu nukleinowego i fenotypu dysfunkcji mitochondriów do fenotypu homo sapien mitochondrialnego.

1. Padaczka pierwotna uogólniona - 25 pacjentów.
2. Schizofrenia - 25 pacjentów.
3. Choroba Parkinsona - 25 pacjentów.
4. Stwardnienie rozsiane - 25 pacjentów.
5. Ogniotrwały glejoblastoma OUN - 15 pacjentów
6. Diabetes mellitus - 50 pacjentów
7. Starzenie się neuronów i demencja typu Alzheimera - 25 pacjentów
8. Zespół Downa - 15 pacjentów
9. Zespół nabytego niedoboru odporności - 15 pacjentów
10. Autyzm - 50 pacjentów
11. CAD - 50 pacjentów
12. Udar - 50 pacjentów
13. Zespół Lupus - 25 pacjentów

Populacja pacjentów włączona do zakrojonego na szeroką skalę badania fenotypu homo sapien zidentyfikowanego na podstawie niższej lub nieobecnej aktywności cytochromu F420 we krwi. Były one karmione przez 6 miesięcy dietą o niskiej zawartości błonnika, wysokiej zawartości tłuszczu, białka, nie-wegetariańską. Spowodowało to wzrost zagęszczenia endosymbiotycznego i okrężnicy oraz neandertalizację fenotypu homo sapien. Fenotyp homo sapien podany w kapsułkach z mikroflory jelita grubego z prawidłowymi fenotypami neandertalskimi o wysokiej aktywności cytochromu F420 również powodował neandertalizację fenotypu homo sapien. Właściwości psychologiczne zmieniły się z homo sapien mniej twórczych, patriarchalnych, nierównych płciowo, heteroseksualnych, logicznych i indywidualistycznych na neandertalskie bardziej twórcze, równe płciowo, matriarchalne, aseksualne i naprzemienne seksualne, duchowe, intuicyjne, surrealistyczne i skupione wokół społeczności. Fenotyp metaboliczny zmienił się z homo sapien mitochondrialnego fenotypu na neandertaliczny katabolizm cholesterolowy, szlak kwasu shikimowego, więcej glikolizy beztlenowej, zwiększenie syntezy tkanki łącznej, fruktolizy, syntezy kwasu nukleinowego i fenotypu dysfunkcji mitochondriów.

**Holobiont i hologenom - rola nutribiontów**

Homo neandertalczyk i archeologiczny symbiont razem tworzą holobiont i tworzą jednostkę selekcji w ewolucji. Homo neandertalczyk-żywiciel i archeologiczny genom tworzą razem hologenom. Wymagania stawiane przez archaiki dla ewolucji homo neandertalczyka wskazują, że dla rozwoju fenotypu neandertalczyka archaiki pełnią rolę nutribiontu. Żywiciel homo sapien i mirobiota jelitowa wyewoluowały na diecie o wysokiej zawartości błonnika pokarmowego nazywane są podobnie holobiontem, a genom homo sapien i genom mikrobioty jelitowej wyewoluowany na diecie o wysokiej zawartości błonnika pokarmowego nazywany jest hologenomem. Mikrobiota kałowa z obu gatunków działa jak nutribiont. W ewolucji symbiotycznej zmieniający symbiont zmienia gospodarza. Wykazano to w przypadku C elegans, gdzie dieta wolna od mikrobów powoduje opóźnienie rozwoju, niepłodność i skrócenie żywotności. Symbiont zmienia transkryptom, metabolonom, długość życia żywiciela. Płodność żywiciela jest również zmieniana przez pasożyty pierwotniakowe w jelicie, na co wskazuje symbiont ascaris lumbricoides. Ascaris lumbricoides wytwarza immunosupresję i ucieczkę immunologiczną, zwiększając szansę na zajście w ciążę oraz zwiększając płodność i zwiększając liczbę dzieci żywiciela. Toksoplazma symbiontów może modulować zachowanie mózgu poprzez wytwarzanie impulsywnych, ryzykownych cech behawioralnych. W ten sposób hologenom określa gatunek. Archaea endosymbiotyczne indukowane przez przyjmowanie wysokotłuszczowej diety wysokobiałkowej nie wegetariańskiej definiuje homo neanderthalis. Mikrobiota jelitowa powstała w wyniku stosowania diety o wysokiej zawartości błonnika pokarmowego określa gatunek homo sapien.

**Podsumowanie**

Opisano metodę wywoływania zmian ewolucyjnych u gatunku ludzkiego poprzez modulację symbiozy archeologicznej i zamianę homo sapien na homo neanderthalis i vice versa. Odbywa się to poprzez stosowanie diety o wysokiej zawartości błonnika w porównaniu z dietą o niskiej zawartości błonnika, podawanie antybiotyku o działaniu przeciwutleniającym oraz mikroflory jelita grubego z ludzkiego i krowiego gnoju. Jest to metodologia modulowania interkonwersji gatunkowej z homo sapien na homo neanderthalis z towarzyszącymi jej zmianami w psychologicznych, fenotypowych i metabolicznych cechach populacji. Można ją nazwać terapeutyczną, archeologicznie symbiotycznie modulowaną ewolucją człowieka.

## ROZDZIAŁ 16

## MIKROBIOLOGIA METABOLICZNA, WIRUSOLOGIA I RETROWIROLOGIA - BŁONNIK POKARMOWY, EWOLUCJA GATUNKOWA I INTEGRACJA NEURO-IMMUNOLOGICZNO-ENDOKRYNNA

Błonnik pokarmowy może wpływać na funkcjonowanie organizmu i komórek. Oryginalne dowody łączące błonnik pokarmowy z metabolizmem organizmu w odniesieniu do zaburzeń systemowych pochodzą z pracy Kurup et al., gdzie wykazano, że błonnik pokarmowy reguluje metabolizm cholesterolu w organizmie i przyczynia się do genezy zespołu metabolicznego X. [1-7] Niedobór błonnika pokarmowego powoduje dominujące trawienie jelita cienkiego, a nadmiar błonnika prowadzi do trawienia jelita grubego. Trawienie jelita cienkiego w obecności niedoboru błonnika pokarmowego prowadzi do zmian we florze jelita grubego i zarastania jelita grubego. Dieta bogata w błonnik pokarmowy powoduje przede wszystkim trawienie okrężnicy i prowadzi do zahamowania wzrostu jelita grubego. Błonnik jelita grubego przesącza się przez barierę krwi jelita grubego, tworząc endosymbiozę. Tak więc trawienie jelita cienkiego z powodu niedoboru błonnika pokarmowego w porównaniu z trawieniem jelita grubego z powodu nadmiaru błonnika pokarmowego determinuje gęstość archaea w jelicie grubym, jak również przedział endosymbiotyczny. Niedobór błonnika pokarmowego może prowadzić do zwiększonego przerostu endosymbiotycznego i archaicznego jelita grubego. Błonnik pokarmowy jest najważniejszym składnikiem diety człowieka, ważniejszym od białka, tłuszczów, węglowodanów, witamin i minerałów. Błonnik pokarmowy jest substratem warunkującym symbiozę i ewolucję symbiotyczną.

Niedobór błonnika pokarmowego może prowadzić do zwiększonego wzrostu endosymbiotycznego, jak również wzrostu kolonii, prowadząc do nawracających epidemii wirusowych RNA. Endosymbiotyczne archaiki regulują funkcje człowieka i rodzaj gatunku i zależą od archaiki jelita grubego, którego zagęszczenie jest określone przez spożycie błonnika. Gęstość populacji jelita grubego zależy od spożycia błonnika pokarmowego. Populacje o niskim poborze błonnika pokarmowego mają mniejsze zagęszczenie mikroflory jelita grubego i endosymbiotycznych archaea. Endosymbiotyczne archaiki przyczyniają się do neandertalizacji gatunku. Populacje spożywające dietę bogatą w tłuszcze nasycone i białka o niskim spożyciu błonnika mają tendencję do zwiększonego wzrostu endosymbiotycznego i są neandertalczykami. Populacje o wysokim spożyciu błonnika do 80 g/dzień mają tendencję do zmniejszania zagęszczenia w jelicie grubym i zmniejszania endosymbiozy, co przyczynia się do homosyntezy populacji. W ten sposób spożycie włókien reguluje zagęszczenie endosymbiotyczne i rodzaj gatunku ludzkiego.

Błonnik pokarmowy może wpływać na funkcjonowanie mózgu. Trawienie błonnika pokarmowego przez mikroflorę wytwarza krótkołańcuchowe kwasy tłuszczowe. Krótkołańcuchowy propionian kwasów tłuszczowych może wytwarzać patologię autystyczną mózgu. Krótkołańcuchowe kwasy tłuszczowe mogą wiązać się z GPCR zwiększając aktywność współczulną. Octan SCFA, propionian i maślan mogą być metabolizowane przez mitochondria generujące ATP. Maślan SCFA jest inhibitorem HDAC i moduluje transmisję genomową.

Maślan może modulować poznawanie i zwiększać funkcje poznawcze. Octan jest kierowany do cyklu glutaminianowego i moduluje neuroprzekaźnik w synapsie. Maślan może wytwarzać nadczynność histonową i zwiększać aktywność BDNF. SCFA może wiązać się z receptorem FFA sprzężonym z białkiem G, wytwarzając immunosupresję. Krótkołańcuchowe kwasy tłuszczowe są przeciwzapalne. Ponieważ SCFA są przeciwzapalne, mogą modulować oporność na insulinę. Niedobór błonnika pokarmowego może prowadzić do zespołu metabolicznego i choroby autoimmunologicznej. Maślan, wytwarzając inhibicję HDAC, jest anionkogenny i hamuje onkogenezę. Maślan może wytwarzać inhibicję HDAC i zmieniać strukturę białek oraz fałdowanie, powodując modulację i poprawę zaburzeń genetycznych. Maślan może zwiększać aktywność BDNF w mózgu i wytwarzać neuroprotekcję. W ten sposób dieta wysokobłonnikowa chroni przed chorobami cywilizacyjnymi. Maślan sprzyja transformacji komórek macierzystych i przekształca fibroblasty w pluripotencjalne zarodkowe komórki macierzyste. Dzięki temu maślan pochodzący z błonnika jest molekułą regeneracyjną. Tak więc niedobór błonnika może prowadzić do raka, zespołu metabolicznego, udaru mózgu, choroby wieńcowej, neurodegeneracji, zaburzeń genetycznych, chorób autoimmunologicznych i chorób fałdowania białka. Błonnik pokarmowy jest substancją regulującą pracę neuronów, układu odpornościowego, genomowego i hormonalnego.

Błonnik pokarmowy może zmieniać mikroflorę jelita grubego. Wysokie spożycie błonnika hamuje wzrost i endosymbiozę jelita grubego. Dieta bogata w błonnik pokarmowy hamuje rozwój endosymbiotyczny, prowadzący do sapienizacji homogenicznej gatunku. Dieta wysokobłonnikowa prowadzi do zwiększonego wytwarzania maślanu i hamowania HDAC, co prowadzi do ekspresji genów HERV i ich reintegracji z genomem. Skaczące geny HERV przyczyniają się do dynamiki genomu i są ważne w ewolucji połączeń synaptycznych i homo sapien neocortex. Dieta o niskiej zawartości błonnika zwiększa wzrost kolonii i archaiczną endosymbiozę, przyczyniając się do neandertalizacji gatunku i mózgu. Dieta o niskiej zawartości błonnika i obniżony poziom maślanu przyczynia się do modulacji acetylacji histonu i zmniejszenia generacji sekwencji HERV. Przyczynia się to do usztywnienia genomu i zmniejszenia połączeń synaptycznych. Prowadzi to do supresji kory mózgowej i dominacji mózgu, przyczyniając się do neandertalizacji mózgu i gatunku. W ten sposób spożycie błonnika w diecie zmienia symbiotyczną mikroflorę, a zwłaszcza archeologiczną endosymbiozę i ewolucję człowieka.

**Tabela 1. Pobór błonnika pokarmowego**

| Grupy | Zawartość błonnika w diecie |
|---|---|
| Homo Sapiens | Wysokie włókno 80% |
| Homo Neanderthalis | Niskie włókno 70% |

*Małe włókno < 5 g/dzień; duże włókno > 20 g/dzień

**Tabela 2.**

| Grupy | Zawartość błonnika w diecie |
|---|---|
| Normalny | Wysokie włókno 80% |
| Zakażenie retrowirusowe | Niskie włókno 75% |
| Powtarzające się zakażenie wirusowe RNA | Niskie włókno 65% |

*Małe włókno < 5 g/dzień; duże włókno > 20 g/dzień

**Referencje**


1. Menon, V.P. i Kurup, P.A. 1976. Dietary fiber and cholesterol metabolism - Effect of fiber rich polysaccharide from blackgram (Phaseolus mungo) on cholesterol metabolism in rats fed normal and atherogenic diet. *Biomedycyna,* 24(4): 248-53.

2. Menon PV i Kurup PA, 1976. Hipolipidemiczne działanie polisacharydu z Phaseolus mungo (czarny gram): wpływ na metabolizm lipidów, *Indian J Biochem Biophys,* 13, 46.

3. Menon PV i Kurup PA, 1974. Hipolipidemiczne działanie polisacharydu z Phaseolus mungo (czarny gram). Effect on glycosaminoglycans, lipids and lipoprotein lipase activity in normal rats, *Atherosclerosis*, 19, 315.

4. Molly Thomas, Leelamma S i Kurup PA, 1990. Neutralne włókno detergentowe z różnych produktów spożywczych i jego działanie hipocholesterolowe u szczurów, *J Food Sci Technol,* 27, 290.

5. Molly Thomas, Leelamma S i Kurup PA, 1983. Effect of black gram fiber (Phaseolus mungo) on hepatic hydroxymethyl glutaryl-CoA reduktase activity cholesterogenesis and cholesterol degradation in rats, *J Nutrition*, 113, 1104.

6. Molly Thomas, Leelamma S i Kurup PA, 1990. Effect of black gram fibre (Phaseolus mungo) on the metabolism of lipoproteins in rats, *J Food Sci Technol*, 27, 224.

7. Vijayagopal P, Devi KS i Kurup PA, 1973. Fibre content of different dietary skrobes and their effect on lipid levels in high-fat-high-cholesterol diet fed rats, *Atherosclerosis*, 17, 156.

## ROZDZIAŁ 17

## MIKROBIOLOGIA METABOLICZNA, WIRUSOLOGIA I RETROWIROLOGIA - ALCHEMIA, KAMIEŃ FILOZOFICZNY I ELIKSIR ŻYCIA -

## ENDOSYMBIOTYCZNE ARCHAIKI, BŁONNIK POKARMOWY I GATUNKI LUDZKIE

Błonnik pokarmowy jest najważniejszym czynnikiem modulującym biologię i specjację człowieka. Niskie spożycie błonnika pokarmowego z dietą bogatą w białko i tłuszcze prowadzi do zwiększonego wzrostu endosymbiotycznego i okrężnicy oraz neandertalizacji gatunku. Prowadzi to do indukcji fenotypu Warburga i zwiększenia częstości występowania zespołu metabolicznego X, neurodegeneracji, chorób autoimmunologicznych, nowotworów, schizofrenii i autyzmu. Populacja spożywająca dietę o niskiej zawartości błonnika bogatą w białko i tłuszcze ma swoje trawienie w jelicie cienkim. Populacja z dominującą dietą niskobłonnikową i trawieniem w jelicie cienkim ma zwiększone upodobanie do chorób cywilizacyjnych. Wysoki spożycie błonnika pokarmowego prowadzi dominujący wielki jelitowego trawienia przez kolonkową mikroflorę i hamuje endosymbiotycznego i kolonkowego archeologicznego wzrost produkujący homo sapienisation gatunek. Prowadzi to do zmniejszenia wzrostu archeologicznego i częstości występowania chorób cywilizacyjnych. W ten sposób choroby cywilizacyjne, takie jak choroba autoimmunologiczna, zespół metaboliczny, rak, schizofrenia, autyzm i neurodegeneracja mogą być kontrolowane przez dietę o wysokiej zawartości błonnika, hamując archeologiczny wzrost, archeologiczną endosymbiozę i promocję trawienia jelita grubego.

Błonnik pokarmowy może wpływać na funkcjonowanie organizmu i komórek. Oryginalne dowody łączące błonnik pokarmowy z metabolizmem organizmu w odniesieniu do zaburzeń systemowych pochodzą z pracy Kurup et al., gdzie wykazano, że błonnik pokarmowy reguluje metabolizm cholesterolu w organizmie i przyczynia się do genezy zespołu metabolicznego X. [1-7] Niedobór błonnika pokarmowego powoduje dominujące trawienie jelita cienkiego, a nadmiar błonnika prowadzi do trawienia jelita grubego. Trawienie jelita cienkiego w obecności niedoboru błonnika pokarmowego prowadzi do zmian we florze jelita grubego i zarastania jelita grubego. Dieta bogata w błonnik pokarmowy powoduje przede wszystkim trawienie okrężnicy i prowadzi do zahamowania wzrostu jelita grubego. Błonnik jelita grubego przesącza się przez barierę krwi jelita grubego, tworząc endosymbiozę. Tak więc trawienie jelita cienkiego z powodu niedoboru błonnika pokarmowego w porównaniu z trawieniem jelita grubego z powodu nadmiaru błonnika pokarmowego determinuje gęstość archaea w jelicie grubym, jak również przedział endosymbiotyczny. Niedobór błonnika pokarmowego może prowadzić do zwiększonego przerostu endosymbiotycznego i archaicznego jelita grubego. Błonnik pokarmowy jest najważniejszym składnikiem diety człowieka, ważniejszym od białka, tłuszczów, węglowodanów, witamin i minerałów. Błonnik pokarmowy jest substratem warunkującym symbiozę i ewolucję symbiotyczną.

Endosymbiotyczne archaiki regulują funkcje człowieka i rodzaj gatunku i zależą od archaiki jelita grubego, którego gęstość zależy od ilości pobieranych włókien. Zagęszczenie populacji jelita grubego zależy od spożycia błonnika pokarmowego. Populacje o niskim poborze błonnika pokarmowego mają mniejsze zagęszczenie mikroflory jelita grubego i endosymbiotycznych archaea. Endosymbiotyczne archaiki przyczyniają się do neandertalizacji gatunku. Populacje spożywające dietę bogatą w tłuszcze nasycone i białka o niskim spożyciu błonnika mają tendencję do zwiększonego wzrostu endosymbiotycznego i są neandertalczykami. Populacje o wysokim spożyciu błonnika do 80 g/dzień mają tendencję do zmniejszania zagęszczenia w jelicie grubym i zmniejszania endosymbiozy, co przyczynia się do homosyntezy populacji. W ten sposób spożycie włókien reguluje zagęszczenie endosymbiotyczne i rodzaj gatunku ludzkiego.

Błonnik pokarmowy może wpływać na funkcjonowanie mózgu. Trawienie błonnika pokarmowego przez mikroflorę wytwarza krótkołańcuchowe kwasy tłuszczowe. Krótkołańcuchowy propionian kwasów tłuszczowych może wytwarzać patologię autystyczną mózgu. Krótkołańcuchowe kwasy tłuszczowe mogą wiązać się z GPCR zwiększając aktywność współczulną. Octan SCFA, propionian i maślan mogą być metabolizowane przez mitochondria generujące ATP. Maślan SCFA jest inhibitorem HDAC i moduluje transmisję genomową.

Maślan może modulować poznawanie i zwiększać funkcje poznawcze. Octan jest kierowany do cyklu glutaminianowego i moduluje neuroprzekaźnik w synapsie. Maślan może wytwarzać nadczynność histonową i zwiększać aktywność BDNF. SCFA może wiązać się z receptorem FFA sprzężonym z białkiem G, wytwarzając immunosupresję. Krótkołańcuchowe kwasy tłuszczowe są przeciwzapalne. Ponieważ SCFA są przeciwzapalne, mogą modulować oporność na insulinę. Niedobór błonnika pokarmowego może prowadzić do zespołu metabolicznego i choroby autoimmunologicznej. Maślan, wytwarzając inhibicję HDAC, jest anionkogenny i hamuje onkogenezę. Maślan może wytwarzać inhibicję HDAC i zmieniać strukturę białek oraz fałdowanie, powodując modulację i poprawę zaburzeń genetycznych. Maślan może zwiększać aktywność BDNF w mózgu i wytwarzać neuroprotekcję. W ten sposób dieta wysokobłonnikowa chroni przed chorobami cywilizacyjnymi. Maślan sprzyja transformacji komórek macierzystych i przekształca fibroblasty w pluripotencjalne zarodkowe komórki macierzyste. Dzięki temu maślan pochodzący z błonnika jest molekułą regeneracyjną. Tak więc niedobór błonnika może prowadzić do raka, zespołu metabolicznego, udaru mózgu, choroby wieńcowej, neurodegeneracji, zaburzeń genetycznych, chorób autoimmunologicznych i chorób fałdowania białka. Błonnik pokarmowy jest substancją regulującą pracę neuronów, układu odpornościowego, genomowego i hormonalnego.

Błonnik pokarmowy może zmieniać mikroflorę jelita grubego. Wysokie spożycie błonnika hamuje wzrost i endosymbiozę jelita grubego. Dieta bogata w błonnik pokarmowy hamuje rozwój endosymbiotyczny, prowadzący do sapienizacji homogenicznej gatunku. Dieta wysokobłonnikowa prowadzi do zwiększonego wytwarzania maślanu i hamowania HDAC, co prowadzi do ekspresji genów HERV i ich reintegracji z genomem. Skaczące geny HERV przyczyniają się do dynamiki genomu i są ważne w ewolucji połączeń synaptycznych i homo sapien neocortex. Dieta o niskiej zawartości błonnika zwiększa wzrost kolonii i archaiczną endosymbiozę, przyczyniając się do neandertalizacji gatunku i mózgu. Dieta o niskiej zawartości błonnika i obniżony poziom maślanu przyczynia się do modulacji acetylacji histonu i zmniejszenia generacji sekwencji HERV. Przyczynia się to do usztywnienia genomu i zmniejszenia połączeń synaptycznych. Prowadzi to do supresji kory mózgowej i dominacji mózgu, przyczyniając się do neandertalizacji mózgu i gatunku. W ten sposób spożycie błonnika w diecie zmienia symbiotyczną mikroflorę, a zwłaszcza archeologiczną endosymbiozę i ewolucję człowieka.

**Tabela 1. Pobór błonnika pokarmowego**

| Grupy | Zawartość błonnika w diecie |
|---|---|
| Homo sapiens | Wysokie włókno 80% |
| Homo neanderthalis | Niskie włókno 70% |

*Małe włókno < 5 g/dzień; duże włókno > 20 g/dzień

## Referencje

1. Menon, V.P. i Kurup, P.A. 1976. Dietary fiber and cholesterol metabolism - Effect of fiber rich polysaccharide from blackgram (Phaseolus mungo) on cholesterol metabolism in rats fed normal and atherogenic diet. *Biomedycyna,* 24(4):248-53.
2. Menon PV i Kurup PA, 1976. Hipolipidemiczne działanie polisacharydu z Phaseolus mungo (czarny gram): wpływ na metabolizm lipidów, *Indian J Biochem Biophys,* 13, 46.
3. Menon PV i Kurup PA, 1974. Hipolipidemiczne działanie polisacharydu z Phaseolus mungo (czarny gram). Effect on glycosaminoglycans, lipids and lipoprotein lipase activity in normal rats, *Atherosclerosis*, 19, 315.
4. Molly Thomas, Leelamma S i Kurup PA, 1990. Neutralne włókno detergentowe z różnych produktów spożywczych i jego działanie hipocholesterolowe u szczurów, *J Food Sci Technol,* 27, 290.
5. Molly Thomas, Leelamma S i Kurup PA, 1983. Effect of black gram fiber (Phaseolus mungo) on hepatic hydroxymethyl glutaryl-CoA reduktase activity cholesterogenesis and cholesterol degradation in rats, *J Nutrition*, 113, 1104.
6. Molly Thomas, Leelamma S i Kurup PA, 1990. Effect of black gram fibre (Phaseolus mungo) on the metabolism of lipoproteins in rats, *J Food Sci Technol*, 27, 224.
7. Vijayagopal P, Devi KS i Kurup PA, 1973. Fibre content of different dietary skrobes and their effect on lipid levels in high-fat-high-cholesterol diet fed rats, *Atherosclerosis*, 17, 156.

# ROZDZIAŁ 18

## MIKROBIOLOGIA METABOLICZNA, WIRUSOLOGIA I RETROWIROLOGIA - KETODIA INDYJSKA PÓŁWYSPU - WYSOKI BŁONNIK WYSOKI POZIOM BIAŁKA WYSOKI POZIOM TRÓJGLICERYDÓW O ŚREDNIM ŁAŃCUCHU - DIETA KOKOSOWA Z ROŚLIN STRĄCZKOWYCH

Błonnik pokarmowy jest najważniejszym czynnikiem modulującym biologię i specjację człowieka. Niskie spożycie błonnika pokarmowego z dietą bogatą w białko i tłuszcze prowadzi do zwiększonego wzrostu endosymbiotycznego i okrężnicy oraz neandertalizacji gatunku. Prowadzi to do indukcji fenotypu Warburga i zwiększenia częstości występowania zespołu metabolicznego X, neurodegeneracji, chorób autoimmunologicznych, nowotworów, schizofrenii i autyzmu. Populacja spożywająca dietę o niskiej zawartości błonnika bogatą w białko i tłuszcze ma swoje trawienie w jelicie cienkim. Populacja z dominującą dietą niskobłonnikową i trawieniem w jelicie cienkim ma zwiększone upodobanie do chorób cywilizacyjnych. Wysoki spożycie błonnika pokarmowego prowadzi dominujący wielkiego jelitowego trawienia przez kolońską mikroflorę i hamuje endosymbiotycznego i kolońskiego archeologicznego wzrost produkujący homo sapienisation gatunek. Prowadzi to do zmniejszenia wzrostu archeologicznego i częstości występowania chorób cywilizacyjnych. W ten sposób choroby cywilizacyjne, takie jak choroba autoimmunologiczna, zespół metaboliczny, rak, schizofrenia, autyzm i neurodegeneracja mogą być kontrolowane przez dietę o wysokiej zawartości błonnika, hamując archeologiczny wzrost, archeologiczną endosymbiozę i promocję trawienia jelita grubego. Ajurwedyjska dieta satyryczna jest dietą o wysokiej zawartości błonnika pokarmowego.

Współczesna cywilizacja powoduje zmiany w nawykach żywieniowych, prowadzące do zmniejszenia spożycia błonnika i zwiększenia spożycia białka i tłuszczu. Prowadzi to do zwiększonego wzrostu kolonii i archeologicznej endosymbiozy. Archealna endosymbioza w mózgu powoduje wzrost magnetopercepcji i kwantowej percepcji niskiego poziomu EMF produkującego zanik czołowy i dominację móżdżku. Zmiany te mogą być odwrócone przez większe spożycie włókien. Wysoki błonnik pokarmowy można nazwać ajurwedyjską dietą sattvic, która hamuje wzrost kolonii i endosymbiotyki archeologiczne i odwraca neandertaliczny fenotyp Warburga.

Błonnik pokarmowy jest najważniejszym czynnikiem modulującym biologię i specjację człowieka. Błonnik pokarmowy i leki dla ludzi - antybiotyki i nieantybiotyki - mogą modulować florę jelitową, powodując wzrost kolonii i endosymbiozę powodującą zmiany klimatyczne, ewolucję superbakterii i pojawiających się wirusów oraz tworząc fenotyp choroby. Dieta wysokobłonnikowa jest trawiona przez florę jelita grubego, co prowadzi do wytwarzania krótkołańcuchowych kwasów tłuszczowych i hamuje rozwój endosymbiotyków i kolonii. Prowadzi to do sapienizacji homo tego gatunku. Dieta o niskiej zawartości błonnika z przyrostem białka i tłuszczu prowadzi do stymulacji wzrostu endosymbiotycznego i kolonii. Prowadzi to do neandertalizacji gatunku. W ten sposób dieta o niskiej zawartości błonnika zmienia mikrobiom jelita grubego w jelicie grubym, co prowadzi do większego wzrostu archeologicznego. Archaeae rozwijają ochronny mechanizm odporności na antybiotyki i dominują w mikroflorze jelita grubego. Archaea jelita grubego poprzez selekcję naturalną i wymianę DNA/genów z innymi organizmami jelita grubego i endosymbiotycznymi przenoszą geny odporności na antybiotyki do innej flory jelita grubego. Stanowi to podstawę do powstawania superbugsów opornych na wszystkie antybiotyki. Te same mechanizmy zachodzą, gdy populacje są leczone antybiotykami i innymi lekami, takimi jak antyhypertensywa, anty-psychotyki i środki przeciwbólowe. Zabijają one florę bakteryjną jelita grubego, a archaiczne archaiki ekstremofilne dominują nad mikrobiomem jelita grubego z nabytymi mechanizmami ochronnymi na oporność antybiotykową. Te archeologiczne geny oporności na antybiotyki są przenoszone poprzez wymianę genów i plazmidowego DNA z pozostałościami drobnoustrojów z okrężnicy i endosymbiotyków generujących superbugs. W ten sposób antybiotyk i inne leki nieantybiotykowe sprzyjają wzrostowi kolonii i endosymbiozie, powodując neandertalizację gatunku i powstawanie superbugs, które zabijają gatunek homo sapien. Archaiki jelita grubego generują również wiroidy RNA, które są przekształcane na wiroidy DNA przez nabłonek jelita grubego HERV odwrotną transkryptazą i integrują się z genomem jelita grubego. Wiroidy RNA i DNA hybrydyzują się z populacją wiroidową i bakteryjną mikrobiomu jelita grubego oraz wirobomowego DNA i RNA jelita grubego, prowadząc do powstania nowych, pojawiających się wirusów. Wiroidy RNA i DNA oraz bakterie jelitowe mogą również hybrydyzować się z ludzkimi sekwencjami genomowymi dla odporności, regulacji metabolicznej, czynników wzrostu, wzrostu komórek, śmierci komórek, neuroprzekaźników i sekwencji HERV kolonialnej komórki nabłonkowej. Hybrydyzacja archeologicznych wirusów RNA z ludzkimi genomowymi sekwencjami HERV może generować retrowirusy. Prowadzi to do generowania nowych bakterii, RNA i wirusów DNA modulujących śmierć komórek, wzrost komórek, proliferację komórek, metabolizm, funkcje endokrynologiczne i zachowania produkujące autoimmunologiczną, schizofrenię, autyzm, cukrzycę nowotworową, chorobę wieńcową, chorobę naczyń mózgowych i neurodegenerację. W ten sposób generowanie superbakterii i pojawiających się wirusów jest promowane przez dietę o niskiej zawartości błonnika. Dieta o niskiej zawartości błonnika pokarmowego prowadzi do rozwoju kolonii i endosymbiotyków, co prowadzi do neandertalizacji gatunku i powstawania superbakterii i pojawiających się wirusów, na które neandertalizowany gatunek jest odporny w wyniku endogennego wydzielania digoksyny. Neandertalczyk wygenerował nadtlenki i pojawiające się wirusy, które zabijają gatunki homo sapien wrażliwe na nadtlenki i pojawiające się wirusy i nie mają na nie odporności. Tak więc nowoczesne uzbrojenie w antybiotyki, antypsychotyki, środki przeciwbólowe, hipertensywne i przeciwcukrzycowe promuje rozwój kolonii i endosymbiotyków, neandertalizację gatunków i wywoływanie chorób cywilizacyjnych. Tak więc leki stosowane w leczeniu zakażeń i chorób ludzkich mają tendencję do wytwarzania super-bugs, powstających infekcji wirusowych i chorób cywilizacyjnych - raka, choroby autoimmunologicznej, zespołu metabolicznego X, neurodegeneracji, schizofrenii i autyzmu. W ten sposób zbrojownia leku z antybiotykami i nieantybiotykami stosowanymi w leczeniu zakażeń i chorób ludzkich zwiększa wzrost kolonii i endosymbiotyków, neandertalizuje gatunek, generuje super-bugs i prowadzi do zwiększonej zachorowalności na choroby cywilizacyjne. Mikrobakterie i wirusy jelitowe modulowane przez spożycie błonnika pokarmowego, wysokobiałkowe diety wysokotłuszczowe, antybiotyki i leki nieantybiotykowe, takie jak anty-psychotyki, leki przeciwwstrząsowe, przeciwbólowe, prowadzą do zmian w biogeografii jelitowej i wiroidowej, prowadząc do powstawania super-bugs i superwirusów. Archaea jelitowe są wysoce oporne na konwencjonalne antybiotyki i leki nieantybiotykowe i rozmnażają się, gdy powszechnie stosuje się antybiotyki i leki nieantybiotykowe, takie jak antynadciśnieniowe, psychotyczne i przeciwbólowe. Rozwijają się one z opornością na antybiotyki i leki nieantybiotykowe i są przenoszone na inne bakterie i wirusy jelitowe i kolonialne wytwarzające superbugi i superwirusy eksterminujące populację homo sapien. Wzrost i dominacja bakterii z jelita grubego i endosymbiotyków prowadzi do wytworzenia gatunku homo neanderthalis, który jest odporny na superbugs i superwirusy i przeżywa, ale ulega wpływom chorób cywilizacyjnych, takich jak rak, autoimmunizacja, zespół metaboliczny, schizofrenia, autyzm i neurodegeneracja. Homo neoneandertalis generowane w ten sposób przez kolonię i endosymbiotyczny wzrost archeologiczny może wyginąć w powolnym okresie czasu. Homo neanderthalis ze swoją endosymbiozą ekstremofilną jest odporna i odporna, może przetrwać globalne ocieplenie i ekstremalne zmiany klimatu, jak również przetrwać ekstremalne warunki beztlenowe innych planet i układów galaktycznych. Pobór błonnika pokarmowego hamuje rozwój archeologiczny, a populacje o niskim poborze błonnika są odporne na choroby cywilizacyjne, takie jak zespół metaboliczny, rak, choroby autoimmunologiczne i schizofrenia. Ludzkie archaiki metanogenne są wysoce odporne na rutynowe antybiotyki i leki nieantybiotykowe, a spożycie tych leków zabija mikrobiom kolonialny prowadzący do rozwoju archeologicznego i endosymbiozy oraz neandertalizacji w celu wytworzenia odpornego gatunku homo galacticus zdolnego do przetrwania w ekstremalnych klimatach Ziemi i innych planet. Ludzkie leki i antybiotyki indukowały modulację mikrobiomu jelitowego o zwiększonym wzroście kolonii i endosymbiotyku, przyczyniając się również do globalnego ocieplenia poprzez mechanizm metanogenezy archeologicznej. Powszechne stosowanie antybiotyków i leków bezantybiotykowych przyczynia się do wzrostu kolonii i endosymbiotyków, zmian klimatycznych i jeszcze większego wzrostu archeologicznego. Ten archeologiczny rozwój kolonii ludzkich i endosymbiotyków wynikający ze stresu, pól internetowych, niskiego poziomu EMF, niskiego spożycia błonnika pokarmowego, stosowania antybiotyków i leków nieantybiotykowych, powodujących metanogenezę, jest główną przyczyną globalnego ocieplenia. Powszechne stosowanie antybiotyków i leków bezantybiotykowych zabija mikroflorę jelita grubego i zastępuje ją archaiczną opornością na antybiotyki i leki bezantybiotykowe. Niskie spożycie błonnika pokarmowego sprzyja rozwojowi archetypów kolonialnych i endosymbiotyków. Stres powoduje wzrost ilości katecholaminy indukowanej przez kolonię i endosymbiotyk oraz naruszenie bariery jelitowo-krwiowej. Powszechne wykorzystanie Internetu i niski poziom pól elektromagnetycznych w telefonach komórkowych sprzyja wzrostowi endosymbiotycznemu. Tak więc endosymbiotyczny i kolonialny wzrost archeologiczny oraz metanogeneza powodująca globalne ocieplenie jest endogennym wydarzeniem biologicznym człowieka, którego głównym elementem wyzwalającym ten proces jest aktywność biologiczna człowieka. Powszechne stosowanie antybiotyków i leków nieantybiotykowych leczy infekcje wirusowe i bakteryjne, a także choroby cywilizacyjne, takie jak rak, schizofrenia, zaburzenia nastroju, depresja, autyzm, choroba autoimmunologiczna i neurodegeneracja sprzyjają rozwojowi archetypów kolonialnych i endosymbiotycznych, które neandertalizują gatunki prowadzące do dalszej transformacji systemu ludzkiego, prowadząc do indukcji chorób cywilizacyjnych, takich jak rak, zespół metaboliczny X, neurodegeneracja, autoimmunizacja i choroby naczyń. Tak więc antybiotyki i nieantybiotyki stosowane w leczeniu zakażeń i chorób ogólnoustrojowych powodują powstawanie kolonii i endosymbiotyków, które prowadzą do powstawania superbugsów, superwirusów, pandemii i epidemii chorób cywilizacyjnych, za pośrednictwem których dochodzi do powstawania kolonii i endosymbiotyków. Medycyna ludzka, jak wiemy, znalazła się w ślepym zaułku. Skończyła się era antybiotyków i nieantybiotyków. Ziemia ludzka w takiej postaci, jaką znamy, przechodzi również katastrofalne zmiany klimatyczne, prowadzące do wyginięcia gatunku ludzkiego i warunków dla ludzkich siedlisk na ziemi. Zakończyła się nowoczesna medycyna, o której wiemy, i ziemia, o której wiemy. Główną przyczyną zmian klimatycznych i ich katastrofalnych powikłań jest po części tylko zniszczenie lasów tropikalnych Amazonii i deszczowych. Wylesianie mikroflory jelitowej powstałe na przestrzeni miliardów lat ewolucji człowieka jest główną przyczyną zmian klimatycznych i możliwego końca Ziemi, o którym wiemy i gatunku ludzkiego, o którym wiemy. Skończyła się rewolucyjna medycyna i złota ziemia z jej warunkami mieszkalnymi. Wzrost spożycia błonnika pokarmowego do 40 g/dzień może zahamować rozwój kolonii i endosymbiozę, przerywając powstawanie superbakterii, pojawiających się wirusów i zmian klimatycznych. Zwiększenie spożycia błonnika pokarmowego w populacjach może zapobiec zmianom klimatycznym i mikrobiologicznym w jelitach, które zagrażają życiu ludzi i planety. Błonnik pokarmowy może być uważany za eliksir życia i endosymbiotyczny archaiczny kamień filozoficzny.

Błonnik pokarmowy może wpływać na funkcjonowanie organizmu i komórek. Oryginalne dowody łączące błonnik pokarmowy z metabolizmem organizmu w odniesieniu do zaburzeń systemowych pochodzą z pracy Kurup et al., gdzie wykazano, że błonnik pokarmowy reguluje metabolizm cholesterolu w organizmie i przyczynia się do genezy zespołu metabolicznego X. [1-7] Niedobór błonnika pokarmowego powoduje dominujące trawienie jelita cienkiego, a nadmiar błonnika prowadzi do trawienia jelita grubego. Trawienie jelita cienkiego w obecności niedoboru błonnika pokarmowego prowadzi do zmian we florze jelita grubego i zarastania jelita grubego. Dieta bogata w błonnik pokarmowy powoduje przede wszystkim trawienie okrężnicy i prowadzi do zahamowania wzrostu jelita grubego. Błonnik jelita grubego przesącza się przez barierę krwi jelita grubego, tworząc endosymbiozę. Tak więc trawienie jelita cienkiego z powodu niedoboru błonnika pokarmowego w porównaniu z trawieniem jelita grubego z powodu nadmiaru błonnika pokarmowego determinuje gęstość archaea w jelicie grubym, jak również przedział endosymbiotyczny. Niedobór błonnika pokarmowego może prowadzić do zwiększonego przerostu endosymbiotycznego i archaicznego jelita grubego. Błonnik pokarmowy jest najważniejszym składnikiem diety człowieka, ważniejszym od białka, tłuszczów, węglowodanów, witamin i minerałów. Błonnik pokarmowy jest substratem warunkującym symbiozę i ewolucję symbiotyczną.

Endosymbiotyczne archaiki regulują funkcje człowieka i rodzaj gatunku i zależą od archaiki jelita grubego, którego gęstość zależy od ilości pobieranych włókien. Zagęszczenie populacji jelita grubego zależy od spożycia błonnika pokarmowego. Populacje o niskim poborze błonnika pokarmowego mają mniejsze zagęszczenie mikroflory jelita grubego i endosymbiotycznych archaea. Endosymbiotyczne archaiki przyczyniają się do neandertalizacji gatunku. Populacje spożywające dietę bogatą w tłuszcze nasycone i białka o niskim spożyciu błonnika mają tendencję do zwiększonego wzrostu endosymbiotycznego i są neandertalczykami. Populacje o wysokim spożyciu błonnika do 80 g/dzień mają tendencję do zmniejszania zagęszczenia w jelicie grubym i zmniejszania endosymbiozy, co przyczynia się do homosyntezy populacji. W ten sposób spożycie włókien reguluje zagęszczenie endosymbiotyczne i rodzaj gatunku ludzkiego.

Błonnik pokarmowy może wpływać na funkcjonowanie mózgu. Trawienie błonnika pokarmowego przez mikroflorę wytwarza krótkołańcuchowe kwasy tłuszczowe. Krótkołańcuchowy propionian kwasów tłuszczowych może wytwarzać patologię autystyczną mózgu. Krótkołańcuchowe kwasy tłuszczowe mogą wiązać się z GPCR zwiększając aktywność współczulną. Octan SCFA, propionian i maślan mogą być metabolizowane przez mitochondria generujące ATP. Maślan SCFA jest inhibitorem HDAC i moduluje transmisję genomową.

Maślan może modulować poznawanie i zwiększać funkcje poznawcze. Octan jest kierowany do cyklu glutaminianowego i moduluje neuroprzekaźnik w synapsie. Maślan może wytwarzać nadczynność histonową i zwiększać aktywność BDNF. SCFA może wiązać się z receptorem FFA sprzężonym z białkiem G, wytwarzając immunosupresję. Krótkołańcuchowe kwasy tłuszczowe są przeciwzapalne. Ponieważ SCFA są przeciwzapalne, mogą modulować oporność na insulinę. Niedobór błonnika pokarmowego może prowadzić do zespołu metabolicznego i choroby autoimmunologicznej. Maślan, wytwarzając inhibicję HDAC, jest antyonkogenny i hamuje onkogenezę. Maślan może wytwarzać inhibicję HDAC i zmieniać konformację białek oraz składanie, powodując modulację i poprawę zaburzeń genetycznych. Maślan może zwiększać aktywność BDNF w mózgu i wytwarzać neuroprotekcję. W ten sposób dieta wysokobłonnikowa chroni przed chorobami cywilizacyjnymi. Maślan sprzyja transformacji komórek macierzystych i przekształca fibroblasty w pluripotencjalne zarodkowe komórki macierzyste. Dzięki temu maślan pochodzący z błonnika jest molekułą regeneracyjną. Tak więc niedobór błonnika może prowadzić do raka, zespołu metabolicznego, udaru mózgu, choroby wieńcowej, neurodegeneracji, zaburzeń genetycznych, chorób autoimmunologicznych i chorób fałdowania białka. Błonnik pokarmowy jest substancją regulującą pracę neuronów, układu odpornościowego, genomowego i hormonalnego.

Błonnik pokarmowy może zmieniać mikroflorę jelita grubego. Wysokie spożycie błonnika hamuje wzrost i endosymbiozę jelita grubego. Dieta bogata w błonnik pokarmowy hamuje rozwój endosymbiotyczny, prowadzący do sapienizacji homogenicznej gatunku. Dieta wysokobłonnikowa prowadzi do zwiększonego wytwarzania maślanu i hamowania HDAC, co prowadzi do ekspresji genów HERV i ich reintegracji z genomem. Skaczące geny HERV przyczyniają się do dynamiki genomu i są ważne w ewolucji połączeń synaptycznych i homo sapien neocortex. Dieta o niskiej zawartości błonnika zwiększa wzrost kolonii i archaiczną endosymbiozę, przyczyniając się do neandertalizacji gatunku i mózgu. Dieta o niskiej zawartości błonnika i obniżony poziom maślanu przyczynia się do modulacji acetylacji histonu i zmniejszenia generacji sekwencji HERV. Przyczynia się to do usztywnienia genomu i zmniejszenia połączeń synaptycznych. Prowadzi to do supresji kory mózgowej i dominacji mózgu, przyczyniając się do neandertalizacji mózgu i gatunku. W ten sposób spożycie błonnika w diecie zmienia symbiotyczną mikroflorę, a zwłaszcza archeologiczną endosymbiozę i ewolucję człowieka.

**Tabela 1. Pobór błonnika pokarmowego**

| Grupy | Zawartość błonnika w diecie |
|---|---|
| Homo sapiens | Wysokie włókno 80% |
| Homo neanderthalis | Niskie włókno 70% |

*Małe włókno < 5 g/dzień; duże włókno > 20 g/dzień

**Referencje**


1. Menon, V.P. i Kurup, P.A. 1976. Dietary fiber and cholesterol metabolism - Effect of fiber rich polysaccharide from blackgram (Phaseolus mungo) on cholesterol metabolism in rats fed normal and atherogenic diet. *Biomedycyna,* 24(4):248-53.
2. Menon PV i Kurup PA, 1976. Hipolipidemiczne działanie polisacharydu z Phaseolus mungo (czarny gram): wpływ na metabolizm lipidów, *Indian J Biochem Biophys,* 13, 46.
3. Menon PV i Kurup PA, 1974. Hipolipidemiczne działanie polisacharydu z Phaseolus mungo (czarny gram). Effect on glycosaminoglycans, lipids and lipoprotein lipase activity in normal rats, *Atherosclerosis*, 19, 315.
4. Molly Thomas, Leelamma S i Kurup PA, 1990. Neutralne włókno detergentowe z różnych produktów spożywczych i jego działanie hipocholesterolowe u szczurów, *J Food Sci Technol,* 27, 290.
5. Molly Thomas, Leelamma S i Kurup PA, 1983. Effect of black gram fiber (Phaseolus mungo) on hepatic hydroxymethyl glutaryl-CoA reduktase activity cholesterogenesis and cholesterol degradation in rats, *J Nutrition*, 113, 1104.
6. Molly Thomas, Leelamma S i Kurup PA, 1990. Effect of black gram fibre (Phaseolus mungo) on the metabolism of lipoproteins in rats, *J Food Sci Technol*, 27, 224.
7. Vijayagopal P, Devi KS i Kurup PA, 1973. Fibre content of different dietary skrobes and their effect on lipid levels in high-fat-high-cholesterol diet fed rats, *Atherosclerosis*, 17, 156.

## ROZDZIAŁ 19

# MIKROBIOLOGIA METABOLICZNA, WIRUSOLOGIA I RETROWIROLOGIA - WYSOKOBŁONNIKOWA, WYSOKO ŁAŃCUCHOWA DIETA TRÓJGLICERYDOWA, KETOGENICZNA TWORZY PODŁOŻE DLA OPTYMALNEJ GĘSTOŚCI ENDOSYMBIOTYCZNEJ POPULACJI AKTYNOWCÓW - ELIKSIR ŻYCIA

### Wprowadzenie

Endosymbiotyczne archaiki aktynowców stanowią podstawę życia i mogą być uważane za trzeci element w komórce. Reguluje on komórkę, układ nerwowo-immunologiczno-endokrynny i mózg świadomy/nieprzytomny. Endosymbiotyczne aktynoidalne archaiki można nazwać eliksirem życia. Dla istnienia i przetrwania życia konieczna jest określona populacja endosymbiotycznych archaicznych archaicznych aktówynidów. Większa gęstość endosymbiotycznej archaicznej populacji aktynowców może prowadzić do choroby człowieka. Tak więc aktynoidalne archaiki są ważne dla przetrwania ludzkiego życia i mogą być uważane za kluczowe dla niego.

Symbioza przez mikroorganizmy, zwłaszcza archaiczne, napędza ewolucję gatunku. W takim przypadku symbioza może być indukowana przez przenoszenie symbiontów mikroflory i indukowaną ewolucję. Endosymbioza przez archaiki, jak również symbionty w jelitach mogą modulować genotyp, fenotyp, klasę społeczną i grupę rasową jednostki. Symbiotyczne archaiki mogą mieć transmisję poziomą i pionową. Endosymbiotyczny wzrost archeologiczny prowadzi do neandertalizacji gatunku. Neandertalizowany gatunek jest społeczeństwem matriliniowym i obejmuje Dravidian, Celtów, Basków i Berberów. Zahamowanie endosymbiotycznego wzrostu archeologicznego prowadzi do ewolucji gatunku homo sapiens. Obejmuje to Afrykańczyków, najeźdźców aryjskich w północnych Indiach oraz ludność europejską wywodzącą się z Aryjczyków. Symbioza za pośrednictwem ewolucji zależy od flory jelitowej i diety. Zostało to wykazane w drosophila pseudoobscura. Drosophila kojarzy się tylko z innymi osobami jedzącymi tę samą dietę. Kiedy mikroflora jelitowa drosophila zmienia się przez podawanie antybiotyków, łączą się one z innymi osobami odżywiającymi się różnymi dietami. Dieta spożywana przez drosofilę reguluje jej mikroflorę jelitową i nawyki godowe. Połączenie ludzkiego genomu i symbiotycznego mikrobiologicznego genomu nazywane jest hologenomem. Hologenom ten, a zwłaszcza jego symbiotyczny składnik mikrobiologiczny, napędza zarówno ewolucję człowieka, jak i zwierząt. Odległość ewolucyjna pomiędzy gatunkami os zależy od mikroflory jelitowej. Mikroflora jelitowa człowieka reguluje układ endokrynny, genetyczny i neuronalny. Ewolucja człowieka i naczelnych zależy od endosymbiotycznych archai i mikroflory jelitowej. Endosymbiotyczny rozwój archeologiczny determinuje różnice rasowe pomiędzy matriliniowymi społeczeństwami Harappan/Dravidian i patriarchalnym społeczeństwem aryjskim. Matrylicowe społeczeństwo Harappan/Dravidian było neandertalskie i zwiększyło endosymbiotyczny wzrost archeologiczny. Endosymbiotyczny wzrost i neandertalizacja mogą prowadzić do choroby autoimmunologicznej, zespołu metabolicznego X, neurodegeneracji, raka, autyzmu i schizofrenii. Neandertalska flora jelitowa i endosymbiotyczne archaiki zostały określone przez nie-wegetariańską dietę ketogenną o wysokiej zawartości tłuszczu i białka spożywaną przez nie w euroazjatyckich stepach. Homo sapiens w tym klasyczne plemiona aryjskie i afrykańskie zjadły dietę o wysokiej zawartości błonnika i miały niższy wzrost archeologiczny zarówno endosymbiotyczne i jelitowe. Spożycie błonnika pokarmowego determinuje różnorodność mikrobiologiczną jelit. Wysokie spożycie błonnika wiąże się ze zwiększonym wytwarzaniem krótkołańcuchowych kwasów tłuszczowych - kwasu masłowego przez florę jelitową. Maślan jest inhibitorem HDAC i prowadzi do zwiększonego wytwarzania i włączania endogennych sekwencji retrowirusowych. Wysokie spożycie błonnika pokarmowego związane ze zwiększonym spożyciem sekwencji HERV prowadzi do zwiększonej łączności synaptycznej i dominującej kory czołowej, jak widać u gatunków homo sapien. Gatunki neandertalczyków spożywają ketogenną, nie wegetariańską dietę o wysokiej zawartości tłuszczu i białka o niskiej zawartości błonnika pokarmowego. Prowadzi to do zmniejszenia generacji endogennych sekwencji HERV i zmniejszenia elastyczności genomowej u gatunków neandertalczyków. W ten sposób powstaje mniejsza kora mózgowa i dominująca kora mózgowa w mózgu neandertalczyka. Gatunki homo neandertalczyków, dzięki niskiemu spożyciu błonnika pokarmowego, głodują swoje mikrobiologiczne ja. Prowadzi to do zwiększonego wzrostu endosymbiotycznego i jelitowego. Błona śluzowa jelita rozrzedza się w miarę zjadania przez bakterie jelitowe błony śluzowej jelita. Powoduje to wyciek endotoksyny i artefaktów z jelita do krwi łamiącej barierę i wywołuje chroniczny immunostymulujący stan zapalny, który stanowi podstawę chorób autoimmunologicznych, zespołu metabolicznego, neurodegeneracji, zaburzeń onkogennych i psychicznych. Gatunki neandertalczyków odżywiają się dietą o niskiej zawartości błonnika i mają niedobór dostępnych dla mikrobioty węglowodanów, generujących krótkołańcuchowy kwas tłuszczowy. Niedobór maślanu wytwarzanego w jelitach z błonnika pokarmowego może powodować tłumienie przewlekłego procesu zapalnego. Neandertalczycy mają zespół niedoboru produktu ubocznego fermentacji. Indukcja gatunków neandertalczyków zależy od niskiego spożycia błonnika spowodowanego dużą gęstością endosymbiotyczną i mikroflory jelitowej. Gatunki homo sapiens spożywają dietę o wysokiej zawartości błonnika, generującą duże ilości krótkołańcuchowego maślanu kwasów tłuszczowych, który hamuje rozwój endosymbiotyczny i flory jelitowej. Ja mikrobiologiczne gatunku homo sapiens jest bardziej zróżnicowane niż u gatunków neandertalczyków, a gęstość populacji w archaikach jest mniejsza. Skutkuje to ochroną przed przewlekłym zapaleniem i indukcją chorób takich jak choroba autoimmunologiczna, zespół metaboliczny, neurodegeneracja, zaburzenia onkogenne i psychiczne. Gatunki homo sapien mają wyższe spożycie błonnika pokarmowego, które przyczynia się do około 40 g/dzień i zróżnicowaną mikrobiologiczną florę jelitową o mniejszej gęstości populacji archeologicznej. Maślan wytwarzany z błonnika wytwarza stan immunosupresyjny. W ten sposób symbiotyczna flora bakteryjna o mniejszej gęstości populacji archeologicznej wywołuje u gatunku homo sapien. Można to wykazać poprzez eksperymentalną indukcję ewolucji. Wysoka zawartość błonnika pokarmowego o wysokiej zawartości MCT, jak również antybiotyki pochodzące z wyższych roślin oraz transfer mikroflory kałowej z gatunków sapiens mogą hamować metabolizm i fenotyp neandertalczyków oraz indukować ewolucję homo sapiens. Dieta niskobłonnikowa o wysokiej zawartości tłuszczu i białka oraz transfer mikrobioty w kale z gatunków neandertalczyków może hamować metabolizm i fenotyp neandertalczyków oraz indukować ewolucję homo neanderthalis. Przenoszenie mikroflory jelita grubego z przewagą archai i modulacja endosymbiotycznych archai przez dietę paleo i antybiotyki z roślin wyższych może prowadzić do krzyżowania się gatunków ludzkich między homo neanderthalis i homo sapiens. Hologenom, zwłaszcza flora mikrobiologiczna, endosymbiotyk/jelito napędza ewolucję człowieka i zwierząt i może być eksperymentalnie indukowany. Symbiotyczna flora mikrobiologiczna napędza ewolucję. Każde zwierzę, każdy gatunek ludzki, różne społeczności, różne rasy i różne kasty mają swoją charakterystyczną endosymbiotyczną i jelitową mikroflorę, która może być przenoszona pionowo i poziomo. W ten sposób symbioza napędza ewolucję człowieka i zwierząt. Archaiki koloniczne i endosymbiotyczne oraz inne mikroorganizmy, takie jak klostridialne skupiska, determinują gatunek, rasę, kastę, społeczność i osobistą tożsamość jednostki. Tożsamość jednostki - osobista, wspólnotowa, kastowa, rasowa, narodowościowa i gatunkowa jest determinowana przez kolonialne i endosymbiotyczne skupiska archeologiczne i klostridialne. Dominująca symbioza archeologiczna wytwarza homo neanderthalis, a mniej widoczna symbioza archeologiczna i dominujące skupiska klostridialne w jelitach wytwarzają gatunek homo sapien. Każdy osobnik, rasa, narodowość, kasta, wyznanie i społeczność ma podpisy endosymbiotycznych i kolonialnych mikrobiotów. Ta koloniczna i endosymbiotyczna sygnatura mikrobioty jest przenoszona przez zmianę endosymbiotycznej i kolonicznej mikrobioty z jednej grupy na drugą. W ten sposób można wywołać ewolucję i tożsamość opartą na indywidualności, rasie, narodowości, kastie i wyznaniu.

Archaika aktynowców związana jest z patogenezą schizofrenii, nowotworów, zespołu metabolicznego X, choroby autoimmunologicznej i zwyrodnienia neuronów. Opisano zależną od aktynowców biosferę cienistych archaicznych i wiroidów w wyżej wymienionych stanach chorobowych. Do patologii wymienionych stanów chorobowych przyczynia się aktynowidowy fenotyp archaiczny i wiroidowy Warburga. W tych stanach chorobowych rozważano możliwość stosowania diety ketogennej o wysokiej zawartości trójglicerydów o średnim łańcuchu, wysokobłonnikowej i ketogennej na organizmach prymitywnych na bazie aktynowców, takich jak archaiki o szlaku mewalonatowym i katabolizmie cholesterolowym. [1-10] Badano również wpływ wegetariańskiej diety ketogennej modyfikowanej wysokobłonnikową dietą ketogenną o wysokim łańcuchu triglicerydowym na fenotyp Warburga. Dieta ketogeniczna o wysokiej zawartości triglicerydów o średnim łańcuchu i wysokiej zawartości błonnika ketogennego tworzy optymalne zagęszczenie endosymbiotyczne dla przeżycia i może być uważana za substrat eliksiru endosymbiotycznych archaicznych aktynowców.

Dieta ketogeniczna jest dietą wysokotłuszczową, wysokobiałkową, niskowęglowodanową, która w medycynie stosowana jest przede wszystkim w leczeniu trudnych do opanowania (opornych) padaczek u dzieci. Dieta naśladuje aspekty głodu, zmuszając organizm do spalania tłuszczów, a nie węglowodanów. Jeżeli jednak w diecie jest bardzo mało węglowodanów, to wątroba zamienia tłuszcz w kwasy tłuszczowe i ketony. Ciała ketonowe przechodzą do mózgu i zastępują glukozę jako źródło energii. Podwyższony poziom ciał ketonowych we krwi, stan znany jako ketoza, prowadzi do zmniejszenia częstotliwości występowania napadów padaczkowych. Ketogeniczna dieta powoduje w adaptacyjnych zmianach mózgowy energetyczny metabolizm który zwiększa energetyczną rezerwę; Ketonowi ciała są skutecznym paliwem niż glukoza, i liczba mitochondriów wzrasta. To może pomóc neurony, aby pozostać stabilne w obliczu zwiększonego zapotrzebowania na energię podczas napadu, i może nadać efekt neuroprotekcyjny. [10-15]

Błonnik pokarmowy i trójglicerydy średniołańcuchowe mają działanie antywirusowe i antybakteryjne. Dieta o niskiej zawartości węglowodanów generuje mniej glukozy dla organizmu i hamuje glikolizę. Błonnik pokarmowy generuje krótkołańcuchowe kwasy tłuszczowe - maślan i propionian, które mają działanie immunosupresyjne. Spadek zawartości cytokin ma hamujący wpływ na wytwarzanie fenotypu Warburga. [10-15] W pracy przedstawiono wyniki badań nad wpływem wegetariańskiej diety ketogenicznej o wysokiej zawartości błonnika i wysokiej zawartości MCT na archaiki aktynowe i fenotyp Warburga indukowany przez wiroidy.

## Materiały i metody

Badaniami objęto następujące grupy: - włóknienie śródmięśniowe, choroba Alzheimera, stwardnienie rozsiane, chłoniak nieziarniczy, zespół metaboliczny X z zakrzepicą naczyń mózgowych i chorobą wieńcową, schizofrenia, autyzm, zaburzenia napadowe, choroba Creutzfeldta Jakoba oraz zespół nabytego niedoboru odporności. W każdej grupie znajdowało się 10 pacjentów, a każdy z nich miał dopasowaną do wieku i płci zdrową kontrolę wybraną losowo z populacji ogólnej.

Krew została pobrana z tego: (1) w świeżo zdiagnozowanych przypadkach w stanie poszczenia przed rozpoczęciem leczenia oraz (2) po 15 dniach zmodyfikowanej diety wegetariańskiej o wysokiej zawartości błonnika, białka roślinnego i ketogenicznej diety wegetariańskiej o wysokiej zawartości MCT, składającej się ze 150 g sproszkowanego całego orzecha kokosowego, 100 g włókna łodygi banana, 100 g sproszkowanego czarnego grama, 100 g sproszkowanego zimowego melona gourda, 100 g dziennie pterygosperyny Moringa, 5 g Curcuma longa, 10 g Emblica officinalis, 10 g probiotycznych archaicznych aktynowców.

Próbki krwi pobierano w stanie poszczenia przed rozpoczęciem leczenia. Zastosowano osocze z krwi heparynizowanej na czczo, a protokół doświadczalny był następujący: - (I) osocze + sól fizjologiczna buforowana fosforanem, (II) taka sama jak substrat I+cholesterolowy, (III) taka sama jak II+rutyl 0,1 mg/ml i (IV) taka sama jak II+profloksacyna i doksycyklina, każda w stężeniu 1 mg/ml. Podłoże cholesterolowe zostało przygotowane w sposób opisany przez Richmond. [16] Alikwoty wycofywano w czasie zerowym bezpośrednio po zmieszaniu i po inkubacji w temperaturze 37 $^{oC}$ przez 1 godzinę. Przeprowadzono następujące oceny: - Cyklochrom F420, wolne RNA, wolne DNA, aktywność heksokinazy i aktywność oksydazy cholesterolowej archaicznej, mierzona uwalnianiem nadtlenku wodoru. [17-19] Cytokinazę F420 oceniano mącznikowo (długość fali wzbudzenia 420 nm i długość fali emisji 520 nm). Do badań uzyskano świadomą zgodę osób badanych oraz zgodę komisji etycznej. Analiza statystyczna została przeprowadzona przez ANOVA.

## Wyniki

W osoczu osób z grupy kontrolnej stwierdzono zwiększony poziom wyżej wymienionych parametrów po inkubacji przez 1 godzinę i dodaniu substratu cholesterolowego, co spowodowało dalszy znaczący wzrost tych parametrów. Osocze chorych wykazywało podobne wyniki, ale stopień wzrostu był większy. Dodatek antybiotyków do osocza kontrolnego powodował spadek wszystkich parametrów, natomiast dodatek rutylu zwiększał ich poziom. Dodatek antybiotyków do osocza pacjenta spowodował spadek wszystkich parametrów, podczas gdy dodatek rutylu zwiększył ich poziom, ale zakres zmian był większy w osoczu pacjenta w porównaniu z grupą kontrolną. Wyniki są wyrażone w tabelach 1-5 jako procentowa zmiana parametrów po 1 godzinie inkubacji w porównaniu do wartości w czasie zerowym. Pacjenci na zmodyfikowanej diecie ketogenicznej wykazali spadek wszystkich parametrów. Wegetariańskie diety ketogenne oparte na wysokobłonnikowych i wysokociśnieniowych trójglicerydach o średnim łańcuchu działają hamująco na wzrost archaicznych i wiroidów oraz na aktywność oksydazy cholesterolowej archaicznych. Wegetariańska dieta ketogeniczna o wysokiej zawartości błonnika i wysokiej zawartości MCT odwróciła fenotyp Warburga, co wskazuje na zmniejszenie aktywności heksokinazy.

**Tabela 1. Wpływ rutylu, antybiotyków i diety ketogenicznej na cytochrom F420**

| Grupa | CYT F420 % (Zwiększyć za pomocą Rutylu) | | CYT F420 % (Zmniejszyć za pomocą Doxy+Cipro) | | CYT F420 % (Spadek za pomocą diety ketogenicznej) | |
|---|---|---|---|---|---|---|
| | **Mean** | **± SD** | **Mean** | **± SD** | **Mean** | **± SD** |
| Normalny | 4.48 | 0.15 | 18.24 | 0.66 | 18.25 | 0.72 |
| Schizo | 23.24 | 2.01 | 58.72 | 7.08 | 59.49 | 4.30 |
| Zajęcie | 23.46 | 1.87 | 59.27 | 8.86 | 57.69 | 5.29 |
| AD | 23.12 | 2.00 | 56.90 | 6.94 | 60.91 | 7.59 |
| MS | 22.12 | 1.81 | 61.33 | 9.82 | 59.84 | 7.62 |
| NHL | 22.79 | 2.13 | 55.90 | 7.29 | 66.07 | 3.78 |
| DM | 22.59 | 1.86 | 57.05 | 8.45 | 65.77 | 5.27 |
| AIDS | 22.29 | 1.66 | 59.02 | 7.50 | 65.89 | 5.05 |
| CJD | 22.06 | 1.61 | 57.81 | 6.04 | 61.56 | 4.61 |
| Autyzm | 21.68 | 1.90 | 57.93 | 9.64 | 64.48 | 6.90 |
| EMF | 22.70 | 1.87 | 60.46 | 8.06 | 65.20 | 6.20 |
| Wartość F | 306.749 | | 130.054 | | 257.996 | |
| Wartość P | < 0.001 | | < 0.001 | | < 0.001 | |

**Tabela 2. Wpływ rutylu, antybiotyków i diety ketogenicznej na wolne RNA**

| Grupa | RNA % zmiana (Zwiększyć za pomocą Rutylu) | | RNA % zmiana (Zmniejszyć za pomocą Doxy+Cipro) | | RNA % zmiana (Spadek za pomocą diety ketogenicznej) | |
|---|---|---|---|---|---|---|
| | **Mean** | **± SD** | **Mean** | **± SD** | **Mean** | **± SD** |
| Normalny | 4.37 | 0.13 | 18.38 | 0.48 | 18.15 | 0.58 |
| Schizo | 23.59 | 1.83 | 65.69 | 3.94 | 57.04 | 4.27 |
| Zajęcie | 23.08 | 1.87 | 65.09 | 3.48 | 66.62 | 4.99 |
| AD | 23.29 | 1.92 | 65.39 | 3.95 | 62.86 | 6.28 |
| MS | 23.29 | 1.98 | 67.46 | 3.96 | 65.46 | 5.79 |
| NHL | 23.78 | 1.20 | 66.90 | 4.10 | 64.96 | 5.64 |
| DM | 23.33 | 1.86 | 66.46 | 3.65 | 64.51 | 5.93 |
| AIDS | 23.32 | 1.74 | 65.67 | 4.16 | 64.35 | 5.58 |
| CJD | 23.11 | 1.52 | 66.68 | 3.97 | 62.49 | 7.26 |
| Autyzm | 23.33 | 1.35 | 66.83 | 3.27 | 63.84 | 6.16 |
| EMF | 22.29 | 2.05 | 67.03 | 5.97 | 58.70 | 7.34 |
| Wartość F | 427.828 | | 654.453 | | 203.651 | |
| Wartość P | < 0.001 | | < 0.001 | | < 0.001 | |

**Tabela 3. Wpływ rutylu, antybiotyków i diety ketogenicznej na DNA**

| Grupa | DNA % zmiana (Zwiększyć za pomocą Rutylu) | | DNA % zmiana (Zmniejszyć za pomocą Doxy+Cipro) | | DNA % zmiana (Spadek za pomocą diety ketogenicznej) | |
|---|---|---|---|---|---|---|
| | **Mean** | **+ SD** | **Mean** | **+ SD** | **Mean** | **+ SD** |
| Normalny | 4.37 | 0.15 | 18.39 | 0.38 | 18.78 | 0.11 |
| Schizo | 23.28 | 1.70 | 61.41 | 3.36 | 67.39 | 3.13 |
| Zajęcie | 23.40 | 1.51 | 63.68 | 4.66 | 66.15 | 4.09 |
| AD | 23.52 | 1.65 | 64.15 | 4.60 | 66.21 | 3.69 |
| MS | 22.62 | 1.38 | 63.82 | 5.53 | 67.05 | 3.00 |
| NHL | 22.42 | 1.99 | 61.14 | 3.47 | 66.66 | 3.84 |
| DM | 23.01 | 1.67 | 65.35 | 3.56 | 66.25 | 3.69 |
| AIDS | 22.56 | 2.46 | 62.70 | 4.53 | 66.48 | 4.17 |
| CJD | 23.30 | 1.42 | 65.07 | 4.95 | 66.67 | 4.21 |
| Autyzm | 22.12 | 2.44 | 63.69 | 5.14 | 66.86 | 4.21 |
| EMF | 22.29 | 2.05 | 58.70 | 7.34 | 63.97 | 3.62 |
| Wartość F | 337.577 | | 356.621 | | 673.081 | |
| Wartość P | < 0.001 | | < 0.001 | | < 0.001 | |

**Tabela 4. Wpływ rutylu, antybiotyków i diety ketogenicznej na aktywność heksokinazy**

| Grupa | Heksokinaza zmiana % (Zwiększyć za pomocą Rutylu) | | Heksokinaza zmiana % (Zmniejszyć za pomocą Doxy+Cipro) | | Heksokinaza zmiana % (Spadek za pomocą diety ketogenicznej) | |
|---|---|---|---|---|---|---|
| | **Mean** | **+ SD** | **Mean** | **+ SD** | **Mean** | **+ SD** |
| Normalny | 4.21 | 0.16 | 18.56 | 0.76 | 18.43 | 0.82 |
| Schizo | 23.01 | 2.61 | 65.87 | 5.27 | 61.23 | 9.73 |
| Zajęcie | 23.33 | 1.79 | 62.50 | 5.56 | 62.76 | 8.52 |
| AD | 22.96 | 2.12 | 65.11 | 5.91 | 56.40 | 8.59 |
| MS | 22.81 | 1.91 | 63.47 | 5.81 | 60.28 | 9.22 |
| NHL | 22.53 | 2.41 | 64.29 | 5.44 | 58.57 | 7.47 |
| DM | 23.23 | 1.88 | 65.11 | 5.14 | 58.75 | 8.12 |
| AIDS | 21.11 | 2.25 | 64.20 | 5.38 | 58.73 | 8.10 |
| CJD | 22.47 | 2.17 | 65.97 | 4.62 | 63.90 | 7.13 |
| Autyzm | 22.88 | 1.87 | 65.45 | 5.08 | 58.45 | 6.66 |
| EMF | 21.66 | 1.94 | 67.03 | 5.97 | 62.37 | 5.05 |
| Wartość F | 292.065 | | 317.966 | | 115.242 | |
| Wartość P | < 0.001 | | < 0.001 | | < 0.001 | |

**Tabela 5. Wpływ rutylu, antybiotyków i diety ketogenicznej na aktywność oksydazy cholesterolowej**

| Grupa | Aktywność oksydazy cholesterolowej %. (Zwiększyć za pomocą Rutylu) | | Aktywność oksydazy cholesterolowej %. (Zmniejszyć za pomocą Doxy+Cipro) | | Aktywność oksydazy cholesterolowej %. (Spadek za pomocą diety ketogenicznej) | |
|---|---|---|---|---|---|---|
| | **Mean** | **± SD** | **Mean** | **± SD** | **Mean** | **± SD** |
| Normalny | 4.43 | 0.19 | 18.13 | 0.63 | 18.48 | 0.39 |
| Schizo | 22.50 | 1.66 | 60.21 | 7.42 | 66.39 | 4.20 |
| Zajęcie | 23.81 | 1.19 | 61.08 | 7.38 | 67.23 | 3.45 |
| AD | 22.65 | 2.48 | 60.19 | 6.98 | 66.50 | 3.58 |
| MS | 21.14 | 1.20 | 60.53 | 4.70 | 67.10 | 3.82 |
| NHL | 23.35 | 1.76 | 59.17 | 3.33 | 66.80 | 3.43 |
| DM | 23.27 | 1.53 | 58.91 | 6.09 | 66.31 | 3.68 |
| AIDS | 23.32 | 1.71 | 63.15 | 7.62 | 66.32 | 3.63 |
| CJD | 22.86 | 1.91 | 63.66 | 6.88 | 68.53 | 2.65 |
| Autyzm | 23.52 | 1.49 | 63.24 | 7.36 | 66.65 | 4.26 |
| EMF | 23.29 | 1.67 | 60.52 | 5.38 | 61.91 | 7.56 |
| Wartość F | 380.721 | | 171.228 | | 556.411 | |
| Wartość P | < 0.001 | | < 0.001 | | < 0.001 | |

## Dyskusja

Endosymbiotyczne archaiki aktynowców stanowią podstawę życia i mogą być uważane za trzeci element w komórce. Reguluje on komórkę, układ nerwowo-immunologiczno-endokrynny i świadomość/nieświadomość mózgu. Endosymbiotyczne aktynoidalne archaiki mogą być nazywane eliksirem życia. Dla istnienia i przetrwania życia niezbędna jest określona populacja endosymbiotycznych archaicznych archaicznych aktówynidów. Większa gęstość endosymbiotycznej archaicznej populacji aktynowców może prowadzić do choroby człowieka. Tak więc aktynoidalne archaiki są ważne dla przetrwania ludzkiego życia i mogą być uważane za kluczowe dla niego.

Nastąpił wzrost cytochromu F420 wskazujący na wzrost archeologiczny. Archaiowie mogą syntezować i wykorzystywać cholesterol jako źródło węgla i energii, co wskazuje na aktywność oksydazy cholesterolowej. [20-22] Archaiczne pochodzenie aktywności enzymu zostało wskazane przez antybiotykową supresję. Badanie wskazuje na obecność w układzie archaiki opartej na aktynowcach z alternatywnymi enzymami opartymi na aktynowcach lub metalloenzymach, na co wskazuje wzrost aktywności enzymu spowodowany rutylem. [20-22] Aktywność oksydazy cholesterolowej w archaealach została zwiększona, co doprowadziło do wytworzenia nadtlenku wodoru. [20-22] Archeologiczna aktywność heksokinazy glikolowej została zwiększona. Archaiki mogą ulegać mineralizacji magnetytu i węglanu wapnia oraz występować jako zwapnione nanoformy. [17] Tam był wzrost w wolnym RNA wskazujący na autoreplikację RNA wiroidy i wolny DNA wskazujący generację wiroidów uzupełniającego DNA pasma przez archealitycznej odwrotnej transkryptazy aktywność. Wysoki poziom błonnika i wysokowartościowa wegetariańska dieta ketogeniczna modyfikowana MCT może blokować namnażanie archetypowe i wiroidowe. Błonnik i MCT mają działanie antyarchaiczne i antywiroidalne. [11-15] Dieta ketogeniczna o wysokiej zawartości błonnika i wysokiej zawartości MCT utrzymuje gęstość populacji endosymbiotyków na optymalnym poziomie zapewniającym zdrowe przeżycie.

Archaea może indukować gospodarza AKT PI3K, AMPK, HIF alpha i NFKB wytwarzając fenotyp metaboliczny Warburga. [10] Zwiększona aktywność heksokinazy glikolowej wskazuje na wytwarzanie fenotypu Warburga. Wysoki poziom błonnika i wysoka zawartość zmodyfikowanej ketogenicznej diety wegetariańskiej MCT może hamować aktywność heksokinazy i glikolizy oraz odwrócić fenotyp Warburga. Generacja fenotypu Warburga wynika z aktywacji HIF alfa. Stymuluje to glikolizę beztlenową, hamuje dehydrogenazę pirogronianową, hamuje fosforylację oksydacyjną mitochondriów, stymuluje heme-tlenazę, stymuluje VEGF i aktywuje syntazę tlenku azotu. Dieta o niskiej zawartości węglowodanów generuje mniej glukozy i hamuje szlak glikolityczny. Odwraca to fenotyp Warburga. Wysokie spożycie błonnika generuje krótkołańcuchowe kwasy tłuszczowe - maślan i propionian. Krótkołańcuchowe kwasy tłuszczowe wiążą się z receptorami limfocytów GPCR i są immunosupresyjne. Zmniejszenie wytwarzania cytokin hamuje fenotyp Warburga. Przeciwskrobinkowe i przeciwwirusowe działanie MCT i błonnika pokarmowego również hamuje powstawanie fenotypu Warburga. [11-15]

Fenotyp Warburga generuje złośliwy, autoimmunologiczny, neurodegeneracyjny, zespół metaboliczny X i patologie schizofreniczne. Fenotyp Warburga może prowadzić do zwiększonej proliferacji komórek i transformacji złośliwej. Heksokinaza porowa mitochondrialnego PT jest zwiększona i prowadzi do proliferacji komórek. Następuje indukcja glikolizy, hamowanie aktywności PDH i dysfunkcja mitochondriów, co prowadzi do niewydolności energetycznej i zespołu metabolicznego. Cytokiny generowane przez archaiki i wiroidy mogą prowadzić do indukowanej przez TNF alfa insulinooporności i zespołu metabolicznego X. Wzrost glikolizy może aktywować dehydrogenazę 3-fosforanową gliceraldehydu, która po poliadenylacji zostaje przeniesiona do jądra. Enzym PARP jest aktywowany przez glikolizę pod wpływem stresu redox. Może to prowadzić do śmierci komórki jądrowej i degeneracji neuronów. Wzrost aktywności enzymu glikolizującego fruktozy 1,6-difosfatazy powoduje wzrost szlaku fosforanu pentozy. To generuje NADPH, który aktywuje NOX. Aktywacja NOX jest związana z aktywacją NMDA i pobudzającą toksycznością glutaminianu. Prowadzi to do degeneracji neuronów. [10]

Wzrost glikolizy aktywuje enzym fruktozy 1,6-difosfatazy, który aktywuje szlak fosforanu pentozowego uwalniającego NADPH. Zwiększa to aktywność NOX generującą stres wywołany wolnymi rodnikami i H2O2. Stres wywołany wolnymi rodnikami jest związany z insulinoopornością i zespołem metabolicznym X. Wolne rodniki mogą aktywować NFKB wytwarzając aktywację immunologiczną i chorobę autoimmunologiczną. Wolne rodniki mogą otwierać mitochondrialne pory PT, produkować uwalnianie cyto C i aktywować kaskadę kaspazową. Powoduje to śmierć komórek i degenerację neuronów. Wolne rodniki mogą aktywować receptor NMDA i indukować enzym GAD generujący GABA. Aktywuje to szlak wzgórzowo-korowo-okostnowy NMDA/GABA pośredniczący w świadomej percepcji. Zwiększone wytwarzanie wolnych rodników może również inicjować schizofrenię. Wolne rodniki mogą również powodować aktywację onkogenną i złośliwe przemiany. Wolne rodniki mogą wytwarzać hamowanie HDAC i generację HERV. Enkapsulacja cząsteczek HERV w pęcherzykach fosfolipidów może pośredniczyć w generowaniu zespołu nabytego niedoboru odporności. Wolne rodniki mogą również sprzyjać aterogenezie. [10]

Limfocyty są uzależnione od glikolizy w zakresie potrzeb energetycznych. Wzrost glikolizy dzięki indukcji fenotypu Warburga może prowadzić do aktywacji immunologicznej. Aktywacja immunologiczna może prowadzić do choroby autoimmunologicznej. TNF alfa może aktywować receptor NMDA, prowadząc do pobudzenia glutaminianów i degeneracji neuronów. TNF alfa aktywujący receptor NMDA może przyczynić się do rozwoju schizofrenii. TNF alfa może indukować ekspresję cząstek HERV przyczyniając się do powstania zespołu nabytego niedoboru odporności. Aktywacja immunologiczna związana jest również z transformacją złośliwą za pośrednictwem NFKB. TNF alfa może również oddziaływać na receptor insulinowy wytwarzający insulinooporność. Aktywacja NOX wynikająca z generacji fenotypu Warburga aktywuje również receptor insulinowy. Istnieje więc stan hiperinsulinemiczny prowadzący do wystąpienia zespołu metabolicznego X. [10]

Tak więc indukcja fenotypu Warburga może prowadzić do złośliwości, choroby autoimmunologicznej, zespołu metabolicznego X, choroby neuropsychiatrycznej i zwyrodnienia neuronów. Fenotyp Warburga prowadzi do zahamowania dehydrogenazy pirogronianowej i akumulacji pirogronianu. Nagromadzony pirogronian wchodzi w drogę bocznikową GABA i jest przekształcany w cytrynian, który jest aktywowany przez lizę cytrynianową i przekształcany w acetyl CoA, wykorzystywany do syntezy cholesterolu. Pirogronian może być przekształcony w glutaminian i amoniak, który jest utleniany przez archaiki dla potrzeb energetycznych. Podwyższony poziom cholesterolu w podłożu prowadzi do zwiększonego wzrostu archeologicznego i dalszej indukcji fenotypu Warburga. [10]

Dieta ketogeniczna to normalna dieta prymitywnych myśliwych i zbieraczy. Oparta jest na diecie o niskiej zawartości węglowodanów, wysokiej zawartości tłuszczów nasyconych i białka. W niniejszych badaniach zastosowano zmodyfikowaną dietę ketogeniczną. W jej skład wchodziły triglicerydy o wysokim średnim łańcuchu z oleju kokosowego, błonnik z łodygi banana, białko o wysokiej zawartości czarnego grama oraz polisacharyd o niskiej zawartości czarnego grama jako źródło węglowodanów. Była to zmodyfikowana wegetariańska dieta ketogeniczna o wysokiej zawartości MCT i błonnika. Dieta ta ma działanie przeciwwirusowe i antymateriałowe i może odwrócić fenotyp Warburga, który jest podstawą różnych chorób nowotworowych, autoimmunologicznych, neurodegeneracyjnych, zespołu metabolicznego X i patologii schizofrenicznych. [11-15] Dieta ketogeniczna o wysokiej zawartości błonnika pokarmowego MCT utrzymuje gęstość populacji endosymbiotyków na optymalnym poziomie zapewniającym zdrowe przeżycie. Endosymbiotyczne archaiki aktynowców tworzą eliksir życia, a wysokobłonnikowa dieta ketogeniczna MCT o wysokiej zawartości błonnika stanowi podłoże dla optymalnej gęstości populacji endosymbiotycznej, niezbędnej dla zdrowia i przeżycia człowieka.

**Holobiont i hologenom - rola nutribiontów**

Homo neandertalczyk i archeologiczny symbiont razem tworzą holobiont i tworzą jednostkę selekcji w ewolucji. Homo neandertalczyk-żywiciel i archeologiczny genom tworzą razem hologenom. Wymagania stawiane przez archaiki dla ewolucji homo neandertalczyka wskazują, że dla rozwoju fenotypu neandertalczyka archaiki pełnią rolę nutribiontu. Żywiciel homo sapien i mirobiota jelitowa wyewoluowały na diecie o wysokiej zawartości błonnika pokarmowego nazywane są podobnie holobiontem, a genom homo sapien i genom mikrobioty jelitowej wyewoluowany na diecie o wysokiej zawartości błonnika pokarmowego nazywany jest hologenomem. Mikrobiota kałowa z obu gatunków działa jak nutribiont. W ewolucji symbiotycznej zmieniający symbiont zmienia gospodarza. Jest to widoczne w przypadku C. elegans, gdzie dieta wolna od mikroorganizmów powoduje opóźnienie rozwoju, niepłodność i skrócenie życia. Symbiont zmienia transkryptom, metabolonom, długość życia żywiciela. Płodność żywiciela jest również zmieniana przez pasożyty pierwotniakowe w jelitach, na co wskazuje symbiont Ascaris lumbricoides. Ascaris lumbricoides wytwarzają immunosupresję i ucieczkę immunologiczną zwiększając szansę zajścia w ciążę oraz zwiększają płodność i wzrost liczby dzieci żywiciela. Toksoplazma symbiontów może modulować zachowanie mózgu poprzez wytwarzanie impulsywnych, ryzykownych cech behawioralnych. W ten sposób hologenom określa gatunek. Archaea endosymbiotyczne indukowane przez przyjmowanie wysokotłuszczowej diety wysokobiałkowej nie wegetariańskiej definiuje homo neanderthalis. Mikrobiota jelitowa powstała w wyniku stosowania diety o wysokiej zawartości błonnika pokarmowego określa gatunek homo sapien.

**Referencje**


1 Hanold D., Randies, J.W. (1991). Coconut cadang-cadang disease and its viroid agent, *Plant Disease,* 75, 330-335.

2 Valiathan M.S., Somers, K., Kartha, C.C. (1993). *Endomyocardial Fibrosis.* Delhi: Oxford University Press.

3 Edwin B.T., Mohankumaran, C. (2007). Kerala wilczyca phytoplasma: Phylogenetic analysis and identification of a vector, *Proutista moesta, Physiological and Molecular Plant Pathology,* 71(1-3), 41-47.

4 Kurup R., Kurup, P.A. (2009). *Hypothalamic Digoxin, Cerebral Dominance and Brain Function in Health and Diseases.* Nowy Jork: Nova Science Publishers.

5 Eckburg P.B., Lepp, P.W., Relman, D.A. (2003). Archaea and their potential role in human disease, *Infect Immun,* 71, 591-596.

6 Smit A., Mushegian, A. (2000). Biosynteza izoprenoidów poprzez mewalonian w Archaea: the lost pathway, *Genome Res,* 10(10), 1468-84.

7 Adam Z. (2007). Actinides and Life's Origins, *Astrobiology,* 7, 6-10.

8 Schoner W. (2002). Endogenous cardiac glycosides, a new class of steroid hormones, *Eur J Biochem,* 269, 2440-2448.

9 Davies P.C.W., Benner, S.A., Cleland, C.E., Lineweaver, C.H., McKay, C.P., Wolfe-Simon, F. (2009). Podpisy Shadow Biosphere, *Astrobiology,* 10, 241-249.

10 Wallace D.C. (2005). Mitochondria i rak: Warburg Addressed, *Cold Spring Harbor Symposia on Quantitative Biology,* 70, 363-374.

11 Liu, Y.M. (2008). Medium-chain triglyceride (MCT) ketogenic therapy. *Epilepsja,* 49 S(8), 33-6.

12 Gasior, M., Rogawski, M.A., Hartman, A.L. (2006). Neuroprotekcyjne i modyfikujące chorobę skutki diety ketogenicznej. *Behav Pharmacol,* 17(5-6), 431-9.

13 Maalouf, M., Rho, J.M., Mattson, M.P. (2009). The neuroprotective properties of calorie restriction, the ketogenic diet, and ketone bodies. *Brain Res Rev,* 59(2), 293-315.

14 Barbary, O.M., El-Sohaimy, S.A., El-Saadani, M.A., Zeitoun, A.M.A. (2010). Aktywność antyoksydacyjna, przeciwdrobnoustrojowa i anty-HCV lignanu pozyskiwanego z nasion lnu. *Research Journal of Agriculture and Biological Sciences,* 6(3), 247-256.

15 Lieberman, S., Enig, M.G., Preuss, H.G. (2006). A review of monolaurin and lauric acid. Naturalne czynniki wirusobójcze i bakteriobójcze. *Terapia alternatywna i uzupełniająca.* 1, 310-314

16 Richmond W. (1973). Preparation and properties of a cholesterol oxidase from nocardia species and its application to the enzymatic assay of total cholesterol in serum, *Clin Chem,* 19, 1350-1356.

17 Snell E.D., Snell, C.T. (1961). *Colorimetric Methods of Analysis.* Vol. 3A. Nowy Jork: Van NoStrand.

18 Glick D. (1971). *Metody analizy biochemicznej.* Vol. 5. Nowy Jork: Interscience Publishers.

19 Colowick, Kaplan, N.O. (1955). *Metody w enzymologii.* Tom 2. Nowy Jork: Prasa akademicka.

20 Van der Geize R., Yam, K., Heuser, T., Wilbrink, M.H., Hara, H., Anderton, M.C. (2007). A gene cluster encoding cholesterol catabolism in a soil actinomycete provides insight into Mycobacterium tuberculosis survival in macrophages, *Proc Natl Acad Sci USA,* 104(6), 1947-52.

21 Francis A.J. (1998). Biotransformacja uranu i innych aktynowców w odpadach radioaktywnych, *Journal of Alloys and Compounds,* 271(273), 78-84.

22 Probian C., Wülfing, A., Harder, J. (2003). Anaerobic mineralization of quaternary carbon atoms: Isolation of denitrifying bacteria on pivalic acid (2,2-Dimethylpropionic acid), *Applied and Environmental Microbiology,* 69(3), 1866-1870.

## ROZDZIAŁ 20

## DYSAUTONOMIA METABOLICZNA - ZWIĄZANY Z GLOBALNYM OCIEPLENIEM TROPIKALNYM NIEDOBÓR SELENU I POJAWIAJĄCE SIĘ PANDEMIE WIRUSOWE

### Wprowadzenie

Badania z naszego laboratorium wykazały, że globalne ocieplenie i niski poziom zanieczyszczenia EMF powoduje wzrost endosymbiotycznego wzrostu archeologicznego. Archaiki mogą wytwarzać metanogenezę z wodoru i dwutlenku węgla, jak również z octanu. Metanogeneza ludzkiego ciała może spowodować większe globalne ocieplenie. Metan ma krótkotrwałe działanie, ale jego potencjał globalnego ocieplenia jest 29 razy większy niż dwutlenku węgla. Tak więc ludzki endosymbiotyczny zarastanie archeologiczne jest główną przyczyną globalnego ocieplenia. Globalne ocieplenie jest początkowo wywoływane przez dwutlenek węgla i zanieczyszczenia EMF wytwarzane przez homo sapien industrializacji. Jest ono przenoszone przez ludzkie endosymbiotyczne zarastanie i metanogenezę. Archaiki mogą powodować konwersję komórek macierzystych i neandertalizację gatunku ludzkiego. Archaea katabolizuje cholesterol generując digoksynę, która może modulować edycję RNA i niedobór magnezu, co powoduje hamowanie odwrotnej transkryptazy. Archaiczny katabolizm cholesterolu może zubożyć tratwy błonowe komórki CD4 cholesterolu, uniemożliwiając przedostanie się retrowirusa do komórki. Archaea mogą wytwarzać trwałą aktywację immunologiczną wytwarzając odporność na infekcje wirusowe i bakteryjne. Archealny katabolizm cholesterolu wyczerpuje cholesterol tkankowy produkując niedobór witaminy D i aktywację immunologiczną. W ten sposób archeologiczne zarastanie skutkuje opornością wsteczną i wytwarzaniem fenotypu neandertalskiego. Endosymbiotyczne archaiki mogą wydzielać wirusy takie jak RNA i cząsteczki DNA. Endosymbiotyczne archaiki mogą indukować uwalnianie białek hamujących oksydacyjną fosforylację mitochondrialną i generować ROS. Endosymbiotyczny archaiczny magnetyt może generować niski poziom EMF. Niski poziom EMF i ROS są genotoksyczne i wytwarzają pęknięcia w gorących punktach chromosomu. Może również wywoływać pęknięcia w gorących punktach chromosomu zamieszkiwanych przez retro-wirusowe i nieretrowirusowe elementy wytwarzające ich ekspresję. Wydzielane przez archeologów wiroidy DNA i RNA mogą rekombinować się z wyrażonymi retro-wirusowymi, nieretrowirusowymi elementami i innymi segmentami genomowymi ludzkiego chromosomu wytwarzającymi nowe wirusy RNA i DNA. W ten sposób neandertalizowani ludzie mogą służyć jako źródło nowych wirusów RNA i

DNA, jak również zmutowanych retrowirusów. Endosymbiotyczne archaiki przekształcają komórki neandertalczyków w komórki macierzyste. Komórki macierzyste są odporne na atak immunologiczny. Komórki macierzyste mogą służyć jako rezerwuar dla tych nowych wirusów RNA i DNA. Komórki macierzyste i archaiczne mogą również służyć jako rezerwuar dla wirusów i bakterii należących do innych roślin i zwierząt. To pomaga generować gatunkową barierę skok w zauważalny w niedawnych pojawiających się infekcjach wirusowych i bakteryjnych. Tak więc endosymbiotyczny wzrost archeologiczny produkuje neandertalizowaną wersję homo sapiens, które są retroviralne i odporne na inne infekcje wirusowe i bakteryjne wynikające z aktywacji immunologicznej i edycji RNA wywołanej digoksyną. Endosymbiotyczna, archeologiczna wersja homo sapiens z przerostem neandertalicznym generuje nowe zmutowane wirusy RNA i DNA oraz retrowirusy, będąc jednocześnie na nie odporną, jak w przypadku gatunku nietoperza. Homo sapiens nie posiadają neandertalskich mechanizmów aktywacji immunologicznej, ponieważ ich ładunek archeologiczny jest niewielki. Służą jako pasza dla infekcji wywołanych przez neandertalskie wirusy i bakterie i cierpią na ewentualne wyginięcie. [1-17] W niniejszej pracy badano status archeologiczny u pacjentów z nawracającymi infekcjami wirusowymi i zakażeniami retrowirusowymi. Badano również generację wiroidów RNA i DNA z archaiki.

## Materiały i metody

Próbki krwi pobierano z normalnej populacji, fenotypu neandertalskiego, zakażenia retrowirusowego i nawracających infekcji wirusowych. W każdej grupie znajdowało się 10 pacjentów, a każdy z nich miał dopasowaną do wieku i płci zdrową kontrolę wybraną losowo z populacji ogólnej. Próbki krwi pobierano w stanie spoczynku przed rozpoczęciem leczenia. Zastosowano osocze z krwi heparynizowanej na czczo, a protokół doświadczalny był następujący: - (I) osocze+fosforan buforowany solą fizjologiczną, (II) taki sam jak substrat I+cholesterolowy, (III) taki sam jak II+cerium 0,1 mg/ml, oraz (IV) taki sam jak II+profloksacyna i doksycyklina, każda w stężeniu 1 mg/ml. Podłoże cholesterolowe zostało przygotowane w sposób opisany przez Richmond. Pozostałości wycofywano w czasie zerowym bezpośrednio po zmieszaniu i po inkubacji w temperaturze 37 $^{oC}$ przez 1 godzinę. Przeprowadzono następujące oznaczenia: - cytochrom F420, wolne RNA i wolne DNA. Cytochrom F420 oceniano mącznikowo (długość fali wzbudzenia 420 nm i długość fali emisji 520 nm).

## Wyniki

Osocze o fenotypie neandertalskim wykazywało zwiększony poziom wyżej wymienionych parametrów po inkubacji przez 1 godzinę i dodaniu substratu cholesterolowego powodowało dalszy znaczący wzrost tych parametrów. Osocze chorych retrowirusowych i tych z nawracającymi infekcjami wirusowymi wykazywało podobne wyniki, ale stopień wzrostu był nieistotny. Dodatek antybiotyków do osocza kontrolnego powodował spadek wszystkich parametrów, natomiast dodatek ceru zwiększał ich poziom. Dodatek antybiotyków do osocza pacjenta powodował spadek wszystkich parametrów, podczas gdy dodatek ceru zwiększał ich poziom, ale zakres zmian był większy w surowicach o fenotypie neandertalskim w porównaniu z pacjentami z infekcją wsteczną i nawracającymi zakażeniami wirusowymi. Wyniki są wyrażone w tabelach 1-2 jako procentowa zmiana parametrów po 1 godzinie inkubacji w porównaniu z wartościami w czasie zerowym.

**Tabela 1. Wpływ ceru i antybiotyków na cytochrom F420**

| **Grupa** | **CYT F420 %** (Zwiększyć za pomocą Ceru) | | **CYT F420 %** (Zmniejszyć za pomocą Doxy+Cipro) | |
|---|---|---|---|---|
| | **Mean** | **± SD** | **Mean** | **± SD** |
| Retrowirusowe i częste infekcje wirusowe | 4.48 | 0.15 | 18.24 | 0.66 |
| Fenotyp neandertalczyka | 23.46 | 1.87 | 59.27 | 8.86 |
| Wartość F | 306.749 | | 130.054 | |
| Wartość P | < 0.001 | | < 0.001 | |

**Tabela 2. Wpływ ceru i antybiotyków na wolne RNA i DNA**

| **Grupa** | **DNA % zmiana** (Zwiększyć za pomocą Ceru) | | **DNA % zmiana** (Zmniejszyć za pomocą Doxy+Cipro) | | **RNA % zmiana** (Zwiększyć za pomocą Ceru) | | **RNA % zmiana** (Zmniejszyć za pomocą Doxy+Cipro) | |
|---|---|---|---|---|---|---|---|---|
| | **Mean** | **± SD** | **Mean** | **± SD** | **Mean** | **± SD** | **Mean** | **± SD** |
| Retrowirusowe i częste infekcje wirusowe | 4.37 | 0.15 | 18.39 | 0.38 | 4.37 | 0.13 | 18.38 | 0.48 |
| Fenotyp neandertalczyka | 23.40 | 1.51 | 63.68 | 4.66 | 23.08 | 1.87 | 65.09 | 3.48 |
| Wartość F | 337.577 | | 356.621 | | 427.828 | | 654.453 | |
| Wartość P | < 0.001 | | < 0.001 | | < 0.001 | | < 0.001 | |

**Dyskusja**

W wyniku symbiozy archeologicznej dochodzi do katabolizmu cholesterolowego i syntezy digoksyny. Digoksyna ma działanie podobne do APOBEC, co powoduje edycję RNA. Mutuje ona wirusa HIV, hamując jego replikację. Digoksyna jest błonowym inhibitorem ATPazy potasowo-sodowej. Wytwarza wewnątrzkomórkowo niedobór magnezu. Magnez może hamować aktywność odwrotnej transkryptazy, hamując replikację wirusa HIV. Archaiki endosymbiotyczne mogą indukować syntezę porfiryn. Porfiryna może łączyć się z inaktywującym ją wirusem HIV. Endosymbiotyczne archaiki wytwarzają katabolizm cholesterolowy i wykorzystują cholesterol jako źródło energii. Powoduje to modulację tratw błonowych receptora CD4, co skutkuje opornością retrowirusową. Archaiczny katabolizm cholesterolowy powoduje zubożenie cholesterolu i niedobór witaminy D. To powoduje aktywację immunologiczną. Endosymbiotyczny wzrost archeologiczny jako taki wytwarza trwałą aktywację immunologiczną skutkującą odpornością na infekcje wirusowe. Zostało to wykazane u bakterii takich jak Mycobacterium leprae. Geny odpornościowe są zawsze włączone na hamowanie retrowirusowego i innego rodzaju replikacji wirusowej. W wyniku endosymbiotycznego wzrostu archeologicznego następuje zwrot w kierunku rozprzęgania się białek przenoszących ludzkie komórki somatyczne do fenotypu Warburga i typu komórek macierzystych. Komórki macierzyste posiadają energię uzyskaną z glikolizy, a nie z fosforylacji oksydacyjnej mitochondriów. Komórki macierzyste są odporne na zakażenie retrowirusowe i inne zakażenia wirusowe. Tak więc endosymbiotyczny wzrost archeologiczny może hamować replikację HIV i wytwarzać odporność na HIV. [1-17]

Endosymbiotyczny wzrost archeologiczny powoduje neandertalizację gatunku ludzkiego. Homo neandertalis może służyć jako rezerwuar dla infekcji wirusowych, będąc jednocześnie na nią odpornym. Homo neanderthalis posiada fenotyp komórek macierzystych, które mogą służyć jako rezerwuar dla infekcji bakteryjnych i wirusowych. Zostało to wykazane w przypadku mycobacterium tuberculosis, która indukuje transformację komórek macierzystych i przeżywa w obrębie komórki macierzystej odpornej na atak immunologiczny. Ten mechanizm ochronny nie jest dostępny dla gatunków homo sapien i mają one tendencję do ulegania infekcjom wirusowym wynikającym z rezerwuaru homo neanderthalis. [1-17]

Homo neandertalis indukuje indukcję rozprzęgania białek wytwarzających mitochondrialne inhibitory fosforylacji oksydacyjnej i dominującą energię glikolityczną. Powoduje to konwersję do fenotypu komórek macierzystych. Wysoka szybkość metabolizmu powoduje reakcję gorączkową, która włącza układ odpornościowy powodując trwałą aktywację immunologiczną. Wysokie temperatury uszkadzają również komórkę, tworząc system wysokowydajnej naprawy DNA. Skutkuje to trwałą odpornością na infekcje wirusowe w wyniku ciągłej aktywacji immunologicznej oraz wysokowydajną naprawą DNA. Zwiększony wzrost archeologiczny w homo neandertalis powoduje rozprzężenie białek i konwersję komórek macierzystych, co czyni go również odpornym na infekcje wirusowe. To produkuje system rezerwuaru wirusowego w homo neanderthalis jak nietoperze, który służy jako rezerwuar dla wirusa wścieklizny, wirusa ebola i wirusa SARS. Nietoperze mają również archeologiczne endosymbionty. Archeologiczne endosymbionty zostały zademonstrowane na stosie guano nietoperzy. [1-17]

Archeologiczny magnetyt wytwarza podwyższony poziom niskoenergetycznych pól elektromagnetycznych w homo neandertalis, powodując niestabilność genomową. Ludzki genom zawiera sekwencje wirusowe, takie jak wirus ebola, wirus retro i wirus borna. Dzięki archealnemu magnetytowi indukującemu niski poziom EMF, który jest pośrednikiem niestabilności genomowej, elementy wirusowe w ludzkim genomie ulegają ekspresji. Archealny magnetyt indukowany przez EMF niskiego poziomu, jak również archaika sama wytwarzają trwałą, ciągłą aktywację immunologiczną, co zapewnia ochronę przed infekcjami wirusowymi. W ten sposób w homo neandertalis dochodzi do ekspresji elementów wirusowych w genomie funkcjonujących jako pasożyty genomowe, a homo neandertalis służy jako rezerwuar wirusów podobnych do tych występujących u nietoperzy, które są również częścią królestwa naczelnych. Archaika w homo neanderthalis wydziela wiroidy DNA i RNA, które mogą się samodzielnie replikować na szablonach porfirynowych. Wirusopodobne cząsteczki i pozakomórkowe DNA są produkowane przez hipertermofilne archaiki - termokokale. Wiroidy RNA można uzyskać konwersji do DNA przez HERV odwrotnej transkryptazy i uzyskać zintegrowane z genomu neandertalskiego przez integrase. Wiroidy DNA wydzielane przez archaiki mogą również zostać zintegrowane z ludzkim genomem przez integrase. W ten sposób archeologiczne RNA i wiroidy DNA, które są bardzo zróżnicowane, stają się zintegrowane z ludzkim genomem przez integrase i HERV odwrotnej transkryptazy. [1-17]

Niestabilność genomowa genomu neandertalskiego wynikająca z niskiego poziomu EMF generowanego przez archeologiczny magnetyt, jak również archeologiczne porfiryny interkalujące z ludzkim DNA mogą powodować ekspresję elementów wirusowych ludzkiego genomu. Poliribonukleotydy RNA z sekwencji chromosomu 22q11.2 ALU zostały wykazane w surowicy pacjentów z zespołem wojny w Zatoce Perskiej i szpiczakiem mnogim. Ekspozycja na substancje genotoksyczne i niski poziom EMF powoduje aktywację retrotransposonowych elementów ALU, co prowadzi do powstania unikalnych segmentów RNA w surowicy. Poliribonukleotydy RNA mają pokrywę proteolipidową, która jest odporna na trawienie przez enzymy. Białko skokowe wirusa SARS wyraża się w wyniku skomplikowanej reorganizacji genetycznej segmentów chromosomu 7 w wyniku katastroficznej ekspozycji środowiska na EMF. Ludzie i zwierzęta narażeni na działanie broni jądrowej lub chemicznej lub ciągłego promieniowania EMF o niskim poziomie natężenia wytwarzają nowe regulacyjne ekspresje genów, które są następnie transkrybowane jako niewirusowe mikrowiskulki RNA pokryte membranami proteolipidowymi. Niski poziom EMF i czynników genotoksycznych prowadzi do reorganizacji genów sekwencji ALU z generowaniem polirybonukleotydów RNA pokrytych pęcherzykami proteolipidowymi. Wirus SARS ma być spowodowany złożonym przetasowaniem gorących punktów chromosomu 7.[1-17.]

Archaea powoduje oddzielenie mitochondrialnej fosforylacji oksydacyjnej komórek somatycznych. Archaiczny magnetyt wytwarza ekspresję niskiego poziomu EMF. Reaktywne formy tlenu produkowane przez rozprzężenie mitochondrialnej fosforylacji oksydacyjnej i niski poziom EMF wytwarzany przez archeologiczny magnetyt są genotoksyczne i wytwarzają złożone rearanżacje genomu neandertalskiego, pękanie gorących punktów w chromosomie, które są niezwykle kruche, produkując ekspresję polirybonukleotydów RNA, które mogą zostać przekształcone w polirybonukleotydy DNA przez enzym HERV odwróconej transkryptazy. Polirybonukleotydy RNA i DNA pakowane w pęcherzyki proteolipidowe mogą naśladować wirusy RNA i DNA. Junk DNA ludzi składa się z sekwencji HERV i nieretrowirusowych wirusów RNA jak ebola i wirusy borna. Są one pasożytami genomowymi. Komórka neandertalska zwiększyła produkcję ROS w wyniku rozprzężenia wywołanego przez archeal. Archealne pole magnetyczne indukowane przez EMF, jak również archaiczne pole magnetyczne indukowane przez archaiczne ROS są genotoksyczne. Narażenie na ROS i niski poziom EMF może spowodować ponowne rozproszenie śmieciowego DNA produkującego nowy rodzaj wirusów RNA, które mogą zostać wyrażone. Wirusowe i nieretrowirusowe elementy ludzkiego genomu, jak również ludzkie sekwencje genomowe same w sobie, które są wyrażone, mogą rekombinować z archeologicznym DNA i wiroidami RNA, wytwarzając nowe zmutowane, niebezpieczne wirusy zarówno typu RNA, jak i DNA w homo neandertalis. Homo neanderthalis mają niesprzężoną fosforylację oksydacyjną i więcej produkcji ROS. ROS służy jako posłańcy modulujący replikację wirusów. Tak więc istnieje genomowa niestabilność indukująca ekspresję elementów wirusowych w genomie neandertalczyka, arktyczna ekspresja wiroidów DNA i RNA, rekombinacja DNA i RNA arktycznych wiroidów z neandertalskimi genomowymi elementami wirusowymi, które są wyrażone i ROS indukuje namnażanie zmutowanego wirusa. [1-17]

Sami homo neandertalczycy są odporni na te wirusy i służą jako rezerwuar dla nich jak ich brat naczelny nietoperz. Homo sapiens mają mniej endosymbiotyczną symbiozę archeologiczną i nie mają indukcji białek rozpraszających, co prowadzi do utrzymania ich dojrzałych komórek somatycznych jako takich. Komórka homo sapiens ma dominujący mitochondrialny oksydacyjny metabolizm fosforylacyjny generujący mniej ROS. Komórki homo sapiens są immunosupresyjne. Komórki homo sapiens nie są trwale uodpornione na aktywację immunologiczną, wytwarzając odporność wirusową. Nie mają fenotypu komórek macierzystych. Nie mają dominującego, archeologicznego katabolizmu cholesterolowego modulującego receptory wirusowe. Homo sapiens nie mają syntezy digoksyny hamującej edycję RNA i replikację wirusową. Homo sapiens są kaczkami siedzącymi na infekcje wirusowe generowane przez homo neandertalis, które je infekują i zabijają. Homo neanderthalis, która wygenerowała wirusy, są przede wszystkim odporne na infekcje wirusowe. Gatunek homo sapien ulega eksterminacji z powodu infekcji wirusowej generowanej przez homo neanderthalis. Gatunek homo neanderthalis wykorzystuje infekcję wirusową jako mechanizm eliminujący homo sapiens i wytwarzający dominację gatunkową. [1-17]

Homo neandertalczyk ma archaiki jako endosymbionty. Archaiki zachowują się jak komórki macierzyste i mogą indukować konwersję komórek somatycznych na komórki macierzyste. Komórki macierzyste i archaiczne mogą służyć jako rezerwuary innych gatunków wirusów i bakterii, takich jak wirusy i bakterie roślinne i zwierzęce. Roślinne i zwierzęce wirusy i bakterie mogą prosperować w somatycznych komórkach macierzystych i archeologicznych komórkach gdy uciekają odpornościowego wykrywania. System tkankowy Neandertalczyków można porównać do kolonii lub sieci komórek łukowych/jądrowych, które służą jako rezerwuar dla innych gatunków bakterii i wirusów zwierzęcych i roślinnych, a także jako centrum generujące nowe wirusy RNA i DNA. Wirusy RNA i DNA są tworzone w wyniku rekombinacji między wyrażonymi genetycznie przekształconymi bitami ludzkiego chromosomu i wirusów, takich jak cząsteczki DNA i RNA wydzielane przez archaiki. To toruje drogę do generowania nieograniczonej liczby nowych wirusów RNA i DNA, jak również stwarza warunki dla wirusów i bakterii do przekraczania bariery gatunkowej. Dowodem na to jest wirus SARS, wirus nipah i wirus hendry krzyżujący się z gatunkami. Stwierdzono, że wirus glonów zaraża ludzkie mózgi, powodując zaburzenia funkcji poznawczych. The generation of new RNA and DNA viruses and the creation of a stem cell/archaeal reservoir for other species bacteria and viruses, the Neanderthal resistance to infections by viruses and bacteria and the Neanderthals serving as a reservoir for infection results in widespread pandemic in the homo sapien population in Africa and their eventual wipeout. [1-17]

## Referencje


1. Weaver TD, Hublin JJ. Neandertal Birth Canal Shape and the Evolution of Human Childbirth. *Proc. Natl. Acad. Sci.* USA 2009; 106:8151-8156.
2. Kurup RA, Kurup PA. Endosymbiotic Actinidic Archaeal Mediated Warburg Phenotype Mediates Human Disease State. *Advances in Natural Science* 2012; 5(1):81-84.
3. Morgan E. The Neanderthal theory of autism, Asperger and ADHD; 2007, www.rdos.net/eng/asperger.htm.
4. Graves P. New Models and Metaphors for the Neanderthal Debate. *Current Anthropology* 1991; 32(5): 513-541.
5. Sawyer GJ, Maley B. Neanderthal zrekonstruowany. *The Anatomical Record Part B: The New Anatomist* 2005; 283B(1):23-31.
6. Bastir M, O'Higgins P, Rosas A. Facial Ontogeny in Neanderthals and Modern Humans. *Proc. Biol. Sci.* 2007; 274:1125-1132.
7. Neubauer S, Gunz P, Hublin JJ. Endocranial Shape Changes during Growth in Chimpanzees and Humans: Analiza morfometryczna Unique and Shared Aspects. *J. Hum. Evol.* 2010; 59:555-566.
8. Courchesne E, Pierce K. Brain Overgrowth in Autism during a Critical Time in Development: Implikacje dla rozwoju Neuronu Piramidalnego i Interneuronu i łączności. *Int. J. Dev. Neurosci.* 2005; 23:153–170.
9. Green RE, Krause J, Briggs AW, Maricic T, Stenzel U, Kircher M, Patterson N, Li H, Zhai W, *et al.* A Draft Sequence of the Neandertal Genome. *Science* 2010; 328:710-722.
10. Mithen SJ. *The Singing Neanderthals: The Origins of Music, Language, Mind and Body*; 2005, ISBN 0-297-64317-7.
11. Bruner E, Manzi G, Arsuaga JL. Encephalization and Allometric Trajectories in the Genus Homo: Dowody z linii neandertalskiej i nowoczesnej. *Proc. Natl. Acad. Sci.* USA 2003; 100:15335-15340.
12. Gooch S. *The Dream Culture of the Neanderthals: Strażnicy Starożytnej Mądrości.* Inner Traditions, Wildwood House, Londyn; 2006.
13. Gooch S. *The Neanderthal Legacy: Obudzenie naszych genetycznych i kulturowych korzeni.* Inner Traditions, Wildwood House, Londyn; 2008.
14. Kurtén B. *Den Svarta Tigern*, ALBA Publishing, Stockholm, Sweden; 1978.

15. Spikins P. Autyzm, Integracja "Różnicy" i Pochodzenie Nowoczesnego Zachowania Człowieka. *Cambridge Archaeological Journal* 2009; 19(2):179-201.

16. Eswaran V, Harpending H, Rogers AR. Genomika odrzuca wyłącznie afrykańskie pochodzenie człowieka. *Journal of Human Evolution* 2005; 49(1):1-18.

17. Ramachandran V.S. The Reith wykłada, BBC Londyn. 2012.

Printed by Books on Demand GmbH, Norderstedt / Germany